U0058453

旗 標 事 業 群

好書能增進知識 提高學習效率 卓越的品質是旗標的信念與堅持

**Flag Publishing**

http://www.flag.com.tw

正 確 學 會

# Dreamweaver CC

的 16 堂課

Dreamweaver CC 2015 適用

The Most Effective Way for Learning Dreamweaver CC

感謝您購買旗標書,
記得到旗標網站

www.flag.com.tw

更多的加值內容等著您…

&lt;請下載 QR Code App 來掃描&gt;

作　　者／施威銘研究室

發 行 所／旗標科技股份有限公司
　　　　　台北市杭州南路一段15-1號19樓

電　　話／(02)2396-3257(代表號)

傳　　真／(02)2321-2545

劃撥帳號／1332727-9

帳　　戶／旗標科技股份有限公司

監　　督／楊中雄

執行企劃／蘇曉琪

執行編輯／蘇曉琪

美術編輯／張家騰・薛榮貴

封面設計／古鴻杰

校　　對／蘇曉琪

1. FB 粉絲團：旗標知識講堂

2. 建議您訂閱「旗標電子報」：精選書摘、實用電腦知識
   搶鮮讀;第一手新書資訊、優惠情報自動報到。

3. 「更正下載」專區：提供書籍的補充資料下載服務,以及
   最新的勘誤資訊。

4. 「旗標購物網」專區：您不用出門就可選購旗標書!

   買書也可以擁有售後服務,您不用道聽塗說,可以直接和
   我們連絡喔!

   我們所提供的售後服務範圍僅限於書籍本身或內容表達
   不清楚的地方,至於軟硬體的問題,請直接連絡廠商。

● 如您對本書內容有不明瞭或建議改進之處,請連上旗標
   網站,點選首頁的 讀者服務 ,然後再按右側 讀者留言版 ,
   依格式留言,我們得到您的資料後,將由專家為您解答。註
   明書名(或書號)及頁次的讀者,我們將優先為您解答。

   學生團體　　訂購專線：(02)2396-3257 轉 362
   　　　　　　傳真專線：(02)2321-2545

   經銷商　　　服務專線：(02)2396-3257 轉 331
   　　　　　　將派專人拜訪
   　　　　　　傳真專線：(02)2321-2545

新台幣售價：520 元

西元 2023 年 10 月 初版 9 刷

行政院新聞局核准登記-局版台業字第 4512 號

ISBN　978-986-312-266-1

版權所有・翻印必究

國家圖書館出版品預行編目資料

正確學會 Dreamweaver CC 的 16 堂課 / 施威銘研究室作.
-- 臺北市：旗標, 2015. 9 面；　公分

ISBN 978-986-312-266-1 (平裝)

1. Dreamweaver (電腦程式)　2. 網頁設計　3. 全球資訊網

312.1695　　　　　　　　　　　　　　104009549

Copyright © 2020 Flag Technology Co., Ltd.
All rights reserved.

本著作未經授權不得將全部或局部內容以任何形
式重製、轉載、變更、散佈或以其他任何形式、
基於任何目的加以利用。

本書內容中所提及的公司名稱及產品名稱及引用
之商標或網頁,均為其所屬公司所有,特此聲明。

# 網頁設計學習地圖

## 學習網頁設計

跳脫功能窠臼, 實際演練 5 大類網站的開發案例, 讓你跟隨網頁設計師的腳步, 一學就做出精美的網頁。

正確學會 Dreamweaver CC 的 16 堂課

網頁設計和網頁技術輔相成

## 學習 HTML5・CSS3

面對平板、手機、電腦…多重平台的要求, 設計師必須熟悉新世代的網頁標準—HTML5 和 CSS3, 這本好查的語法辭典能隨時輔助你。

HTML5・CSS3 精緻範例辭典

## 實用的網頁設計工具書

**從零開始, 徹底學好 Dreamweaver 網頁設計!**
本書將一個精美的旅遊資訊網站設計成各個教學範例, 整合了網頁設計師們的實務經驗, 讓您在學習 Dreamweaver 的過程中, 吸取設計師們的設計經驗、培養設計美感, 打造出屬於自己的精美網站。

Dreamweaver CS6 魔法書

**iPhone / Android 手機皆適用的「好 App 設計鐵則」!**
APP 和手機網站空有炫麗的視覺設計絕對不夠, 惟有好用的 UI (使用者介面)、流暢的 UX (使用者體驗), 才能抓住使用者的心!想知道 App「好用」的祕密, 就看這本書。

智慧手機 App UI/UX 設計鐵則- 想做出好用的 App 和手機網站, 就看這一本

**在行動上網的世界, 設計師必備的靈感寶典!**
作者 Patrick McNeil 是知名的網頁設計專家, 本書就是他專為網站設計師打造的靈感之書。收集超過 700 個精美的網站實例, 為您解析手機網站設計的趨勢、風格, 協助您創造出最佳的手機網站。

手機網站設計美學

**幫助你參透不可錯過的超殺 CSS 技巧!**
本書內容網羅了與 HTML5 + CSS3 + Javascript 相關的各種技巧, 每個必殺技都具備詳盡解說。對初學者而言絕對非常有幫助, 而即使是經驗老到的設計師, 本書也必定會有讓你有新的發現。

接案我最行! CSS & XHTML 商業範例必殺技

# 序
Preface

市面上不乏功能指引的 Dreamweaver 學習手冊, 但是「看完整本書, 就能做出與設計師一樣水準的網頁嗎?」不少人在讀完厚重的手冊之後, 都會有這樣的疑問。

有鑑於此, 我們精心規劃「正確學會 Dreamweaver CC 的 16 堂課」一書, 幫你從實務的角度了解各項 Dreamweaver 功能, 並練習做出業界常見的 5 大類網站。

本書將 5 大類網站規劃成 5 篇, 並將製作流程則規劃成 16 堂課, 在每堂課前面都會列出學習時程以及學習目標, 不僅適合做為老師的網頁製作教本, 更能發揮幫助你自學的效用。

此外, 值得一提的是, Dreamweaver CC 2015 可說是 Dreamweaver 多年來最顯著的一次改版, 它將網頁設計界最熱門的功能都內建到軟體中, 例如 **Bootstrap 框架、jQuery UI、jQuery Mobile**...等, 許多以往必須依靠程式寫出來的特效, 現在都可以用 Dreamweaver 所見即所得的介面輕鬆做出來。除此之外, 本書也幫你補充了更多業界最新的製作手法, 例如**雲端字型、社群整合、加入影音**...等。無論你是舊版的愛用者, 或是第一次使用 Dreamweaver, 只要跟著本書操作就會發現, 製作一個精緻、專業且符合潮流的網站, 再也沒有你想像的那麼困難。

施威銘研究室 2015.09

# 下載檔案說明

為了方便你練習與操作，本書將 5 個範例網站及各堂課的練習檔、完成檔，皆收錄在下載檔案中。此外，本書所搭配使用的 **Adobe Dreamweaver CC 2015** 軟體並沒有隨附在檔案中，若你並未購買此軟體，請先參考以下說明到 Adobe 網站下載軟體，才能搭配本書操作和練習。以下將分別說明下載步驟及範例檔案的使用方法。

## 到 Adobe 網站下載試用版軟體

Adobe 網站提供了多種設計師必備的軟體，本書所需的 **Adobe Dreamweaver CC 2015** 也包含在內，若你尚未購買，可參考以下步驟下載試用版軟體。不過要請你特別注意，**試用版軟體僅能使用 30 天**，30天過後若仍需要使用，就必須購買正式版軟體了。

step01 　請開啟瀏覽器，連到 **https://www.adobe.com/tw/** (Adobe 中文版官方網站)，如下進入 Dreamweaver CC 2015 下載頁面：

**1** 開啟瀏覽器 (例如 IE) 連到 https://www.adobe.com/tw/　　　　**2** 點選此處開啟選單

**3** 這裡提供多種軟體, 請按此處查看全部

**4** 將網頁往下捲動, 就會看到 Dreamweaver 的相關連結

**step 02** Adobe 網站提供了多種付費組合, 以單一軟體 Dreamweaver CC 2015 為例, 月付 640 元即可使用正式版本, 另外也提供可使用多種軟體的超值方案 (月付 1260 元), 你可自行參考。下面我們先示範下載試用版的步驟, 請按上個視窗的 **下載試用版鈕**, 如下操作:

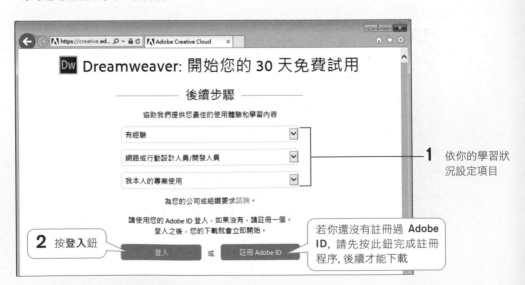

**1** 依你的學習狀況設定項目

**2** 按登入鈕

若你還沒有註冊過 **Adobe ID**, 請先按此鈕完成註冊程序, 後續才能下載

**3** 輸入帳號密碼
後, 按下**登入**鈕

step**03** 登入後就可以下載安裝程式了, 請如
下操作:

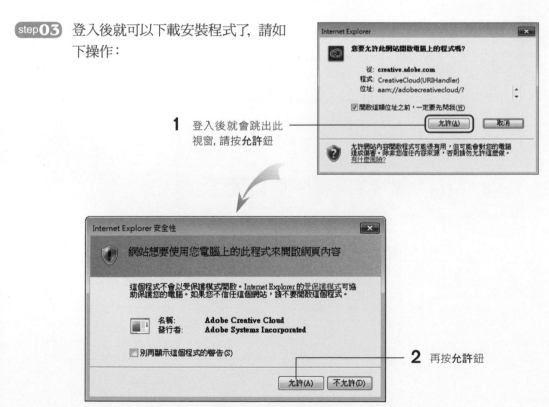

**1** 登入後就會跳出此
視窗, 請按**允許**鈕

**2** 再按**允許**鈕

**step 04** 安裝 **Adobe CC** 的任一軟體之前, 都必須安裝一套 **Creative Cloud 桌面版**程式, 這是 Adobe 相關程式的管理平台, 日後會在此管理和更新所有你下載過的 Adobe CC 相關軟體。你只要跟著交談窗操作, 就能完成安裝。

**1** 按下**儲存**鈕

**2** 按下**執行**鈕

**3** 開始安裝**Creative Cloud 桌面版**

**step05** 安裝桌面版程式後, 就會自動開啟, 請再次登入你的 Adobe ID 和密碼, 即可在這裡面安裝 Dreamweaver CC 2015 試用版。

**2** 登入後就會開始下載

**1** 開啟 **Creative Cloud 桌面版**, 請再登入一次

若有安裝其他的 Adobe CC 相關軟體, 都會顯示在此管理平台中, 按此鈕即可開啟

**step06** Dreamweaver CC 2015 安裝好後, 只要在桌面版程式按下**開啟**鈕即可。若你關閉了此面板也不用擔心, 可隨時從電腦的**通知區域**重新開啟桌面版程式。

在面板中按**開啟**鈕即可開啟 Dreamweaver CC 2015

在電腦的**通知區域**按此鈕, 即可開啟桌面版程式

**TIP** 之後若按**開始**鈕執行『**所有程式/Adobe Dreamweaver CC 2015**』命令, 可直接開啟 Dreamweaver (無須透過桌面版程式)。

# 範例檔案的使用方法

在開始閱讀本書之前，請您先上網連到以下網址，下載本書的範例檔案：

## https://www.flag.com.tw/DL.asp?F5401

下載的檔案名稱為「F5401.zip」，
這是一個壓縮的資料夾，請將它解
壓縮到你的電腦硬碟中，即可看到
本書各章的範例檔案。

將資料夾下載並解壓縮到你的硬
碟後，請先選取各資料夾並按下右
鈕執行『**內容**』命令，在**內容**交談窗
中取消**唯讀**項目，才能修改與儲存
檔案。

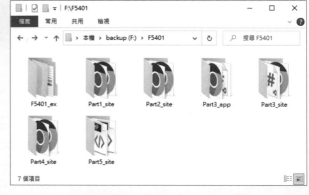

請複製全部的 7 個資料夾到你的硬碟中

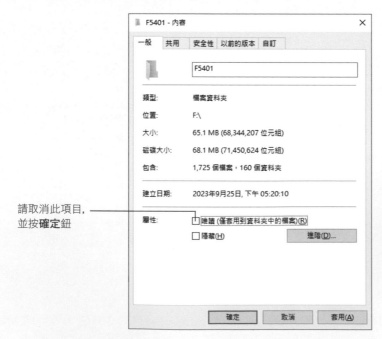

請取消此項目，
並按**確定**鈕

在開始使用練習檔前，請務必先參考本書第 2 堂課 **2-1 節**的說明，將 **F5401_ex** 資料夾設定為**網站資料夾**，以便進行各堂課的操作演練；需特別注意的是 **Part5**，由於牽涉到資料庫的相關操作，因此請另外參考第 13 堂課 **13-2 節**的說明，複製相關資料夾檔案並完成資料庫網站的設定。

在 F5401_ex 資料夾中，我們將練習檔與完成檔依各堂課分別儲存在專屬的資料夾中，例如「Ch02」資料夾為放置第 2 堂課的練習與完成檔、「Ch03」資料夾為放置第 3 堂課的練習與完成檔、…依此類推。

練習檔的命名方式為「ex + 第幾堂課 + 接續線 + 流水號」，例如第 4 堂課的第 1 個練習檔，即為 ex04-01.html，而完成檔則以 ch 的方式命名，例如 ch04-01.html。如果你要瀏覽完成檔，請在瀏覽器 (如 IE) 中直接開啟即可。

不過有一點要特別注意，由於 IE 瀏覽器有限制部分網頁指令碼及特效的顯示，在開啟時可能會看到如下的警告訊息，請按下**允許被封鎖的內容**鈕，即可解除限制。

| Internet Explorer 已限制這個網頁執行指令檔或 ActiveX 控制項。 | 允許被封鎖的內容(A) | ✕ |

按下此鈕即可看到
網頁的完整內容

 著作權聲明

本著作含下載檔案之內容 (不含 GPL 軟體)，僅授權合法持有本書之讀者 (包含個人及法人) 非商業用途之使用，切勿置放在網路上播放或供人下載，除此之外，未經授權不得將全部或局部內容以任何形式重製、轉載、散佈或以其他任何形式、基於任何目的加以利用。

# 目錄 CONTENTS

**第四篇　以相片為主軸的網站 -
旅遊攝影網站**

**第 10 堂課　利用 Div 與 CSS 設計相片縮圖展示頁面**

**第 11 堂課　利用 Bootstrap 組件設計網頁**

CONTENTS

# *Part* 1

# 強調個人風格的網站 -
# 設計工作室網站

# 設計工作室網站 設計解析

預估學習時間 60 分鐘

## 設計工作室網站的設計理念

**Cute Design Studio** 網站的業務內容，是替客戶設計網站，並有自己推出設計商品，因此在視覺上想要表達輕鬆、活潑、可愛的風格。由於我們先確定了工作室的名稱，因此可以根據這個名稱，來發想如何傳達網站要表現的視覺印象。

首先我們決定網站的主色，使用清新又活潑的亮橘色和草綠色搭配，並以活潑的圓形元素來打造網站標誌與細節，以表現自由且樂在設計的氣氛。

## 網站的架構與版面規劃

我們先來看看整個網站的架構，以及構想的版面，讓之後的製作過程能有個依據，不至於亂了方向。

### 設計工作室網站架構

網站包含**導入頁** (index.html)、**主頁** (main.html)、**關於我們** (about.html)、**作品展示** (works.html)，以及 **Email** 連結，可以讓訪客寄電子郵件連絡。

網站架構請參考下圖：

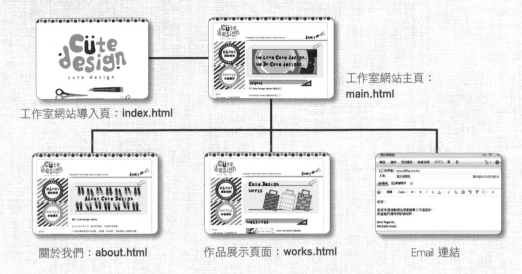

工作室網站導入頁：index.html

工作室網站主頁：
**main.html**

關於我們：**about.html**　　作品展示頁面：**works.html**　　Email 連結

## 導入頁及主頁版面規劃

接著要規劃網站的導入頁及主頁版面，通常我們會先簡單地繪製出版面草圖，確定後再實際用電腦來製作。本篇範例網站的版面規劃如下，你可以在 IE 開啟 **Part1_site** 資料夾下的 **index.html** 和 **main.html**，如下對照我們完成的範例：

導入頁
版面規劃

放入為工作室
所設計的 Logo

下面放主視覺圖
及版權聲明

主頁
版面規劃

Logo

站內連結

Email 連結

網站更新訊息　　放入網頁的內文

# 強調風格的網站：設計不敗的原則

像設計工作室這類強調風格的網站，通常會表現與眾不同的創意想法，樹立獨特的風格，所以在製作前可多方發想。如果實在沒有頭緒，那麼建議你可以先決定網站的名稱，或先決定使用的主色，再延續這個主題或顏色繼續思考。此外，多參考其它的網站，藉由優秀的作品來激發自己的創意，也是不錯的發想方法。

## 製作導入頁－加深訪客印象

有些網站為加深訪客對網站的印象，會在首頁 (index.html) 放入明顯的網站名稱、企業 Logo 等等，讓訪客的目光停留在名字或圖形上，按下超連結才會進入真正的網站主頁，由於此頁具有「導入主頁」的功能，所以也可以稱此頁為**導入頁**。

在範例網站中，我們也製作了一個導入頁，並將 Logo 安排在醒目的位置，訪客進入這個頁面後，目光就會自然停留在中間的 Logo 上；另外，我們在此 Logo 圖片上設置了超連結，當訪客按下 Logo 即可進入主頁：

按下 Logo 即可進入主頁

# 所有頁面延續首頁風格

網站中所有的網頁應具有一致性，才不會讓人誤以為進入了其他網站。維持網站一貫風格的方法很多，例如讓所有網頁都套用相同的版型，再變換使用的色系；或是固定網頁標題、Logo 的位置，再於其他的內容區域稍做變化，亦可達到一致性。

由於範例網站的文字內容不多，所以我們維持每個頁面的標題、選單一致，點按選單時只變換內容區域，保持整個網站的自由、隨性風格。

固定上方的標題、左側的選單，只變換右下方的內容區域

## 實例賞析

畫面引用自 http://www.apple.com/tw/

一致的網頁版面、用色及字型，可立即感受到網站營造的俐落風格

NEXT

畫面引用自 http://www.andyward.com/

可愛的插圖及明亮的用色, 加上固定的 LOGO 及選單位置,
讓整個網站不僅散發活潑的繽紛氣氛, 仍可維持風格的一致性

## 選擇適合的網頁版面

版面是網頁設計的一大重點, 好的版面設定讓人閱讀起來舒適、流暢; 若版面規劃
得不好, 容易讓人感到厭煩混淆, 甚至不再光顧。在主頁的版面設計上, 我們採用最
常見的左右 2 欄式, 將網站各頁面連結放在左側, 內容則放在右側, 這個版面的好
處是方便訪客快速切換至各頁面, 也是目前網路上很常見的版面規劃:

主頁採 2 欄式版面, 讀起來流暢、看起來平穩

以下我們將常見的網頁版面列於下表, 做為你構思版面時的參考:

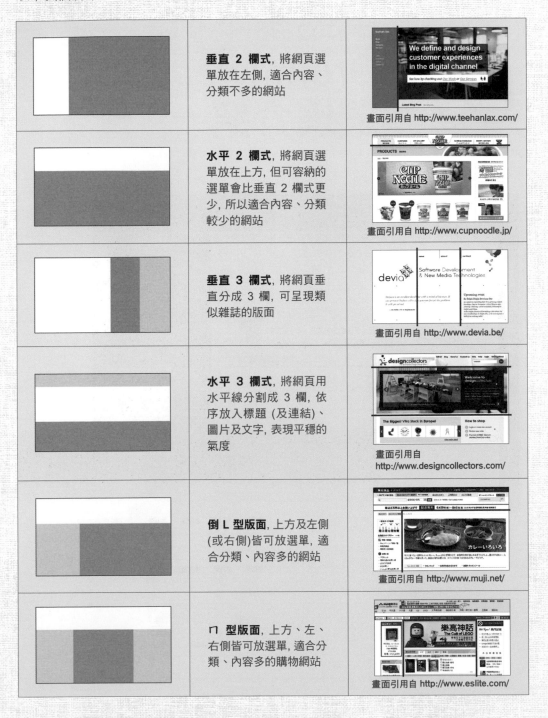

**垂直 2 欄式**, 將網頁選單放在左側, 適合內容、分類不多的網站

畫面引用自 http://www.teehanlax.com/

**水平 2 欄式**, 將網頁選單放在上方, 但可容納的選單會比垂直 2 欄式更少, 所以適合內容、分類較少的網站

畫面引用自 http://www.cupnoodle.jp/

**垂直 3 欄式**, 將網頁垂直分成 3 欄, 可呈現類似雜誌的版面

畫面引用自 http://www.devia.be/

**水平 3 欄式**, 將網頁用水平線分割成 3 欄, 依序放入標題 (及連結)、圖片及文字, 表現平穩的氣度

畫面引用自
http://www.designcollectors.com/

**倒 L 型版面**, 上方及左側 (或右側)皆可放選單, 適合分類、內容多的網站

畫面引用自 http://www.muji.net/

**ㄇ 型版面**, 上方、左、右側皆可放選單, 適合分類、內容多的購物網站

畫面引用自 http://www.eslite.com/

# Lesson
# 01

# 網站基本概念與
# Dreamweaver
# 環境介紹

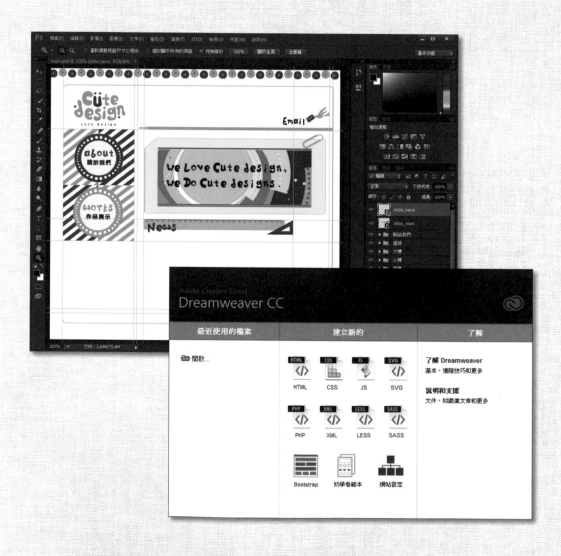

## ■ 課前導讀

在開始製作網頁之前，你得先了解一下網站與網頁的概念，然後再開始收集資料、規劃網站的製作流程與內容，做好這些基本功後，再動手製作網頁，這樣會比較有效率。當然，除了事前規劃外，要製作出網頁，還得仰賴網頁編輯軟體，本堂課將帶你認識 Dreamweaver 的操作環境，使網頁實作上更加順利。

## ■ 本堂課學習提要

- 網站與網頁的基本概念
- 了解網站開發流程：規劃、製作、上傳與維護
- 認識 Dreamweaver 的工作環境
- 學習 Dreamweaver 面板的操作技巧

預估學習時間 60 分鐘

# 1-1 網站與網頁的基本概念

網站是由許多網頁構成的，精彩的網站除了吸引人的首頁外，饒富內涵的各個網頁也是不容小覷的大功臣喔！

## 網頁與首頁 (Home Page)

我們透過瀏覽器在 WWW 上所看到的畫面，即是所謂的「**網頁**」(Web Page)，而通常當我們進入某網站時所看到的第一個網頁，則稱為該網站的「**首頁**」，也就是常說的「Home Page」。許多人都誤以為 Home Page 泛指所有網頁，殊不知 Home Page 只是網站中的第一個網頁而已，稱呼網頁應該以「Web Page」較為恰當。

**首頁**可以說是網站的門面，其最重要的功能是傳遞網站形象，以及提供整個網站的內容導覽、最新消息、…等，以便讓訪客一進入**首頁**，即可快速地找到感興趣的主題，然後連結到內部的網頁，觀看更詳細的內容。

Apple 公司的首頁
**畫面引用自 http://www.apple.com**

# 網站就是網頁的集合

什麼是「**網站**」呢？其實網站就是網頁的集合，也就是說當整個網站架構規劃好後，再分別製作各個網頁，並讓網頁間彼此相連結，使訪客可以連結到各個網頁來觀看網頁內容，這樣的網頁架構就稱為「**網站**」。

網站中的所有網頁，是以**連結**的方式彼此連接起來，不同的連接方式，產生了不同的網站架構，大略可分為兩類：

● **線性架構：**每個網頁以直線方式連結起來，網頁中只提供上一頁、下一頁、第一頁的連結，類似投影片般一頁接著一頁地觀看。

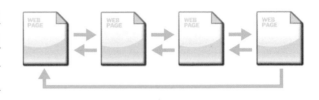

● **樹狀架構**：類似樹狀伸展，分「層」別類的架構，網頁中會提供下一層所有網頁的連結，你可以自由選擇要連結的下一層網頁。

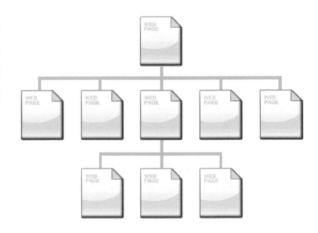

**線性架構**常被運用在搜尋引擎、網路相簿、部落格、論壇等網頁型態中，而**樹狀架構**則隨處可見，舉凡各大入口網站，或是各種類型的企業網站、產品列表頁、…等，由於提供的內容豐富多元，為了分類整理資料，多半會使用樹狀架構來安排網頁，讓訪客不管怎麼逛也不至於在網站中「迷路」。

# 1-2 網站的開發流程

除非是個人網站, 否則一般公司行號的網站開發工作, 大多需要群體合作, 即使實際負責網頁設計的只有一人, 參與的角色通常還會包括主導網站開發的單位或客戶, 以及美術人員、程式設計師等。為了能讓網站開發工作有效率的進行, 以及群體合作無間, 我們提供如右圖的流程表供你參考。本書範例網站也是依循此開發流程來製作, 接下來將詳述開發流程各階段的重點, 並提供網站的實際運作過程做為對照, 讓你加深了解。

| 規劃階段 | 1. 擬定網站內容與目的 |
| | 2. 資料收集與整理 |
| | 3. 規劃網站架構圖 |
| | 4. 繪製網頁版面草稿 |

| 製作階段 | 1. 網頁版面設計製作 |
| | 2. 製作與歸納網頁所需的檔案 |
| | 3. 使用 Dreamweaver 製作網頁 |

| 上傳與維護 | 1. 網站上傳 |
| | 2. 資料更新 |

網站開發流程表

## 一、規劃階段

### 1. 擬定網站內容與目的

建立網站的目的是什麼？希望網站提供什麼內容與功能？此網站要完成的目標為何？當你能夠完整回答以上三大問題, 就可以確定網站要呈現的面貌了。

網站的目的可能是銷售產品、建立形象、供應資訊, 或提供遊戲娛樂...等。不同的網站目的會影響網站內容與功能的規劃方向, 若規劃的網站內容與功能很多, 會需要耗費較長的製作時間。為了顧及時效, 可以考慮將網站分階段完成, 先訂定目前階段要完成哪些功能與內容。

此階段需要所有參與網站製作的成員一齊構思、討論, 並取得共識, 才能確保往後的開發過程更順暢。

## 2. 資料收集與整理

當網站的內容擬定之後，即可請企劃人員提供所需的書面文件，並著手收集要放到網站上的資料，例如：文字、圖片、影片、音樂檔、…等，然後再進一步整理與篩選資料。

## 3. 規劃網站架構圖

準備好網站內容與資料後，就可以著手規劃網站架構圖，將網站要有哪些網頁以及網頁之間的連結方式規劃出來。這個階段的重點在於網站中各網頁的瀏覽動線是否順暢，要多多與其他參與人員討論、測試，以取得共識。

此階段在規劃網站架構圖時，可一併將網頁的檔名定好，如此在實際設定網頁連結時，可快速完成設定。

## 4. 繪製網頁版面草稿

接著就可以在紙上繪製各網頁的版面草稿了。首頁要擺放的內容通常比較豐富，所以版面設計可能較為複雜，其餘各主題的網頁，建議你根據網站架構，讓同一層級、同一主題的網頁使用一致的版面設計，以呈現出網站的整體性。

網頁的介面牽涉到是否具有視覺美感、操作是否便利、導覽是否流暢等重點，建議多與美術人員、程式設計師等相關人員討論與確認後，再開始著手設計。

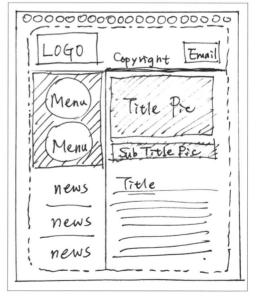

在紙上繪製網頁版面草稿

# 二、製作階段

## 1. 網頁版面設計製作

這個階段是由美術人員依據網頁版面草稿，利用影像處理軟體（如 Photoshop、Fireworks），以及繪圖軟體（如 Illustrator）來設計製作網頁版面。此階段的重點是螢幕顯示範圍大小的設定，由於現在用手機、平板電腦、筆記型電腦、桌上型電腦螢幕等不同尺寸的裝置都可以上網，在設計時就要依目標使用者的習慣來規劃尺寸。例如主打年輕人的活動網站，最好設計成適合用手機或平板螢幕瀏覽的版型。

設計版面的另一項重點為整體網站的風格。所謂網站風格包含了網站的 Logo 設計、主視覺影像、配色等。以網頁配色為例，如果網站主題或內容是要呈現專業的感覺，網頁主色就應該選用具穩定感的暗色系列；如果網站主題或內容是比較活潑的，則可以選擇較鮮豔的顏色；而通常當網站已有設計好的 Logo 時，在網頁配色上也多半會根據 Logo 使用的色系來做搭配及運用。

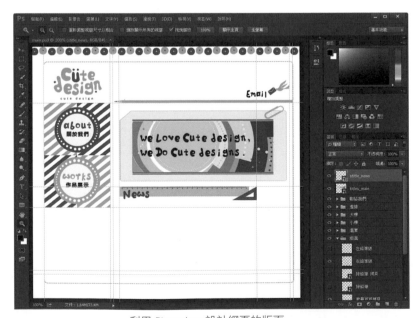

利用 Photoshop 設計網頁的版面

**TIP** 網頁配色或 Logo 設計等都是專業的工作，對於初學網站設計的你來說，建議多觀摩知名網站的配色與版型，例如 **OSWD** (http://www.oswd.org/) 有 2000 多個網頁版型可參考，你可從中學習並培養屬於自己的風格。

## 2. 製作與歸納網頁所需的檔案

為了避免訪客在開啟網頁、下載圖片時等太久，通常會將設計好的網頁版面分別轉存為適合網頁的檔案格式。建議你新增一個資料夾，專門用來存放網站中所有會用到的圖檔。

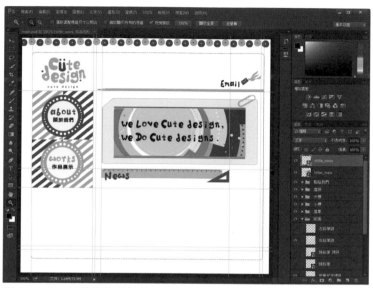

用 Photoshop 設計的網頁版型

**TIP**
用 Photoshop 設計好的版型，要怎麼轉換成網頁用的圖檔呢？傳統的做法，是使用 Photoshop 的**切片工具**，將網頁各部份 (例如按鈕、標題底圖…) 分別切成小張圖片，再另存成網頁可用的格式。不過在 Dreamweaver CC 中提供了全新的 **Extract** 面板，可直接讀取 Photoshop 的各圖層，直接另存成網頁用圖檔，操作方法可參考 8-1 節的說明。

另外，網頁所需的各類圖檔、程式檔、影片檔、…等，也可開始根據版型的安排來收集，並分類歸納到資料夾中，以便日後使用及管理。

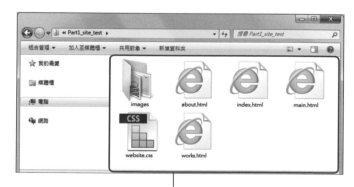

將檔案分門別類儲存，且檔名不可為中文，以免上傳後因伺服器或瀏覽器不支援中文而無法正確連結

### 3. 使用 Dreamweaver 製作網頁

備妥網站所需的素材及資料後，就是 Dreamweaver 該出場的時候了。首先必須「**新增網站**」，將網站資料夾的位置告訴 Dreamweaver，以免日後製作網頁時發生檔案連結錯誤的問題。新增網站的詳細操作請參考第 2-1 節。

新增網站後，即可開始著手製作網頁。需特別注意的是：由於不同瀏覽器 (或瀏覽器不同的版本) 和裝置所支援的語法或功能會有些不同，並非所有在 Dreamweaver 中製作的功能都可以在任何一個瀏覽器和裝置上顯示出相同的效果，因此需特別留意**相容性**的問題。

目前網路上較多人使用的瀏覽器有 Internet Explorer (IE)、Firefox、Chrome、Opera、Safari 等，如果你希望製作出來的網頁可以在大多數的瀏覽器中正常顯示，建議可安裝多套不同瀏覽器來測試。

另外，現在許多人利用智慧型手機、平板電腦上網，因此也要測試網頁在這些裝置上呈現的效果。最便利的測試方法就是利用 Dreamweaver 的**裝置預覽功能**，請參閱第 8 堂課最後「實用的知識」。

## 三、上傳與維護

### 1. 網站上傳

網站經測試無誤後，即可上傳到網路伺服器。Dreamweaver 內建了 FTP 功能，可以直接將網站中的檔案上傳到伺服器，相關說明請參閱第 4-6 節。

### 2. 資料更新

將網站的檔案上傳到伺服器，並開放參觀瀏覽後，網站的開發是不是就此結束呢？當然不是，這只是網站生命的開始而已。請注意網站不是永遠不變的，我們必須保持網頁資訊的新鮮度 (例如：刪除過時資料、發佈最新消息、推出新產品時製作主打廣告、…等) 才能吸引訪客再次光臨喔！

# 1-3 Dreamweaver 環境介紹與入門操作

Dreamweaver 是一套可編輯網頁、管理網站的強大軟體，本節要先帶你認識 Dreamweaver 的操作環境，並說明基本的操作。跟著我們馬上開始吧！

## 啟動 Dreamweaver

我們以 Windows 7 為例，請按下**開始鈕** ，執行『**所有程式/Adobe Dreamweaver CC 2015**』命令啟動 **Dreamweaver**，當程式啟動後，預設會顯示**歡迎畫面**，你可以由此建立新網頁，或是開啟現成的網頁檔案：

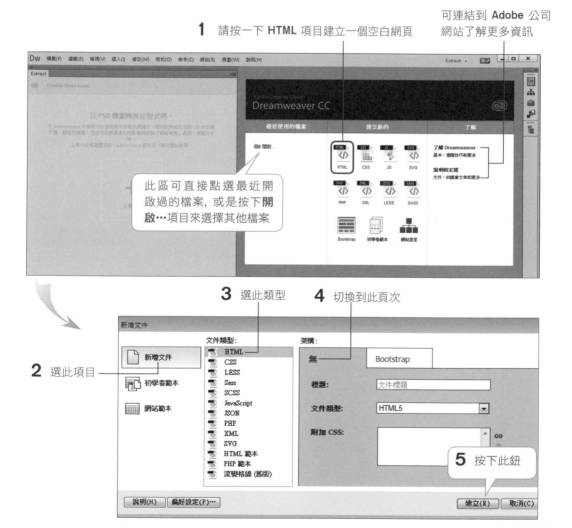

## 認識 Dreamweaver 的工作區

接著便會進入 Dreamweaver 的網頁編輯畫面，我們來快速看一下 Dreamweaver 工作區及各面板的操作方法。

若你是在安裝 Dreamweaver CC 後第一次開啟，會看到如下圖的 **Extract** 工作區。我們建議切換到**設計**工作區，本書接下來各章都將會以**設計**工作區為主要的操作環境。請如下操作：

這是 **Extract** 工作區, 在 8-1 節會說明此功能的用法

**1** 請按下此鈕, 會顯示選單

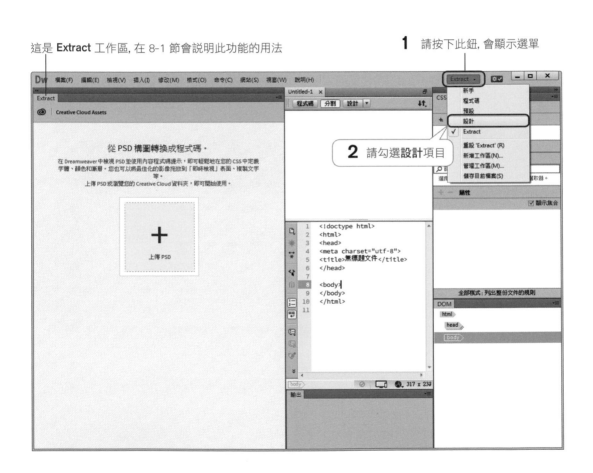

**2** 請勾選**設計**項目

功能表　　　　　　　　　　　　　　　　　切換為設計工作區

文件視窗　　　　　　　　輸出與屬性面板　　　其他操作面板, 可展開或收合

## 功能表

展開各**功能表**可從中執行各種命令。不過大部份的命令可透過面板上的選項或按鈕來執行, 或是在**編輯區** (請參考下面**文件視窗**的介紹) 中按右鈕, 也可出現相對應的快顯功能表, 善用這 2 種方法, 可提高製作網頁的效率。

# 文件視窗

**文件視窗**是顯示及編輯網頁的地方，由**檔案標籤**、**文件工具列**、**編輯區**及**狀態列**所組成，你可快速切換到不同檔案來編輯，或者切換到不同的編輯模式、預覽模式、…等，底下將分別說明。

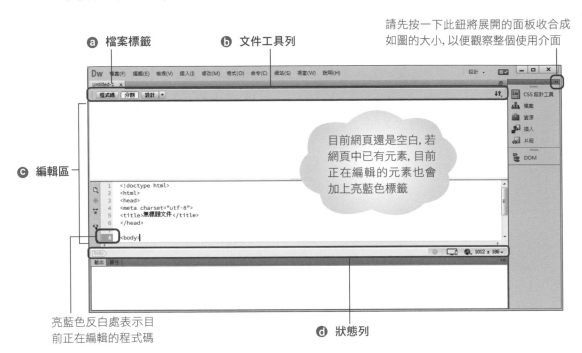

請先按一下此鈕將展開的面板收合成如圖的大小，以便觀察整個使用介面

ⓐ 檔案標籤　　ⓑ 文件工具列

ⓒ 編輯區

目前網頁還是空白，若網頁中已有元素，目前正在編輯的元素也會加上亮藍色標籤

```
1    <!doctype html>
2    <html>
3    <head>
4    <meta charset="utf-8">
5    <title>無標題文件</title>
6    </head>
7
8    <body>
```

亮藍色反白處表示目前正在編輯的程式碼

ⓓ 狀態列

## ⓐ 檔案標籤與關聯檔案列

設計網頁時，經常會一次開啟多個檔案，為了方便切換到欲編輯的網頁，Dreamweaver 會將同時開啟的檔案以「**標籤**」的形式並存，只要按下**檔案標籤**即可切換。另外，若檔案有連結到其他程式檔案（例如：CSS、JavaScript、動態資料庫連結用檔案…等），Dreamweaver 會一併開啟它們，並在**檔案標籤**下方出現**關聯檔案列**來陳列檔案連結，按下檔名即可切換。

請執行『**檔案/開啟舊檔**』命令，開啟 **Part1_site** 資料夾中的 **main.html**，跟著我們實際來練習：

**檔案標籤**, 按下即可切換成
編輯中檔案 (標籤呈亮灰色)

按此鈕可
關閉檔案

若儲存過檔案, 此處會
顯示檔案的存檔位置

**關聯檔案列**

**1** 按一下此 CSS 檔

顯示目前
正在編輯
的元素所
屬標籤

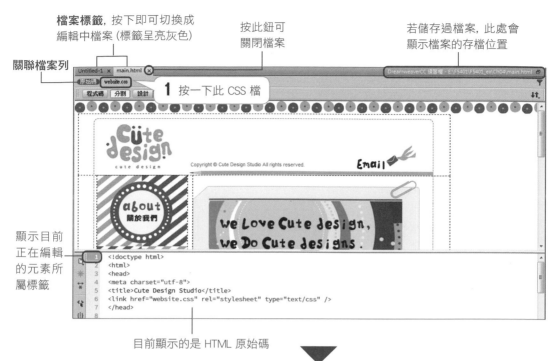

目前顯示的是 HTML 原始碼

**3** 按下**原始碼**即可切換
回編輯 HTML 的狀態

正在編輯的**關聯檔案**
會以灰底白字來突顯

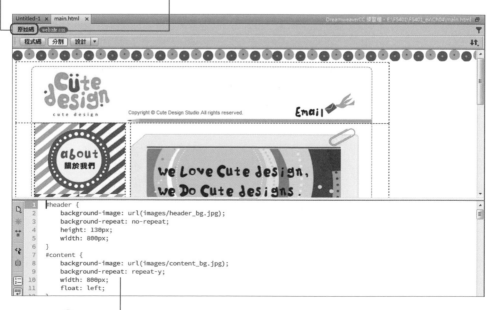

**2** 變成編輯 CSS 的狀態

### 在關聯檔案列篩選要編輯的檔案類型

當關聯檔案過多時,**關聯檔案列**右邊會出現**顯示其他**鈕 **»**, 按下可顯示其他容納不下的檔案。另外, 若只想編輯特定類型的關聯檔案, 則可按下**篩選相關檔案**鈕 ▽ 來篩選。

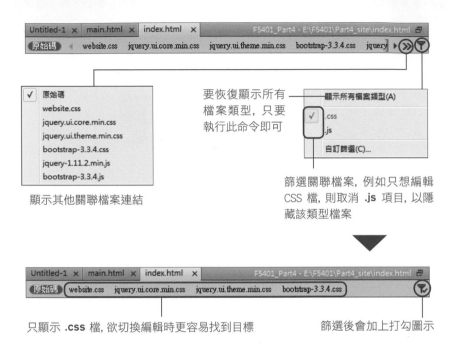

顯示其他關聯檔案連結

要恢復顯示所有檔案類型, 只要執行此命令即可

篩選關聯檔案, 例如只想編輯 CSS 檔, 則取消 **.js** 項目, 以隱藏該類型檔案

只顯示 **.css** 檔, 欲切換編輯時更容易找到目標

篩選後會加上打勾圖示

## ⓑ 文件工具列

**文件工具列**可以切換**程式碼檢視**及**設計檢視**、**即時檢視** 3 種編輯模式, 或採用兩者並用的「**分割**」模式 (預設值)。是編輯網頁不可或缺的好幫手。

切換網頁編輯檢視模式

此鈕右側箭頭可切換**即時檢視**和**設計檢視**

 **TIP** 如果沒有看到**文件工具列**, 請執行『**檢視/工具列**』命令, 勾選**文件**項目, 即可顯示出來。若你覺得工具列很佔空間, 亦可取消不想顯示的項目。

## ⑥ 編輯區

**編輯區**是製作網頁內容的區域，請參考下圖，在**設計檢視**模式可直接輸入文字、加入圖片、表格…等各類網頁元素，也就是所謂的「所見即所得」編輯方式；在**程式碼檢視**模式中可編輯網頁原始碼，至於**即時檢視**模式，則會模擬當你將網頁上傳後，訪客所看到的效果。舉例來說，若你使用了需要連上網路才能顯示的效果 (例如 5-1 節介紹的**雲端字型**、9-3 節置入的 **Google 地圖**)，就必須要切換到**即時檢視**模式才能看到。

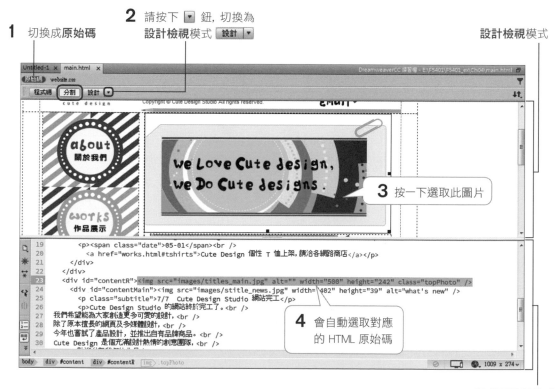

你可以在**文件工具列**切換**編輯區**的檢視模式。初學者若暫時不需要對照HTML 原始碼，可按下**設計**鈕只顯示**設計檢視**模式。本書示範時大都是使用**分割**和**設計檢視**模式，以便同時說明程式碼與版面的變化。

**編輯區**預設是採上、下分割的方式，因此**設計檢視**區的下半部被遮住，不方便看整個網頁的設計。以初學者而言，我們建議改成左、右分割的方式 (左為**程式碼檢視**、右為**設計檢視**)，會比較方便對照，本書之後也會一律用這種方式說明。請如下操作：

**1** 執行『**檢視**』命令

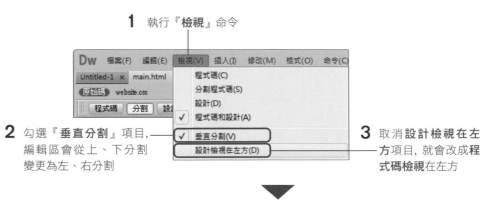

**2** 勾選『**垂直分割**』項目，編輯區會從上、下分割變更為左、右分割

**3** 取消**設計檢視在左方**項目，就會改成**程式碼檢視在左方**

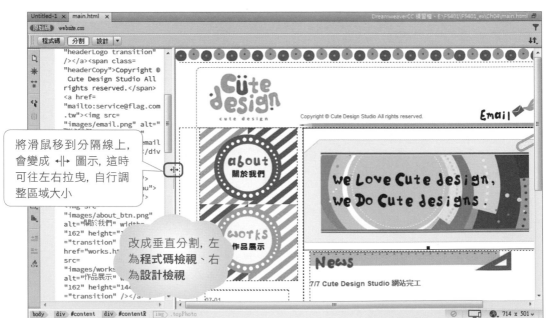

將滑鼠移到分隔線上，會變成 ◄╫► 圖示，這時可往左右拉曳，自行調整區域大小

改成垂直分割，左為**程式碼檢視**、右為**設計檢視**

之後若要恢復成上、下分割的狀態，只要取消『**垂直分割**』項目即可。

**◎ 狀態列**

**狀態列**會顯示目前選取或編輯中的 HTML 標籤、網頁視窗尺寸、網頁檔案大小及預估下載時間、網頁編碼等資訊。

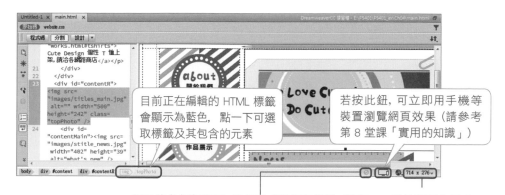

目前正在編輯的 HTML 標籤會顯示為藍色，點一下可選取標籤及其包含的元素

若按此鈕，可立即用手機等裝置瀏覽網頁效果（請參考第 8 堂課「實用的知識」）

顯示綠色打勾圖示, 表示程式碼沒有錯誤 (若有錯誤, 會列在下方的**輸出**面板中, 提醒你修正)

目前網頁的尺寸

## 屬性面板

**屬性**面板可設定文字、圖片等各網頁元素的屬性（如：文字大小、圖片尺寸等），當你在**編輯區**選擇了不同的元件時，**屬性**面板就會自動變成對應的設定欄位，例如選取 main.html 中的 "作品展示" 圖片：

**2** 切換到**屬性**面板，會顯示與**影像**相關的設定欄位

**1** 選取此圖片

1-27

# 調整 Dreamweaver 的面板配置

Dreamweaver 將製作網頁所需的各項控制功能分類置放在多個**面板**上, 你可視需求自由調整各個面板的配置, 來騰出更大的編輯空間。

## 展開與收合面板

大部份的面板會顯示在工作區的右側, 按下右上方的 ▸▸ 鈕會往右收合所有開啟的面板, 收合後該鈕會變成 ◂◂ , 此時再按一下則可重新展開面板。在收合面板後, 若於**編輯區**及面板的交接處按住左鈕並往右拉曳, 可再進一步收合成只剩圖示按鈕。

**1** 按一下此鈕可收合所有面板

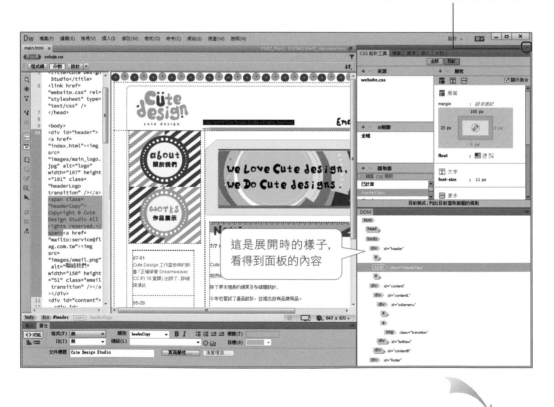

這是展開時的樣子, 看得到面板的內容

若按一下此鈕可重新展開面板

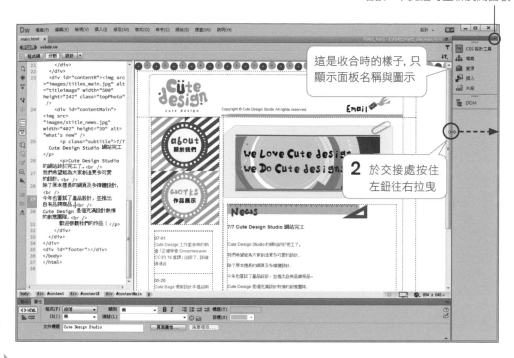

這是收合時的樣子, 只顯示面板名稱與圖示

**2** 於交接處按住左鈕往右拉曳

面板收合為小圖示, 騰出更大的空間來編輯網頁, 若你的螢幕尺寸較小, 可多加善用此技巧哦!

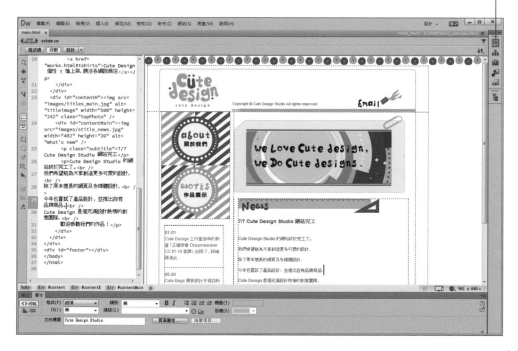

面板收合後再按任一個標籤鈕, 可開啟單一面板群組, 再按一下即可收合。

本例為開啟**檔案**面板

按下可開啟單
一面板群組, 再
按一下可收合

## 調整面板的高度與寬度

除了展開、收合面板群組, 你也
可以用拉曳的方式自訂面板群組
的高度;若覺得面板群組寬度太
窄時, 同樣也可用拉曳的方式調
整寬度。

按住左鈕左右拉
曳, 可調整寬度

按住此處拉曳可同
時調整寬度及高度

按住左鈕上下拉曳,
可調整高度

## 開啟與關閉面板

Dreamweaver 預設並不會顯示全部的面板, 如果找不到欲使用的面板, 可執
行『**視窗**』功能表從中做選擇:

拉下此功能表可從中開啟/關閉面板
(前有打勾表示為目前開啟中的面板)

若想關閉用不到的面板, 連索引標籤也不要出現, 只要在面板的索引標籤上按
右鈕, 執行『**關閉**』命令即可關閉單一面板, 或執行『**關閉索引標籤群組**』命
令, 即可關閉整個面板群組。

# 切換操作面板

Dreamweaver 有各式各樣的功能面板, 例如:**插入**面板、**CSS 樣式**面板…等, 以索引標籤的形式分頁, 按下索引標籤就可以切換到該面板。

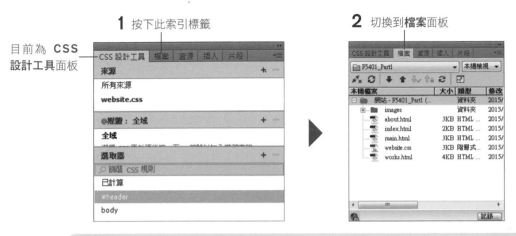

**1** 按下此索引標籤

目前為 **CSS 設計工具**面板

**2** 切換到**檔案**面板

> **TIP** 若雙按索引標籤, 可將整組面板收合到只剩下一排標籤。你可自行試試看。

其中較為特殊的是**插入**面板, 其中提供了 **HTML、表單**…等 7 個不同頁次可切換, 分類收納了各種可插入網頁的元件, 我們在之後各堂課會陸續使用到。

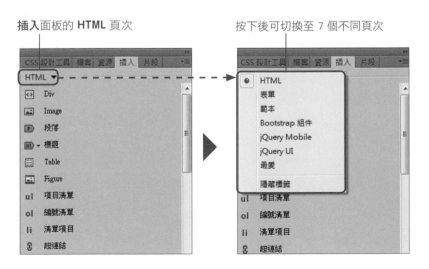

**插入**面板的 HTML 頁次

按下後可切換至 7 個不同頁次

這麼多的面板和功能是否讓你覺得眼花撩亂?別擔心, 在這堂課你只需要先熟悉上面這些調整、開關面板的技巧, 至於各種面板的用途, 待各堂課實際應用到時再進一步講解。

## 重點整理

1.  製作網站通常有一定的流程與順序，幫助你有效率地開發網站。以下提供一份
    網站開發流程表供你參考：

| 階段別 | 階段工作 | 階段工作內容 |
|---|---|---|
| 規劃階段 | ❶ 擬定網站內容與目的 | 討論出建立網站的目的、希望網站提供的內容與功能、網站要完成的目標 |
| | ❷ 資料收集與整理 | 請相關企劃人員提供所需的書面文件，並著手收集要放到網站上的資料 |
| | ❸ 規劃網站架構圖 | 歸納出網站包含的網頁及連結方式 |
| | ❹ 繪製網頁版面草稿 | 在紙上繪製各網頁的版面草稿 |
| 製作階段 | ❶ 網頁版面設計製作 | 依據網頁版面草稿，利用影像處理軟體或繪圖軟體進行網頁版面設計 |
| | ❷ 製作與歸納網頁所需的檔案 | 將蒐集的各類元素加以分類，並歸納進資料夾，以方便日後使用及管理 |
| | ❸ 使用 Dreamweaver 製作網頁 | 新增網站，並開始著手製作網頁。製作網頁時需特別留意瀏覽器、裝置相容性的問題 |
| 上傳維護 | ❶ 網站上傳 | 製作好的網站經測試無誤後，即可上傳到網路伺服器上 |
| | ❷ 網站維護與資料更新 | 保持網頁資訊的新鮮度，例如：刪除過時資料、註明更新日期、製作當期廣告…等 |

2.  Dreamweaver 提供 3 種檢視模式，分別為**設計檢視**模式、**程式碼檢視**模式和
    **即時檢視**模式，可從**文件工具列**的　程式碼　分割　設計　▼　鈕切換。預設會按下**分割**
    鈕，以便在**編輯區**中同時參考程式碼和設計畫面。

3.  當編輯中的網頁有連結到其他程式檔案，例如：CSS、JavaScript、動態資料庫
    連結用的檔案、…等，Dreamweaver 會一併開啟它們，並在**檔案標籤**下方出現
    **關聯檔案列**來陳列檔案連結，只要按下即可切換至該檔案來編輯。

4.  在**分割檢視**網頁時，執行『**檢視**』命令，勾選『**垂直分割**』項目，編輯區會從
    上、下分割變更為左、右分割；左方是**設計檢視**，若取消**設計檢視在左方**項目，
    就會改成**程式碼檢視在左方**。

## 實用的知識

### 1. 可以將常用的「插入」面板恢移到文件視窗上方嗎？

**插入**面板中收納了許多非常實用的功能, 尤其是**常用**頁次, 舉凡插入圖片 (影像)、影片、Div 等都可以利用此面板。若你覺得每次使用前都要展開面板有些麻煩, 也可以如下操作, 將它移到文件視窗上方：

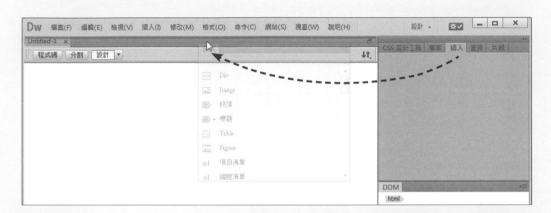

要恢復原狀時, 請按此選擇**重設 "設計"** 項目

只有**插入**面板可以吸附到文件視窗的上方。

### 2. 可否快速讓所有的工具面板都暫時隱藏, 以加大編輯區的可視範圍？

若想獲得最大的編輯空間, 可按下 F4 鍵, 則畫面上所有的面板都會藏起來；再按一次 F4 鍵, 各面板又會再度出現, 是個很好用的快速鍵喔！

# *Lesson*

# 02 實作第一個網頁

## ■ 課前導讀

本堂課將以製作範例網站「**Cute Design Studio**」的首頁為例, 告訴你如何在 Dreamweaver 中建立一個網站, 並快速運用 Dreamweaver 的基本功能, 建立出一個簡單又具美感的網頁。本堂課的重點不在於詳細解說各功能的細部操作, 而是先讓你運用幾個基本功能, 不需要太複雜的步驟, 就可以完成一個網頁 (功能詳解留待之後的課程再做細部說明)。

## ■ 本堂課學習提要

- 建立網站資料夾與新增網站
- 新增與儲存網頁
- 設定頁面屬性
- 插入圖片
- 替圖片加入超連結
- 以絕對定位的 Div 任意擺放網頁元素
- 模擬在手機、平板等各種裝置上瀏覽網頁

預估學習時間 | 60 分鐘

# 2-1 設定本機網站資料夾

製作網站時，我們通常會先在硬碟裡建立一個資料夾，專門用來存放網站所需的檔案，例如網頁、圖片、影音、程式、…等，這個資料夾稱為**網站資料夾**。

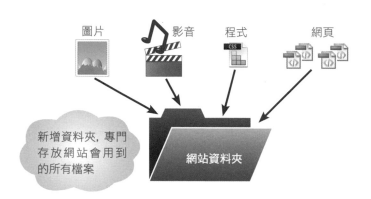

而在使用 Dreamweaver 製作網頁之前，我們必須先**新增網站**，讓 Dreamweaver 知道網站對應的**本機資料夾**存放位置，以便集中管理網站所需的檔案，並可避免檔案路徑錯誤的問題 (可參考 P2-6 的說明)。

本書將每堂課的練習檔案存放在下載檔案的 **F5401_ex** 資料夾中，為了方便你進行操作練習，請先依照本書的「下載檔案說明」，將檔案複製到你的硬碟裡，並如下將 **F5401_ex** 資料夾設定為本機網站資料夾：

step**01** 請啟動 Dreamweaver，然後按下歡迎畫面的**網站設定鈕**：

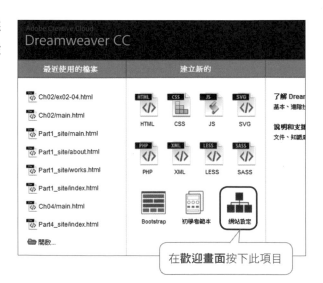

**step02** 網站設定交談窗包含**網站**、**伺服器**、**版本控制**及**進階設定** 4 個頁次, 一般我們只需設定**網站**頁次, 即可完成網站的基本設定。請如下操作:

**1** 輸入自訂的網站名稱。此處的名稱只是用來區別不同的網站 (Dreamweaver 可同時管理多個網站), 因此設定方便自己辨識的名稱即可

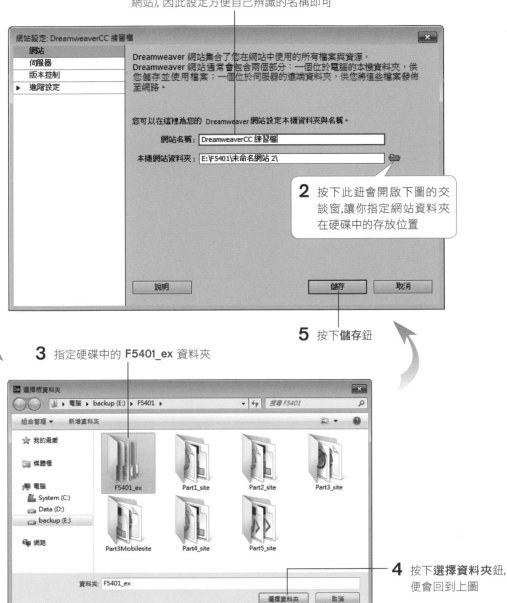

**2** 按下此鈕會開啟下圖的交談窗,讓你指定網站資料夾在硬碟中的存放位置

**5** 按下**儲存**鈕

**3** 指定硬碟中的 **F5401_ex** 資料夾

**4** 按下**選擇資料夾**鈕, 便會回到上圖

**step 03** 按下**儲存**鈕後，就在 Dreamweaver 中建立好一個網站了，而網站資料夾的內容則會顯示在**檔案**面板中：

剛剛輸入的網站名稱會顯示在此，若有建立多個網站，下拉此列示窗可切換成其他網站來檢視與編輯

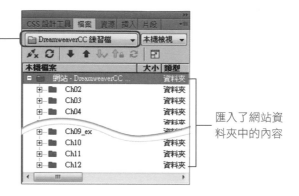

匯入了網站資料夾中的內容

---

### Dreamweaver 的自動更新連結功能

將所有檔案匯入到**檔案**面板後，當你在**檔案**面板中搬移檔案或更改檔名時，Dreamweaver 便會跳出**更新檔案**交談窗，詢問是否要更新連結 (圖片、動畫等素材的連結、網頁間的連結、⋯等)，這樣一來可減少連結錯誤的情況。因此請務必善用**檔案**面板管理網站中的檔案，若是直接在電腦的資料夾視窗中變更檔案，Dreamweaver 就無法自動更新連結，如此便可能造成網頁中出現破圖或超連結連不到的情況喔！

當利用**檔案**面板變更檔案時，會出現此交談窗協助更新連結，按下**更新**鈕即可更新連結

將放置網站檔案的資料夾與 Dreamweaver 建立好連結後，從下一節開始將帶你製作範例網站 **Part1_site** 的首頁 (index.html)，沒有複雜的步驟、不需高深的技巧，但是完成的網頁可是一點也不陽春喔！

**TIP** 請注意！每建立一個網站，都應該建立一個新的**網站資料夾**來存放該站所有的檔案，以免和其他網站的檔案混淆在一起，例如本書包含 5 個範例網站，製作時也都會分別建立專屬的資料夾來存放各自的檔案。不過為了之後方便你開啟練習檔跟著本書操作，因此將練習檔案另外集中存放在 **F5401_ex** 資料夾中。

# 2-2 新增與儲存網頁

我們先帶你用最基本的功能製作第一個網頁, 讓你對製作網頁有初步的體驗, 雖然簡單, 卻是不可或缺的必備基本功夫。

## 新增空白網頁

首先要新增一個空白網頁來編輯。新增空白頁面有 2 種做法, 第 1 種方法是直接在 Dreamweaver 歡迎畫面中按下中央**建立新的**區的 **HTML** 項目; 另一個方法則是執行『**檔案/開新檔案**』命令, 在開啟的**新增文件**交談窗中, 選擇建立全新的 HTML 空白頁面:

**1** 選擇**新增文件**

**2** **頁面類型**選擇 **HTML**

**3** 請選**無**來新增單純的空白版面

這個頁次是用來建立 **Bootstrap** 網站, 可參考 8-2 節的說明

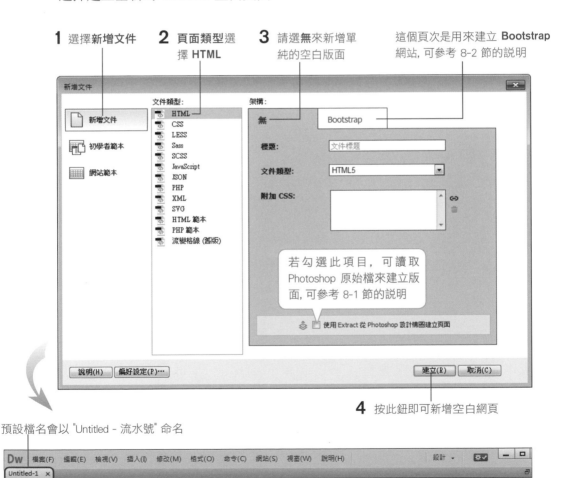

若勾選此項目, 可讀取 Photoshop 原始檔來建立版面, 可參考 8-1 節的說明

**4** 按此鈕即可新增空白網頁

預設檔名會以 "Untitled - 流水號" 命名

## 變更網頁標題名稱

新增的網頁預設會以**無標題文件**做為網頁標題, 但是「網頁標題」就像是網頁的招牌, 當我們在 Google 網站搜尋時, 會優先搜尋網頁標題；若將網頁加入**我的最愛**, 也會用網頁標題做為**我的最愛**中顯示的名稱, 所以一定得替網頁取個有意義又好記的標題喔！

標題名稱會出現在瀏覽器的網頁標籤上

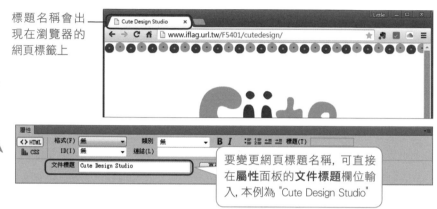

要變更網頁標題名稱, 可直接在**屬性**面板的**文件標題**欄位輸入, 本例為 "Cute Design Studio"

## 儲存網頁

接著要將此網頁檔案儲存到之前建立的網站資料夾中。存檔的方式很簡單, 只要直接按 Ctrl + S 鍵 (Windows) / ⌘ + S 鍵 (Mac), 或執行『**檔案/儲存檔案**』命令, 如下操作即可：

**1** 在這裡選擇欲存放檔案的資料夾

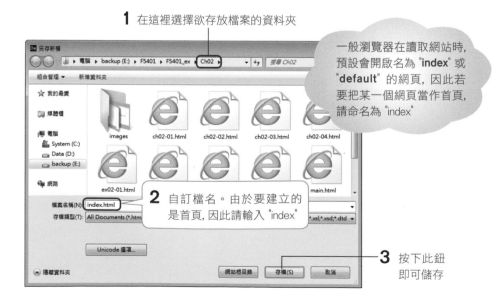

一般瀏覽器在讀取網站時, 預設會開啟名為 "**index**" 或 "**default**" 的網頁, 因此若要把某一個網頁當作首頁, 請命名為 "**index**"

**2** 自訂檔名。由於要建立的是首頁, 因此請輸入 "index"

**3** 按下此鈕即可儲存

# 2-3 設定頁面屬性

重頭戲來了，終於要進入編輯網頁的階段了。本節要先帶你先設定好**頁面屬性**，替整個網頁制定出基本的遵循樣式，例如：背景圖、字型、文字大小與顏色、…等，以便維持網頁的一致性，並可省去重複設定的麻煩。

**step01** 請沿用先前建立好的 index.html 檔案 (或開啟練習檔案 ex02-01.html)，然後按下**屬性**面板中的**頁面屬性**鈕 (或執行『**修改/頁面屬性**』命令) 開啟**頁面屬性**交談窗，我們要替網頁設定文字大小、顏色，以及邊界與背景圖。

**step02** 首先我們要決定網頁中使用的字型，請在**頁面屬性**交談窗的**外觀 (CSS)** 頁次設定，往後在這個網頁中輸入的文字，除非另行設定樣式，否則都會套用**頁面屬性**的設定。

**1** 拉下列示窗選擇這組字體 (不同的字體以「,」區隔，表示會以第 1 個字體為主，若瀏覽者的電腦中沒有安裝該字體，會改以第 2 個字體顯示，以此類推)

此欄可設定斜體

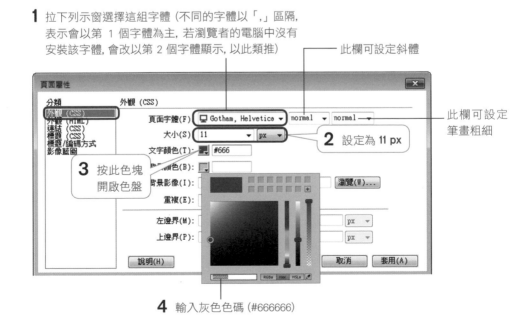

此欄可設定筆畫粗細

**2** 設定為 11 px

**3** 按此色塊開啟色盤

**4** 輸入灰色色碼 (#666666)

**step03** 接著要設定背景圖, 讓網頁瞬間加分！請繼續在**外觀 (CSS)** 頁次中設定:

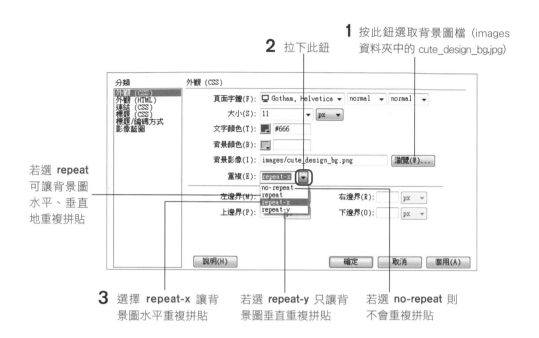

**1** 按此鈕選取背景圖檔 (images 資料夾中的 cute_design_bg.jpg)

**2** 拉下此鈕

若選 **repeat** 可讓背景圖水平、垂直地重複拼貼

**3** 選擇 **repeat-x** 讓背景圖水平重複拼貼　若選 **repeat-y** 只讓背景圖垂直重複拼貼　若選 **no-repeat** 則不會重複拼貼

**step04** 網頁元素與瀏覽器邊界預設會有些許距離 (你可先按下**確定**鈕回到編輯區, 觀察插入點閃爍的位置), 這裡我們要將邊界設為 "0", 讓網頁元素能夠緊貼在瀏覽器的邊界。請繼續在**頁面屬性**交談窗的**外觀 (CSS)** 頁次中設定:

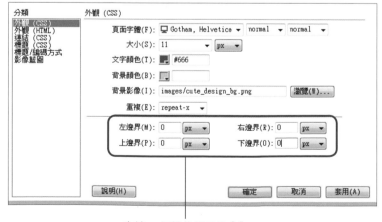

在這 4 個欄位都輸入 "0"

**step05** 到此設定就完成了, 請按下**確定**鈕回到編輯區, 就可以看到剛剛設定的結果了 (完成結果可參考 ch02-01.html)。

**1** 為了檢視整個畫面的設計效果, 請按一下**設計**鈕切換到**設計檢視**模式 (結束**分割**模式, 這時中間的**分割**鈕恢復為沒有按下的狀態)

背景不再是白底, 頂端出現設定的圖 片 (圓點圖案)

**2** 切換到此頁次

文字已自動設定為 11 像素的灰色字

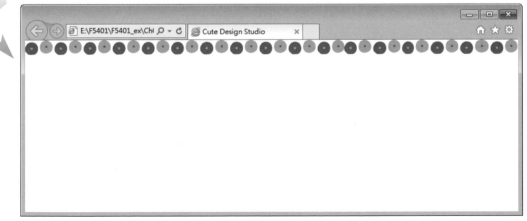

**3** 按鍵盤上的 F12 鍵, 可開啟預設瀏覽器 (本例是 IE) 來看完成的網頁

# 2-4 以絕對定位的 Div 任意擺放網頁元素

網頁背景設定好了，接著就可以輸入內容。不過你會發現，只能從網頁左上角的插入點開始輸入內容。如果想要把圖片、文字…等內容直接放在網頁中央，該怎麼做呢？下面要帶大家使用 Dreamweaver 裡面的 **Div 標籤**，當你需要任意擺放元素時，只要將元素放進 **Div 標籤**，再將此標籤設定為**絕對定位**即可。

## 建立 Div 並設定絕對定位

step 01 請接續上例 (或開啟練習檔案 ex02-02.html)，如下建立一個 Div：

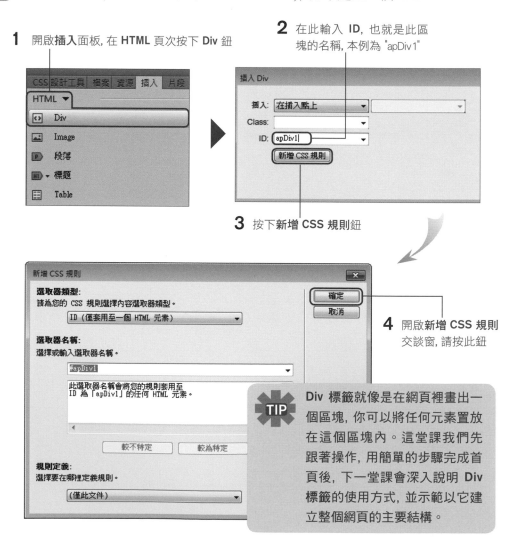

**1** 開啟**插入**面板，在 **HTML** 頁次按下 Div 鈕

**2** 在此輸入 **ID**，也就是此區塊的名稱，本例為 "apDiv1"

**3** 按下**新增 CSS 規則**鈕

**4** 開啟**新增 CSS 規則**交談窗，請按此鈕

> **TIP** Div 標籤就像是在網頁裡畫出一個區塊，你可以將任何元素置放在這個區塊內。這堂課我們先跟著操作，用簡單的步驟完成首頁後，下一堂課會深入說明 Div 標籤的使用方式，並示範以它建立整個網頁的主要結構。

**step02** 按下**確定**鈕後會開啟如下圖的交談窗, 協助你進行各種 CSS 設定。本例我們
要將此區塊設定為**絕對定位**, 請切換到**定位**頁次, 如圖設定。

**2** 下拉此項目, 選擇 absolute (絕對定位)

**1** 切換到**定位**頁次

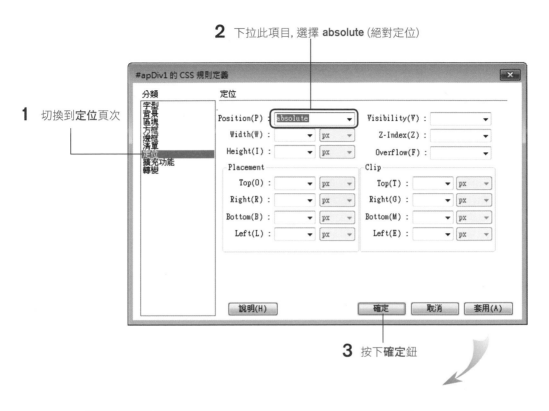

**3** 按下**確定**鈕

**4** 回到此交談窗,
再按一次**確定**
鈕, 完成設定

**TIP** 若你是 Dreamweaver CS6 以前版本的使用者, 可使用 **AP Div** 功能來建
立可任意擺放的區塊;但 CC 版本已移除 **AP Div** 功能, 因此本例先建立
一般的區塊, 再設定為絕對定位, 可達到同樣的效果。

# 在 Div 中置入文字與圖片

我們可以在區塊裡置入文字、圖片等各種網頁元素，首先我們就來輸入文字，製作成網頁下方常見的「版權宣告」區塊。

**step01** 前面設定好後回到文件視窗，你會發現網頁左上角多了一個區塊，其中寫著「**id "apDiv1" 的內容放在這裡**」，這就是我們剛剛建立的 **apDiv1** 區塊。請輸入 "Copyright Cute Design Studio All rights reserved."：

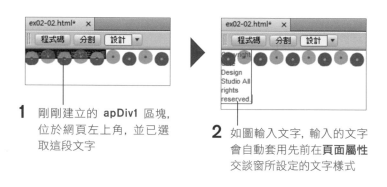

**1** 剛剛建立的 **apDiv1** 區塊，位於網頁左上角，並已選取這段文字

**2** 如圖輸入文字，輸入的文字會自動套用先前在**頁面屬性**交談窗所設定的文字樣式

**step02** 目前區塊壓在背景花紋上而看不清楚，請按住邊框，拉曳到下方空白處：

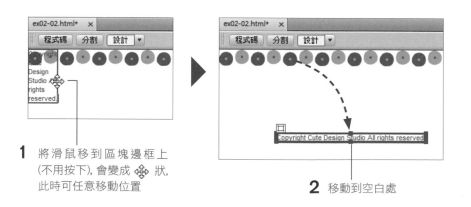

**1** 將滑鼠移到區塊邊框上(不用按下)，會變成 ✥ 狀，此時可任意移動位置

**2** 移動到空白處

**step 03** 版權聲明文字的 "Copyright" 後面還需要加上一個 "©"，這個符號無法用鍵盤直接輸入，我們可以透過**插入**面板**常用**頁次來插入：

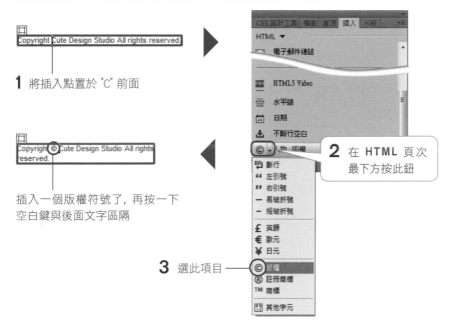

**1** 將插入點置於 "C" 前面

**2** 在 **HTML** 頁次最下方按此鈕

插入一個版權符號了，再按一下空白鍵與後面文字區隔

**3** 選此項目

**step 04** 若你覺得區塊的大小、位置不符合需求，可以按一下邊框，會看到 8 個控制點，拉曳這些控點即可改變區塊的大小。另外，也可以利用下面的**屬性**面板調整其大小和位置：

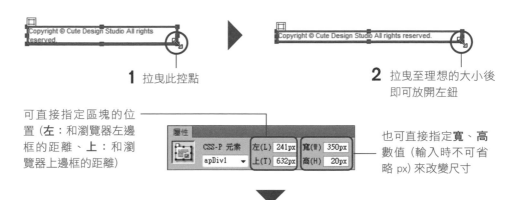

**1** 拉曳此控點

**2** 拉曳至理想的大小後即可放開左鈕

可直接指定區塊的位置 (**左**：和瀏覽器左邊框的距離、**上**：和瀏覽器上邊框的距離)

也可直接指定**寬**、**高**數值 (輸入時不可省略 px) 來改變尺寸

**TIP** 前面我們將 **apDiv1** 區塊設定為絕對定位，因此才能任意移動位置、或在**屬性**面板中指定位置；未設定定位方式的區塊則無此功能，下一堂課會有更詳細的說明。

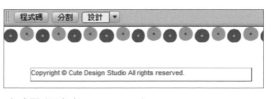

完成圖 (可參考 ch02-02.html)

# 2-5 插入圖片並設定超連結

網頁的基本設定完成後, 接著要加入代表網站的 LOGO 及裝飾用的圖片, 並替 LOGO 圖片設定超連結, 讓訪客點一下就可以進入網站的主頁。

## 在網頁中插入圖片

以下我們要在網頁中央安排 LOGO 圖片, 做為吸引注意力的視覺焦點。

**step01** 上一節你已經學會建立**絕對定位**的區塊, 請自行練習再建立兩個區塊:**apDiv2**、**apDiv3**, 設定細節如下圖。你也可開啟已建立好區塊的 ex02-03.html 來進行接下來的練習:

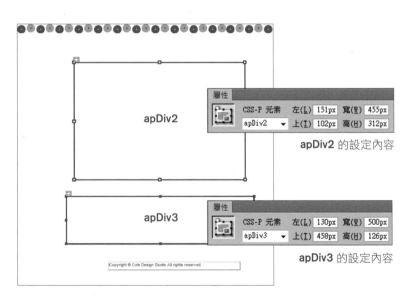

**step02** 請在 **apDiv2** 裡面按一下, 出現插入點後, 如下加入圖片:

**3** 本例請選擇 images 資料夾中的 cute_design_logo.png

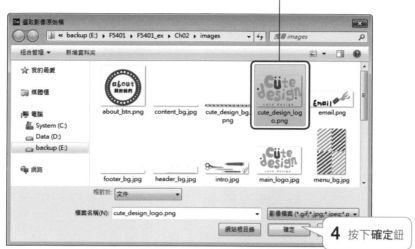

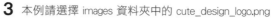

**4** 按下**確定**鈕

**step03** 接著就請你自行練習，在 LOGO 圖片下方的 **apDiv3** 區塊如圖置入另一張圖片，完成如右圖的首頁設計，結果可參考 ch02-03.html。

插入 images 資料夾中的 "intro.jpg" 這張圖片

# 替圖片加上超連結

我們希望在訪客按下 LOGO 圖片時, 可以連到網站的主頁 (同一資料夾中的 main.html), 因此接下來要替剛剛插入的 LOGO 圖片設置超連結。

**step01** 請接續上例 (或開啟練習檔案 ex02-04.htm), 選取 LOGO 圖片, 然後按下**屬性**面板**連結**欄的**瀏覽檔案**鈕 :

**1** 點選圖片 (請注意不要按到邊框)

**2** 按下此鈕

**step02** 接著會開啟**選取檔案**交談窗, 請選取要連結的檔案, 本例為 Ch02 資料夾中的 "main.html":

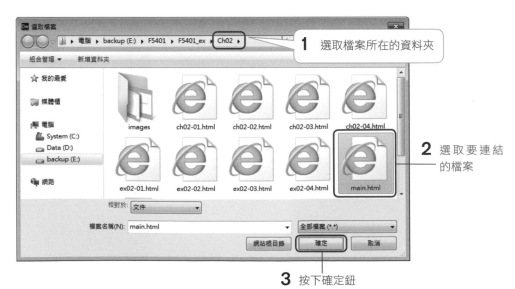

**1** 選取檔案所在的資料夾

**2** 選取要連結的檔案

**3** 按下確定鈕

step 03　最後再用同樣的方法, 替 LOGO 下方的圖片也設定連到 main.html 的超連結, 即可完成導入頁的製作 (完成結果可參考 ch02-04.html)。

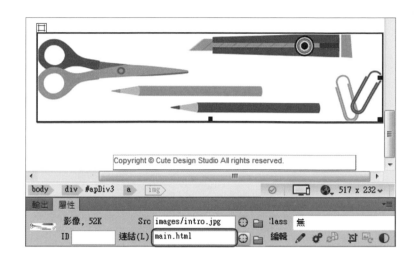

# 2-6　即時檢視與預覽網頁

前面我們在**設計檢視**模式中編輯網頁, 已可看出網頁在瀏覽器中可能的呈現結果, 不過在編輯區中的部份元素會出現輔助框線 (例如區塊周圍的檢視框), 方便我們辨識元素的範圍, 但這些輔助框線其實不會出現在瀏覽器上。因此最後要告訴你預覽網頁的方法, 讓檢視結果更貼近瀏覽者看到的實際情況。

## 利用「即時檢視」功能在 Dreamweaver 中預覽網頁

要預覽網頁最快的方法, 就是按下**文件工具列**上的 設計▼ 右邊的下拉箭頭鈕 ▼ , 從下拉選單將此鈕切換為 即時▼ 模式, 即可在**編輯區**中預覽網頁, 讓你不用開啟瀏覽器, 就能在**即時檢視**模式中看到網頁呈現的結果!

**step 01** 請利用剛才完成的檔案 (或開啟 ch02-04.html)，進入**即時檢視**模式來預覽網頁，此時所有的輔助線都會消失，可明確看出實際呈現在網路上的結果：

下拉此鈕, 切換為**即時檢視**模式

在**設計檢視**模式中, 各區塊會顯示輔助框線

<< 按一下尺規上的「+」符號以新增媒體查詢 >>

在**即時檢視**模式中會自動開啟**視覺媒體查詢列** (下方的尺規), 請按一下此鈕取消 (將它收合)。此列的用法可參考 8-5 節

即時檢視時, 圖片的輔助框線會消失, 若用滑鼠點選才會顯示藍色框線

Copyright © Cute Design Studio All rights reserved.

2-20

**step 02** 在**即時檢視**模式下, 如果發現網頁元素的位置、大小不如預期, 可如圖開啟設定內容來修正, 非常方便!

**1** 點選要修改的元素, 左上角會出現**快速屬性檢視窗**鈕

**2** 按一下元素左上角的 ▤ 鈕, 會顯示**快速屬性檢視窗**

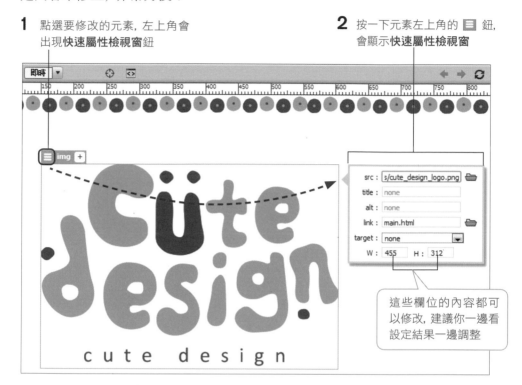

src : s/cute_design_logo.png
title : none
alt : none
link : main.html
target : none
W : 455  H : 312

這些欄位的內容都可以修改, 建議你一邊看設定結果一邊調整

**step 03** 上一節我們有幫圖片設定超連結, 不過在檢視時卻看不出效果。若要測試超連結是否正確, 請如圖啟用**跟隨連結**功能:

**1** 按下此鈕

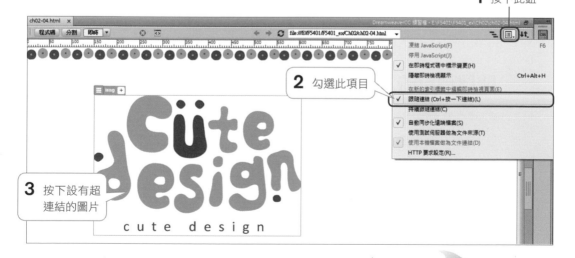

**2** 勾選此項目

**3** 按下設有超連結的圖片

若要繼續編輯網頁 (結束**即時檢視**模式), 只要再按一下此鈕切換回**設計檢視**模式即可

**4** 按此鈕可回到上一頁

連到超連結指定的
網頁 main.html

**TIP** 『**跟隨連結**』功能在按下連結後就會自動停用, 必須再次執行該命令才可測試超連結, 若覺得一直執行命令很不方便, 可先按住 Ctrl 鍵 (Windows) / ⌘ 鍵 (Mac) 再按下超連結即可測試; 或在 step03 改執行『**持續跟隨連結**』命令, 可讓超連結測試持續保持作用狀態。

## 開啟預設的瀏覽器來預覽網頁

做網頁的目的, 就是要上傳到網路, 讓訪客可透過瀏覽器來觀賞。然而不同品牌、版本的瀏覽器支援的網頁功能各不相同, 因此在編輯網頁的過程中, 三不五時就要透過各種瀏覽器來預覽及測試網頁。要開啟瀏覽器來預覽網頁的方法很簡單, 只要先儲存檔案, 再按下 F12 鍵即可:

目前在**設計檢視**模式

按下  鍵

滑鼠移至設有超連結的圖片上會變成手指狀，若按下則可連結到 main.html

## 使用其他瀏覽器軟體來預覽網頁

以 Windows 使用者為例, 在 Dreamweaver 中按 F12 鍵時, 都是啟動預設的 IE 瀏覽器來預覽網頁。若你電腦中有安裝其他瀏覽器 (例如 Chrome、Firefox...), 想改用自訂的瀏覽器來預覽網頁, 可在 Dreamweaver 中執行『**檔案/於瀏覽器中預覽/編輯瀏覽器清單**』命令, 如下設定:

**1** 按下此鈕新增瀏覽器

**2** 為瀏覽器命名

若勾選此項, 可設定為主要瀏覽器 (以後按 F12 鍵時會以此瀏覽器來預覽)

**4** 按此確定

**3** 按下此鈕, 在電腦中選取該瀏覽器程式

**5** 新增完成後, 請按下**偏好設定**交談窗的**套用**鈕, 再按**關閉**鈕

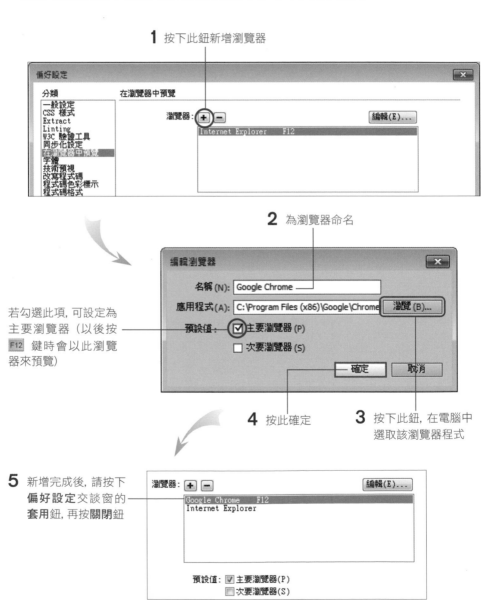

下次要預覽網頁時，執行『**檔案/於瀏覽器中預覽**』命令，即可在清單中點選設定好的瀏覽器來測試：

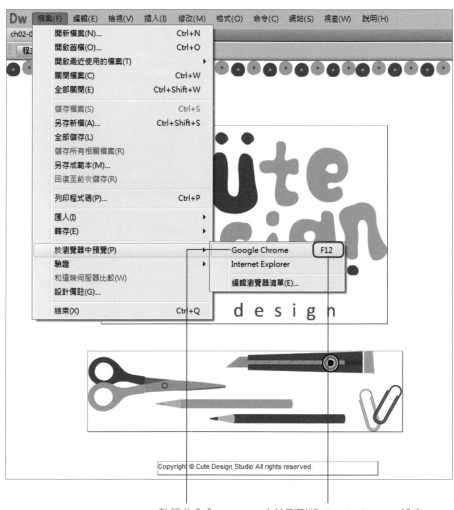

執行此命令　　　　由於剛剛將 Google Chrome 設定
為**主要瀏覽器**，因此這裡會顯示
"F12"，表示按下 F12 鍵時會自動
開啟這個瀏覽器來檢視網頁

啟動 Google Chrome 瀏覽器來預覽

按下 Logo 測試超連結的結果

## 重點整理

1. 使用 Dreamweaver 製作網頁之前，我們必須先**新增網站**，讓 Dreamweaver 知道網站對應的本機資料夾位置，之後就可以在**檔案**面板管理網站檔案。

2. 新增檔案的方法有 2 種，你可直接在 Dreamweaver **歡迎畫面**中按下**建立新的**區的 **HTML** 項目；或是執行『**檔案/開新檔案**』命令，在開啟的**新增文件**交談窗中，選擇建立 **HTML** 文件類型。

3. 在網頁中加入圖片、文字、…等元素之前，建議先設定**頁面屬性**替整個網頁制定出基本的遵循樣式，可省去重複設定屬性樣式的麻煩。

4. 在編輯區中的插入點即可決定輸入文字及插入圖片的位置。若要插入圖片，必須按下**插入**面板 **HTML** 頁次的 **Image** 鈕，開啟交談窗選擇欲插入的圖片。若想任意擺放文字與圖片，可先建立**絕對定位**的區塊再將文字或圖片插入其中。

5. 要預覽網頁在瀏覽器中呈現的結果，你可以按下文件視窗 設計▼ 的右側下拉鈕，切換為 即時▼ (**即時檢視**模式)，直接在 Dreamweaver 中預覽，或是按下 F12 鍵開啟預設瀏覽器來檢視。

6. 進入**即時檢視**模式預覽網頁時，若需要測試超連結，可按下**文件工具列**上的**即時檢視選項**鈕 圓▼，勾選『**跟隨連結**』項目或『**持續跟隨連結**』項目。

7. 如果想要任意擺放元素，只要將元素放進 **Div 標籤**，再透過 CSS 將此 **Div 標籤**設定為**絕對定位**即可。

## 實用的知識

**1. 檔案命名時的注意事項：**

雖然在 Windows 環境中，我們可以使用中英文混用的檔名，但別忘了，將來你的網頁要上傳到伺服器，讓全世界的人來參觀你的網站，而這些伺服器或訪客可不一定都使用與中文相容的系統，所以在為網頁檔案及資料夾命名時，最好遵守如下的注意事項：

● **避免使用中文或全形符號**：使用中文檔名時，非中文的伺服器及瀏覽器可能會不支援而無法連結到網頁。因此請使用半形的英文及數字來取檔名。

● **最好統一使用小寫英文**：大小寫英文字母的意思雖然都一樣，但有些伺服器會把它們視為兩種不同的文字，例如 index.htm 跟 Index.htm 就會變成兩個不同的檔案。若不想增加日後管理上的麻煩，建議統一使用小寫英文，才不至於造成混淆。

● **檔名中不要有空格**：同樣的，並不是所有的伺服器都能讀取檔名含有空格的檔案，若非用不可，建議可改用底線來代替空格，例如將 "my page.htm" 改成 "my_page.htm"。

以上的命名規則不僅適用於網頁及資料夾，其它如圖片檔、音樂檔、…等網站中所有的檔案名稱，同樣也請遵循這些注意事項。

**2. 在 Dreamweaver 中定義的網站，如果用不到了可以刪除嗎？**

當然可以刪除。請執行『**網站/管理網站**』命令開啟**管理網站**交談窗：

**1** 選取欲刪除的網站

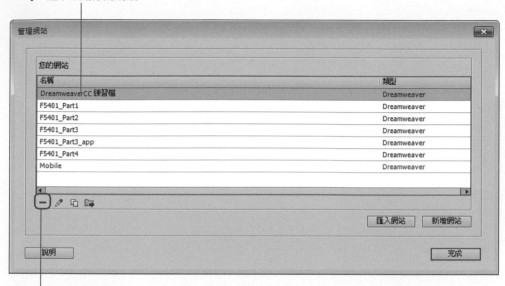

**2** 按下此鈕即可移除

 按下**移除**鈕來移除網站定義時，並不會真的將電腦中的網站資料夾刪除，只是移除該網站在 Dreamweaver 中的記錄而已。

**3.** **在瀏覽網頁時，有時會發現網頁中的文字變成亂碼，那在製作時如何確保網頁的文字放到網路上後皆可正常顯示？**

製作網頁時建議將編碼設為 "Unicode"，可避免亂碼的狀況發生。Unicode 即所謂的「萬國碼」，是一種世界各國語系都通用的編碼方式，能讓多國文字同時並存在一個網頁中。開啟網頁後，執行『**修改/頁面屬性**』命令，切換到**標題/編碼方式**頁次，即可檢視和修改目前的語系編碼：

**1** 拉下列示窗選擇 Unicode (UTF-8)

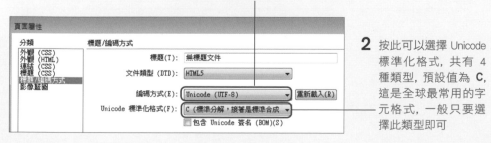

**2** 按此可以選擇 Unicode 標準化格式，共有 4 種類型，預設值為 **C**，這是全球最常用的字元格式，一般只要選擇此類型即可

# Lesson

# 03 利用 CSS 與 Div 建立網頁版型

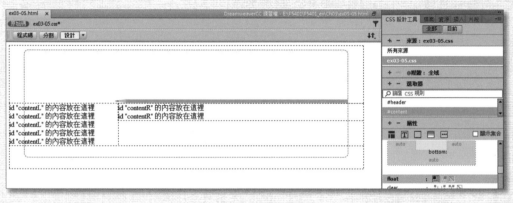

ch03-05.html (本堂課僅完成版型的劃分，下一堂課再將整個網頁完成)

## ■ 課前導讀

網頁最常見的版面, 就是先將網頁分成上、中、下 3 個區域, 再將中間區域劃分成左、右兩欄的「**兩欄式版面**」。如果我們再修改語法, 還能讓版型變得與眾不同, 這一切都要歸功於「**CSS**」與「**Div**」的配合。

本堂課會為你介紹 HTML 及 CSS, 讓你了解網頁的基本結構, 再以「**Cute Design Studio**」網站的 main.html 為例, 告訴你如何利用 Dreamweaver 提供的**插入 Div** 鈕及 CSS 功能, 建構出兩欄式的網頁版面。

## ■ 本堂課學習提要

- 認識 HTML 與 CSS
- 區分內部樣式表與外部樣式表
- 利用 Div 規劃網頁區塊
- 製作層層包覆的 Div
- 利用 CSS 改變 Div 的外觀及大小、位置

| 預估學習時間 | 90 分鐘 |
|---|---|

# 3-1 認識 HTML 與 CSS

上一堂課製作的「Cute Design Studio」網站首頁 (index.html)，因為包含的元素很少、很單純，所以只需要用幾個基本功能就可製作完成。在製作過程中，我們使用了 **Div** 來置入文字和圖片，因此你或許已經有個概念：我們可以建立更多 **Div** 區塊，完成更複雜的網頁架構。本堂課就會實際演練，帶大家編排出網站主頁 (main.html) 這種分成左、右兩欄的常見結構。

在使用 **Div** 之前，我們有必要先認識 **HTML** 與 **CSS**，因為網頁其實是由 **HTML** 程式碼架構而成的 (**Div** 也是 HTML 標籤之一)，而 **CSS** 則是用來美化與編排 HTML。先了解 HTML 與 CSS 的相互關係，之後在規劃網頁版面時才不會一頭霧水喔！

## 認識 HTML

使用 Dreamweaver 製作網頁時，大部份都是在**設計檢視**模式中編輯，因為這是最直接也最方便的方式，插入什麼元素就看到什麼元素，可清楚看出網頁會呈現的畫面。其實切換到**程式碼檢視**模式也可以編輯網頁，雖然映入眼簾的盡是程式碼，但網頁原本就是由這些程式碼所組成的喔！

構成網頁的程式碼即為 **HTML** (Hyper Text Markup Language)，這是一種用來描述網頁結構的語法，其中由 "**<**" 與 "**>**" 包在一起的稱為「**標籤**」，也就是 HTML 的基本結構。

設計檢視模式，以所見即所得的方式呈現網頁。

切換到**程式碼檢視**模式, 就會以
HTML 標籤結構的方式呈現網頁

由 "<" 與 ">" 包在一起的就稱為**標籤**

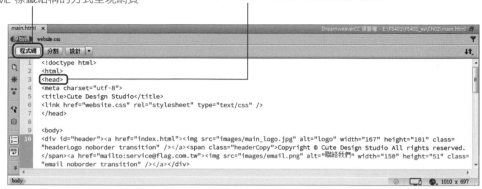

請執行『**檔案/開新檔案**』命令, 在**新增文件**交談窗中選擇**新增文件/HTML/
無**, 接著要帶你演練一個簡單的範例, 以了解 HTML 標籤與網頁呈現出來的
畫面究竟有什麼呼應關係。

**step01** 請切換到**設計檢視**模式, 再按一下**分割**鈕, 在右側編輯區按一下, 會看到左上
角有插入點不斷閃爍, 而程式碼中的 **<body>** 與 **</body>** 之間也會出現
一個插入點, 在 **<body>** 與 **</body>** 這組標籤之間就是用來配置網頁內
容的大本營:

目前正在編輯的程式碼會以醒目的藍色標示出
來, 本例是位於程式碼第 8 行的 <body> 標籤

目前正在編輯的標籤也    這兩個插入點會同步變化
會標示為醒目的藍色

**step02** 請在右側編輯區中輸入 "Dreamweaver"，就會發現程式碼中的 <body> 與 </body> 之間也會出現同樣的文字；再按下 Enter 鍵 (Windows) / return 鍵 (Mac)，程式碼中的文字就被 <p> 與 </p> 標籤包圍起來，代表為一個段落。

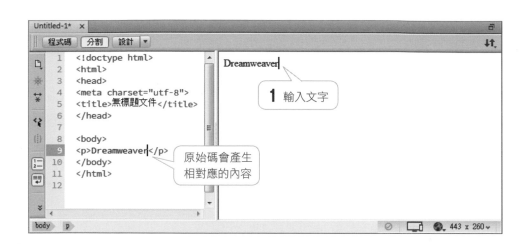

**2** 按下 Enter 鍵 (Windows) / return 鍵 (Mac)

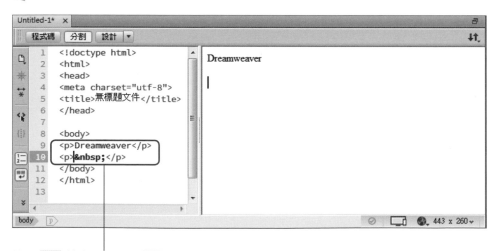

按下 Enter 鍵 (Windows) / return 鍵 (Mac) 會讓網頁
元素被 <p> 與 </p> 標籤包圍起來，表示自成段落

假如繼續編輯, 都會產生相對應的標籤語法, 例如插入圖片會出現 <img> 標籤、插入表格會出現 <table> 標籤、條列項目則是 <ul> 與 <li>、…等。也就是說, 我們所看到的網頁內容, 其實都是由 **HTML 標籤**組成的, 這就是網頁的基本架構。

不過 HTML 標籤非常多, 要全部背起來並不容易；尤其在利用**設計檢視**模式編輯網頁時, 不太需要去注意插入的元素究竟是屬於什麼標籤。其實, 記不起來也沒關係, 因為你只要將元素選取起來 (或將插入點置於元素中), 然後看**編輯區**下方的**狀態列**, 顯示為藍色的便是其隸屬的標籤。

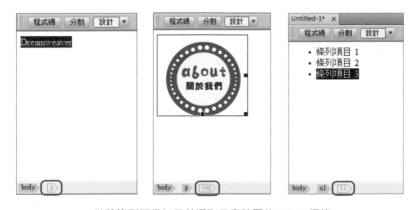

從**狀態列**可得知目前選取元素隸屬的 HTML 標籤

本堂課並不是要你馬上學會 HTML 語法, 只要你知道怎麼找出網頁元素所對應的 HTML 標籤即可, 這樣就能進一步將標籤套用 CSS 樣式。

## 認識 CSS

網頁是由 HTML 標籤組成的, 但是既定的 HTML 標籤樣式有限, 例如開啟一個新網頁, 背景一定是白色、輸入的文字一定是黑色、設定超連結的文字會變成藍色並出現底線、…等。不過設計網頁不可能永遠只用白底黑字, 必須針對不同主題適時地變化視覺效果, 有鑑於此, **W3C** 協會 (全球資訊網組織, http://w3c.org) 頒布了一套 **CSS** 規則, 用來擴展 HTML 的功能, 使設計者可以更隨心所欲地編排版面。

**CSS** 的全名為 Cascading Style Sheets，中文可譯為**串接樣式表**，是一種用來描述網頁外觀樣式的語法。CSS 可說是網頁設計的精髓，不僅可重新定義 HTML 標籤原有的樣式，還可自行定義規則，並套用在網頁中各種可見的元素上 (如文字、圖片、表格、表單、…等)；透過 CSS 豐富靈活的設定，網頁即可跳脫 HTML 的束縛，輕易設計出更有變化的網頁。

單純的 HTML 標籤架構網頁，
沒有 CSS 的輔助，樣式變化較少

設定 CSS 樣式後，網頁編排更具彈性，例如
兩欄式版面、不同顏色與大小的文字、…等

使用 Dreamweaver 編輯網頁的一大好處，就是不必自己輸入 CSS 語法，只要在**屬性**面板的 **CSS** 頁次、**CSS 設計工具**面板或 **CSS 規則定義**交談窗中設定 CSS 各類屬性的樣式，即可自動產生對應的語法。下一節起將實際帶你完成「Cute Design Studio」主頁 (main.html) 的版面劃分，讓你在實作的過程中熟悉如何運用 CSS。

## HTML 5 與 CSS 3.0

**HTML** 和 **CSS** 都是由 **W3C** (全球資訊網組織，http://w3c.org) 制定的標準程式語法，隨著瀏覽器的演進，HTML 也不斷更新。最早為 HTML 1.0 版本，接下來有 HTML 2.0、3.0…等，目前最新的標準為 2014 年制定的 **HTML 5**。而 CSS 也跟著演進，目前最新的標準版本是 **CSS 2.1**。之後當我們在 Dreamweaver CC 中開新檔案時，預設就會採用 **HTML 5** 這個最新版本，不必特別設定。

**TIP** 雖然 CSS 的最新版本是 CSS 2.1，其實還有正在開發中的 CSS3、CSS4 等更新版，只是尚未通過 W3C 的標準化過程。因此當你要使用以 CSS3 或更新版設計的特效時，請留意在一般網頁瀏覽器中是否能正常顯示。

# 3-2 利用 Div 劃分網頁區塊

網頁版面如果很單純，我們只要利用**插入**面板提供的功能鈕來插入元素，再搭配簡單的 CSS 樣式設定，即可完成製作 (例如第 2 堂課製作的網頁)。不過多數的網頁會安排豐富的內容，因此需要先將網頁劃分成多個區塊，再分別配置網頁內容，以免看起來雜亂無章。

Dreamweaver 的**插入**面板提供了 **Div** 鈕 <kbd>⟨⟩ Div</kbd> ，按下後就會加入一組 **div** 標籤：**&lt;div&gt; &lt;/div&gt;**，在 HTML 中，每組 div 標籤都會形成一個區塊。我們只要在網頁中加入多個 **Div** 區塊，再替每個區塊設定個別的 CSS 樣式屬性 (例如：寬度、高度、背景圖、…等)，就能規劃出井然有序的網頁版面。

**製作流程如下：**

接著就根據上述的製作流程，開始實作範例網站「Cute Design Studio」主頁 (main.html) 的版面吧！

## 初步規劃網頁架構

首先必須想好版面的區塊配置，這樣才知道要建立哪些 Div。以「Cute Design Studio」的主頁 (main.html) 為例，我們根據網頁內容先將網頁分成上 **(表頭)**、中 **(網頁主要內容)**、下 **(頁尾)** 3 個區域，再將中間的主要內容區域劃分出**左右兩欄**：

用來放置網頁內容的區域, 包含左右兩欄　　　　表頭

將網頁分成上、中、下 3 個部分, 再分別安排表頭、網頁內容、頁尾的設計方式, 是很常見的手法

頁尾

根據內容將網頁的平面設計稿先劃分大區塊

區塊規劃好後, 接下來要替各區塊**命名**, 這樣之後要設定 CSS 時, 才知道要控制的是哪個區塊。此外, 命名區塊時有些原則必須遵守, 大致歸納如下:

● **命名的第 1 個字元務必使用英文字, 第 2 個字元之後用英文或數字皆可。**

● **區塊名稱不可包含空格與特殊符號, 當然也不可使用中文。**

● **命名時盡量取個容易辨識的名稱**, 例如**表頭**區域通常會命名為 **"header"**、放置**內容**的區域命名為 **"content"**、**頁尾**區域則命名為 **"footer"**、…等, 這樣在設定 CSS 樣式時會比較容易辨識。

除了命名外，也可順便根據各區塊預計要包含的圖片或內容，事先規劃出區塊的大小。比照上述原則，範例網站各區塊的命名與尺寸規劃如右圖：

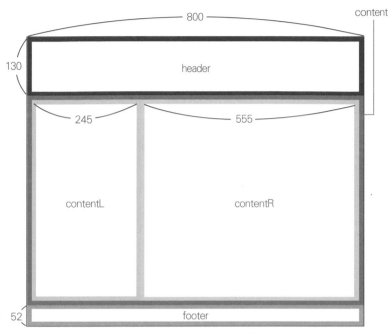

其中的 contentL、contentR 區塊是包含在 content 區塊中

版面初步規劃完成後，就可以開始在 Dreamweaver 中根據規劃好的版面來新增 Div、定義出區塊了。

# 插入 Div

接著我們要插入 **Div**，分別定義出「header」、「content」、「footer」區塊，以及包含在「content」區塊中的「contentL」、「contentR」區塊。

## 由上而下依序定義區塊

建立區塊時，建議**由上而下、由外而內**依序進行，因此我們先插入「header」(上)、「content」(中)、「footer」(下) 這 3 個 **Div**。

**step01** 請開啟 ex03-01.html 並切換至**分割**檢視模式，以便檢查插入的 Div 位置是否正確。首先插入當作網頁表頭的「header」區塊：

在**插入**面板的 **HTML** 頁次按下此鈕

**step02** 接著會開啟**插入 Div** 交談窗，目前網頁中尚無任何元素，故**插入**欄維持預設的**在插入點上**項目即可，接著在 **ID** 欄輸入自訂的名稱 "header"：

**1** 維持**在插入點上**項目

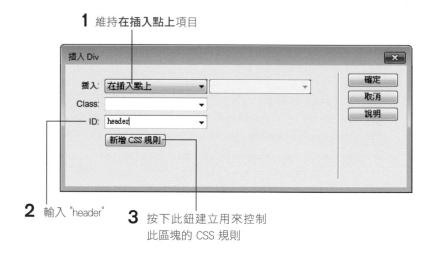

**2** 輸入 "header"　　**3** 按下此鈕建立用來控制此區塊的 CSS 規則

**TIP** 使用 Div 建立網頁版型時，通常會替每個 Div 設定不同的名稱，以便之後再用 CSS 個別做設定。

**step03** 接著會出現**新增 CSS 規則**交談窗，由於上個步驟是將名稱輸入在 **ID** 欄中，因此**選取器類型**會自動選好 **ID** 項目，而 **ID** 名稱必須以「#」起頭，所以剛剛設定的名稱 (header) 前面會自動加上「#」；另外，為了讓建立的 CSS 樣式可以和其他網頁共用，請在**規則定義**欄選擇**新增樣式表檔**項目：

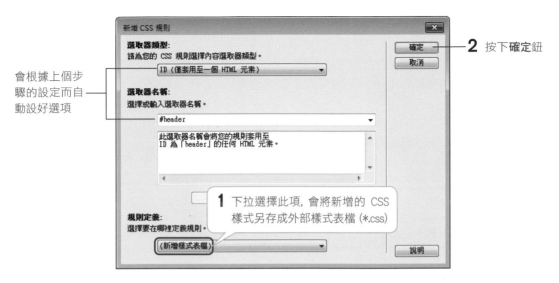

會根據上個步驟的設定而自動設好選項

**2** 按下**確定**鈕

**1** 下拉選擇此項, 會將新增的 CSS 樣式另存成外部樣式表檔 (*.css)

---

### 內部樣式表與外部樣式表

在新增 CSS 規則時, **規則定義**列示窗有 2 個項目可選擇, 分別為**僅此文件**與**新增樣式表檔**, 兩者的差異如下:

● **僅此文件**:會將 CSS 寫在網頁的 <head> 與 <head> 之間, 影響的範圍只有此網頁本身, 適合用在網頁數量少的小型網站、或是具獨特性的網頁 (例如第 2 堂課製作的首頁), 這種 CSS 稱為**內部樣式表**。

```
1  <!doctype html>
2  <html>
3  <head>
4  <meta charset="utf-8">
5  <title>Cute Design Studio</title>
6  <style type="text/css">
7  body,td,th {
8      font-family: Arial, Helvetica, sans-serif;
9      font-size: 11px;
10     color: #666666;
11     text-align: center;
12 }
13 body {
14     background-image: url(images/cute_design_bg.png);
15     background-repeat: repeat-x;
16     margin-left: 0px;
17     margin-top: 0px;
18     margin-right: 0px;
```

CSS 直接寫在目前網頁中, 影響的範圍只有此網頁本身

NEXT

● **新增樣式表檔**：會將 CSS 另外儲存成一個獨立的樣式表檔 (副檔名為 .css) 中, 讓網頁以連結的方式來套用樣式表檔內的 CSS 樣式。當網頁數量繁多時, 為了方便管理, 多半建議選擇此項, 讓數個網頁共用一組樣式, 這個 CSS 檔就稱為**外部樣式表**。

按此處可切換至連結的 CSS 檔

"main.html" 網頁利用連結方式套用 "website.css" 這個外部樣式表檔中的 CSS 屬性

在實務上, 我們通常會使用**外部樣式表**, 並將多個網頁連結到此樣式表檔, 則將來要修改多個網頁的樣式時, 只需開啟樣式表檔來修改, 即可一次完成, 不必逐頁費時修改。

**step04** 接著會出現**另存樣式表檔案**交談窗, 請選擇 CSS 檔要存放的位置, 並自訂檔名 (不可用中文)：

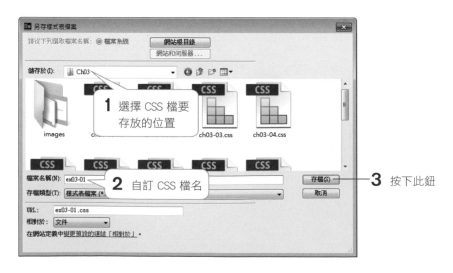

1 選擇 CSS 檔要存放的位置

2 自訂 CSS 檔名

3 按下此鈕

**step05** 儲存後會開啟 **#header 的 CSS 規則定義**交談窗, 這裡我們暫時先不做設定, 等所有 Div 標籤都建立好後, 再一併進行 CSS 的設定即可。請按**確定**鈕回到編輯區, 便會看到已插入的「header」區塊:

在 <body> 與 </body> 間插入 id 為 "header" 的 Div 標籤

**4** 在**選取器**區會看到控制「header」區塊的 CSS 樣式 (#header) 也建立好了

**5** 請取消此項目, 可看到**屬性**區的所有內容 (勾選時只會顯示有設定的項目)

3-15

**step 06** 請切換回**插入**面板，再次按下 `<> Div` 鈕，接著要插入用來放置網頁內容的「content」區塊。根據先前的規劃，「content」區塊位於「header」區塊下方，因此請如下將「content」區塊插入在「header」所屬的標籤後面：

**1** 下拉選取**在標籤後**項目

**2** 目前只有一個區塊, 因此會自動選擇此項, 表示要建立在「header」區塊之後

**5** 按此鈕

**3** 在 **ID** 欄輸入 "content"

**4** 按下此鈕後, 在**規則定義**欄選取剛剛新增的外部樣式表檔名 (ex03-01.css), 接著 2 個交談窗都直接按下**確定**鈕, 即可回到此交談窗

**6** 再切換到此面板來檢視

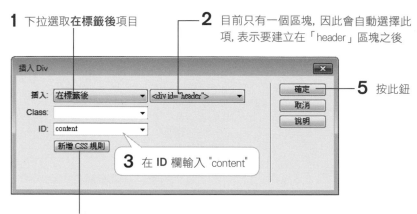

在「header」區塊之後插入名為 "content" 的區塊

控制「content」區塊的 CSS (#content)

**step07** 請切換回**插入**面板，再次按下 `<> Div` 鈕，接著在「content」區塊下方插入「footer」區塊：

**1** 選取**在標籤後**項目

**2** 下拉選擇此項, 表示要建立在「content」區塊之後

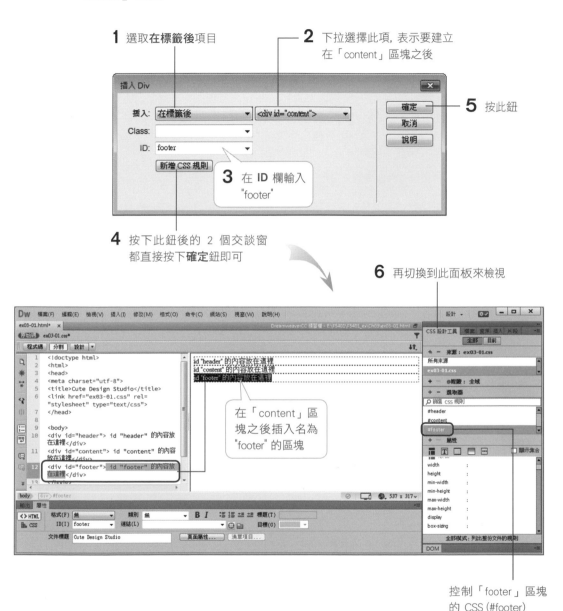

**5** 按此鈕

**3** 在 **ID** 欄輸入 "footer"

**4** 按下此鈕後的 2 個交談窗都直接按下**確定**鈕即可

**6** 再切換到此面板來檢視

在「content」區塊之後插入名為 "footer" 的區塊

控制「footer」區塊的 CSS (#footer)

上、中、下區塊已建立完成, 目前的網頁架構可參考 ch03-01.html。

## 建立層層包覆的區塊

再來要在「content」區塊裡面再插入「contentL」與「contentR」這 2 個區塊，用意是讓「contentL」區塊與「contentR」區塊能有各自的網頁內容，便可以將「content」區塊分成兩欄。而且當「content」區塊移動時，包含在其中的 2 個區塊也會跟著一起移動。

**step01** 請接續上例 (或開啟練習檔案 ex03-02.html)，首先要在「content」區塊中插入「contentL」區塊。請按下**插入**面板的 〈〉 Div 鈕，然後如下操作：

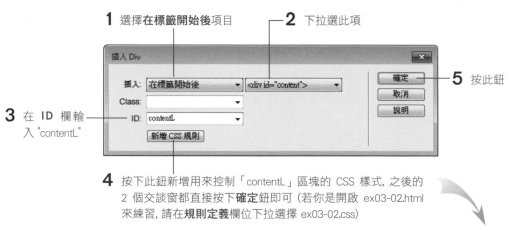

**1** 選擇**在標籤開始後**項目　　**2** 下拉選此項

**5** 按此鈕

**3** 在 ID 欄輸入 "contentL"

**4** 按下此鈕新增用來控制「contentL」區塊的 CSS 樣式，之後的 2 個交談窗都直接按下**確定**鈕即可 (若你是開啟 ex03-02.html 來練習，請在**規則定義**欄位下拉選 ex03-02.css)

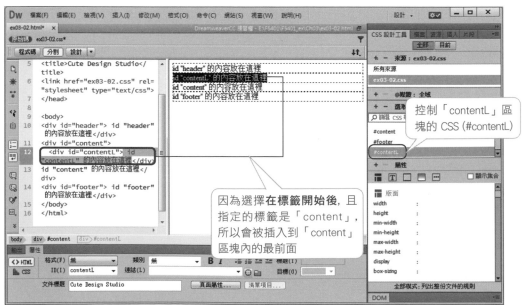

控制「contentL」區塊的 CSS (#contentL)

因為選擇**在標籤開始後**，且指定的標籤是「content」，所以會被插入到「content」區塊內的最前面

**TIP** 剛開始插入 Div 來建立區塊, 可能因不熟悉而將區塊插入到非預期的位置, 此時可立即按 Ctrl + Z 鍵 (Windows) / ⌘ + Z 鍵 (Mac) 還原到上一步操作, 再重做一次。或可參考本堂課最後的「實用的知識」, 直接開啟程式碼來做調整。

---

### 『插入 Div』交談窗中『插入』列示窗的選項差異

在插入 Div 的時候, **插入 Div** 交談窗中的**插入**列示窗選項究竟該怎麼選?這裡我們舉個例子, 以把 A 區塊 (粉紅色框) 插入 B 區塊 (藍色框) 為例, 並以圖解說明:

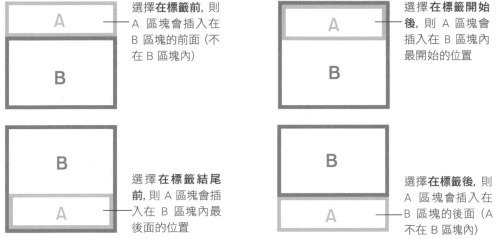

選擇**在標籤前**, 則 A 區塊會插入在 B 區塊的前面 (不在 B 區塊內)

選擇**在標籤開始後**, 則 A 區塊會插入在 B 區塊內最開始的位置

選擇**在標籤結尾前**, 則 A 區塊會插入在 B 區塊內最後面的位置

選擇**在標籤後**, 則 A 區塊會插入在 B 區塊的後面 (A 不在 B 區塊內)

 **TIP** 若選擇**圍繞著選取範圍**, 則 A 區塊會完全包住 B 區塊。

---

**step02** 請按下**插入**面板的 Div 鈕, 再來要插入「contentR」區塊。「contentR」區塊包含在「content」區塊內, 但位於「contentL」之後, 請如下進行設定:

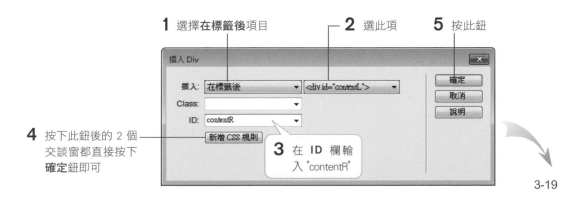

**1** 選擇**在標籤後**項目

**2** 選此項

**5** 按此鈕

**4** 按下此鈕後的 2 個交談窗都直接按下**確定**鈕即可

**3** 在 **ID** 欄輸入 "contentR"

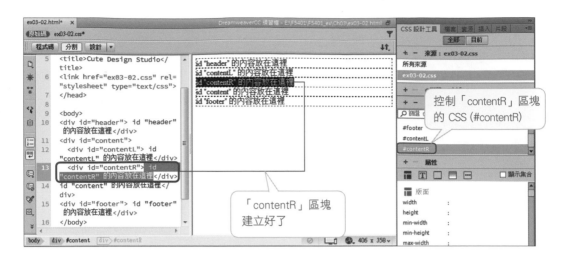

目前版面中,「contentL」區塊與「contentR」區塊已經插入到「content」區塊中,你可執行『**視窗/DOM**』命令開啟 DOM 面板,檢視目前的網頁結構;到此階段的網頁區塊架構可參考 ch03-02.html。

在 DOM 面板可檢視網頁中各標籤之間的關係,當網頁結構複雜時,就可以開啟此面板,從繁複的結構中點選要編輯的標籤

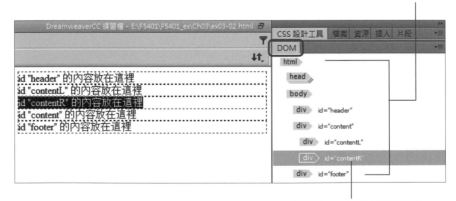

新增的 **contentR** 區塊標籤

# 3-3 利用 CSS 美化 Div 區塊

「Cute Design Studio」網站的主頁 (main.html) 是規劃為左右兩欄的版型,但是目前的區塊卻都自成一排, 這是因為尚未替區塊設定 CSS 屬性。接著就要替每個 Div 區塊設定 CSS, 將版型變成我們想要的樣子。

## 利用「 CSS 設計工具」面板設定 Div 的背景及寬高

本例預先規劃的版型寬度為 "800px" (可翻回 3-11 頁參考版面規劃圖),因此接下來將依循當初的規劃, 把「header」區塊、「content」區塊、「footer」區塊的寬度都設為 "800px", 並分別設定背景圖, 以提升版面的視覺效果。以下將運用 **CSS 設計工具**面板來設定。

**step01** 請接續上例或開啟練習檔案 ex03-03.html, 我們已經事先準備好「header」區塊的背景圖, 首先要將「header」區塊的寬、高設定成跟圖片一樣 (800 × 130px)。請切換到 **CSS 設計工具**面板, 如圖設定:

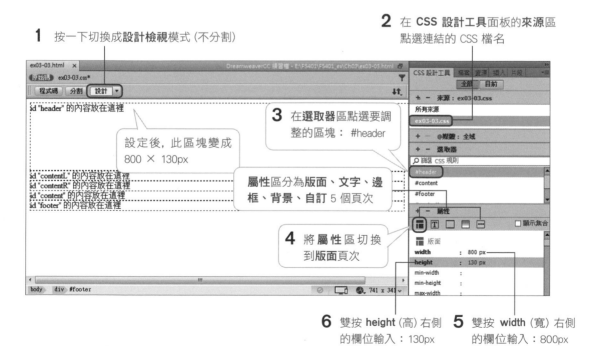

**1** 按一下切換成**設計檢視**模式 (不分割)

**2** 在 **CSS 設計工具**面板的**來源**區點選連結的 CSS 檔名

**3** 在**選取器**區點選要調整的區塊: #header

設定後, 此區塊變成 800 × 130px

**屬性**區分為**版面、文字、邊框、背景、自訂** 5 個頁次

**4** 將**屬性**區切換到**版面**頁次

**6** 雙按 **height** (高) 右側的欄位輸入: 130px

**5** 雙按 **width** (寬) 右側的欄位輸入: 800px

**step02** 接著要設定背景圖, 請在 **CSS 設計工具**面板的**屬性**區如圖設定:

**1** 點此鈕切換到**背景**頁次

**3** 點選此鈕, 選取 Ch03/images 資料夾中的 header_bg.jpg 這張圖片, 然後按**確定**鈕

**2** 按一下 background-image (背景圖) 下方的 url 欄

**4** 你可選取這行預設的文字並刪除

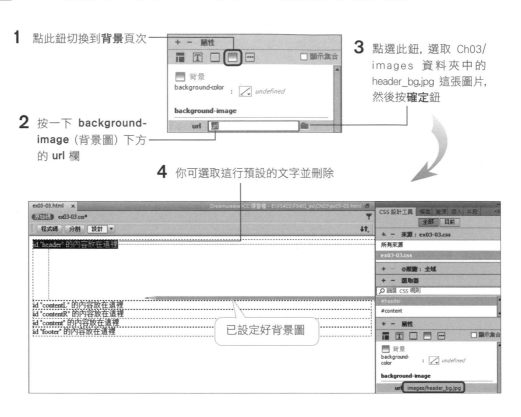

已設定好背景圖

**1** 點選 #content 樣式

**step03** 再來要設定「content」區塊的寬、高與背景圖。由於「content」區塊是用來放置網頁內容的區域, 高度會依網頁內容自動拉長, 因此設計成可重複往下拼貼的背景圖, 以免內容變多時背景圖不夠長。請繼續在 **CSS 設計工具**面板的**屬性**區設定:

**2** 在**屬性**區按此鈕切換到**背景**頁次

**3** 按此處設定背景圖為 images 資料夾中的 content_bg.jpg

**4** 在 background-repeat (背景圖重複) 按此鈕, 表示 **repeat-y** (往垂直方向重複)

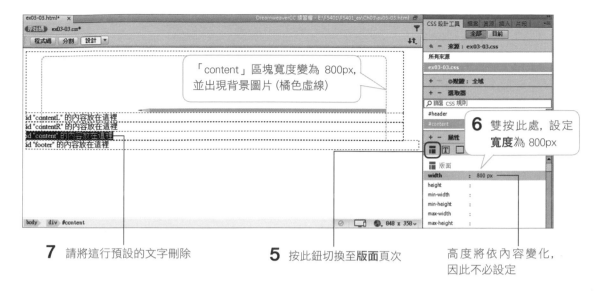

**7** 請將這行預設的文字刪除 　　**5** 按此鈕切換至**版面**頁次 　　高度將依內容變化,
因此不必設定

**step04** 最後再設定「footer」區塊的寬、高與背景圖:

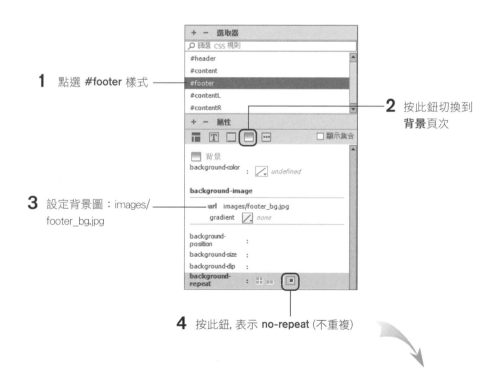

**1** 點選 **#footer** 樣式

**2** 按此鈕切換到
**背景**頁次

**3** 設定背景圖:images/
footer_bg.jpg

**4** 按此鈕, 表示 **no-repeat** (不重複)

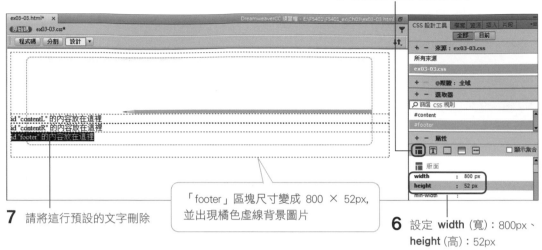

**5** 按此鈕切換回**版面**頁次

**7** 請將這行預設的文字刪除

「footer」區塊尺寸變成 800 × 52px，並出現橘色虛線背景圖片

**6** 設定 **width** (寬)：800px、**height** (高)：52px

step**05** 最後你可切換到**即時檢視**模式來檢視網頁，或是執行『**檔案/全部儲存**』命令將網頁及外部樣式表檔儲存後，按下 F12 鍵開啟瀏覽器來預覽實際效果：

你可在**即時檢視**模式中點按每個區塊來看所屬標籤，若按此處則檢視 body 標籤 (整個頁面)

到目前為止，網頁看起來越來越有型了 (完成結果可參考 ch03-03.html)，接下來要設定 #contentL 與 #contentR 這兩個區塊的 CSS 樣式，讓「contentL」區塊靠左、「contentR」區塊靠右，就能呈現出兩欄式的網頁版型。

# 利用「float」屬性讓 Div 左右並排

想要完成左右兩欄的網頁版面，光設定寬高並沒有作用，因為 Div 的特性是會「自成一排」，不管寬度是大是小，排列方式永遠是「由上往下」依序排列。若想要讓 Div 左右並排，必須仰賴 **float** 屬性的幫忙。

請開啟練習檔案 ex03-04.html，跟著底下步驟，利用 **float** (浮動) 屬性來實現左右並排的兩欄式版面。

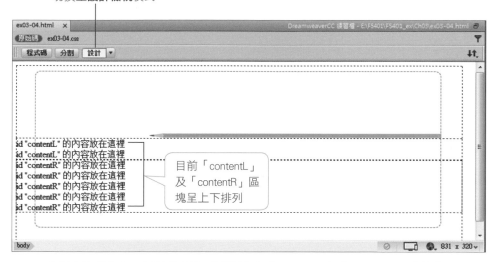

為了方便看出 **float** 屬性的作用，我們預先在「contentL」及「contentR」區塊中增加多行文字內容，並讓「contentR」區塊包含較多行的文字，以便觀察出箇中端倪

**step01** 為了讓「contentL」區塊排在「contentR」區塊的左邊而非上面，請開啟 **CSS 設計工具** 面板，如圖切換到**版面**頁次來設定 **float** 屬性；此外，設定了 **float** 屬性後，一定要連同 **width (寬度)** 一起做設定，才能看出效果：

**2** 在**版面**頁次設定 **width** (寬度)：245px

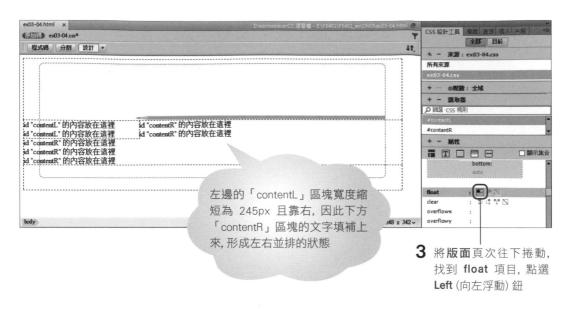

左邊的「contentL」區塊寬度縮短為 245px 且靠右,因此下方「contentR」區塊的文字填補上來,形成左右並排的狀態

**3** 將**版面**頁次往下捲動,找到 **float** 項目,點選 **Left** (向左浮動) 鈕

---

**1** 點選 **#contentR** 樣式

**step 02** 不過仔細觀察「contentR」區塊中的文字,若是超出「contentL」區塊的高度,則還是會位於其下方。假設希望「contentR」區塊中的所有內容都能夠和左邊保持一定的距離,則必須再設定 **margin** 屬性。請在 **CSS 設計工具**面板點選 **#contentR** 樣式,切換到**版面**頁次,如圖設定:

**2** 在**版面**頁次往下捲動,找到 **margin** 項目

**3** 雙按方框左邊的欄位,輸入和 **#contentL** 區塊寬度相同的 "245px"

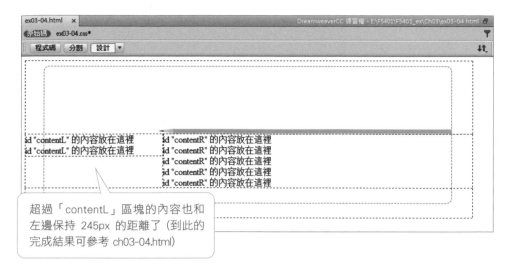

超過「contentL」區塊的內容也和
左邊保持 245px 的距離了 (到此的
完成結果可參考 ch03-04.html)

# 利用「clear」屬性清除「float」屬性的影響

剛剛設定了 **float** 屬性後, 左右兩欄式的版面就出現了。不過, 別以為這樣就
結束囉!其實左右兩欄的內容高度會彈性調整, 剛剛是讓右欄內容比左欄多,
假設左欄內容比右欄多、或是把兩欄的內容都清空時, 你會發現版面竟然變
成如下圖的結果:

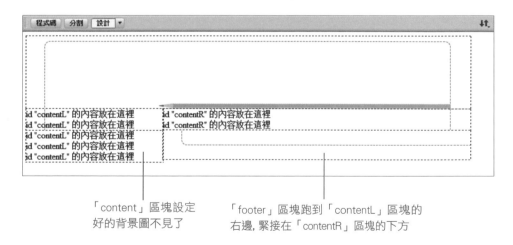

「content」區塊設定
好的背景圖不見了

「footer」區塊跑到「contentL」區塊的
右邊, 緊接在「contentR」區塊的下方

這是因為「contentL」區塊設定了 **float** 屬性的關係, 導致其周遭的區塊都
會受到影響而「浮動」起來。為了解決這種情形, 我們要再設定 **clear** (清除
浮動) 屬性, 就能把不需要浮動的 **footer** 區塊恢復原狀了。請開啟練習檔案
ex03-05.html, 然後如下操作:

**step01** 首先來解決「footer」區塊跑到右邊的問題。請點選 **CSS 設計工具**面板的 **#footer** 樣式, 然後在**版面**頁次如下設定 **clear** 屬性:

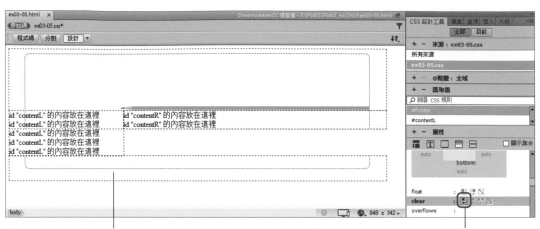

「footer」區塊恢復自成一排的狀態了, 但是上面的「content」區塊背景圖還是呈中斷的狀態

由於剛剛「contentL」區塊的 **float** 屬性是設定 **left**, 因此這裡也請點選 **left** 鈕, 表示要清除該浮動的影響

**step02** 再來要解決「content」區塊的問題。與「footer」區塊不同的是,「content」區塊並不是位於「contentL」區塊的下方, 而是包覆著「contentL」區塊, 因此設定 **clear** 屬性並不會發生作用, 必須和「contentL」區塊一樣設定 **float** 屬性。請點選 **CSS 設計工具**面板的 **#content** 樣式, 如下設定:

**1** 點選此樣式

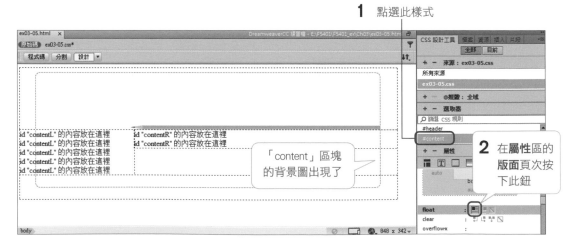

「content」區塊的背景圖出現了

**2** 在**屬性**區的**版面**頁次按下此鈕

到此兩欄式版面就完成了, 完成結果可參考 ch03-05.html。使用 Div 及 CSS 來規劃版型, 是目前網頁設計的主流做法, 剛開始可能會不太習慣, 不過沒關係, 所謂熟能生巧, 多練習幾次, 相信你一定能駕輕就熟。

## 重點整理

1. HTML (Hyper Text Markup Language) 是一種用來描述網頁結構的語法，其結構是由一組組由 "<" 與 ">" 組成的「標籤」；CSS (Cascading Style Sheets) 中譯為**串接樣式表**，是一種用來改變網頁外觀樣式的語法。簡單來說，「HTML」的作用是構成網頁架構，「CSS」的作用是美化網頁外觀。

2. 要建立網頁版面時，通常會先依設計好的網頁版型劃分出多個區塊，並替每個區塊命名，接著用 Div 標籤在網頁中加入區塊，然後利用 CSS 控制個別的區塊屬性，例如設定寬、高、背景、位置、…等。大致的製作流程可參考下圖：

規劃網頁區塊架構
(設計草圖)
→
插入 **Div**
在網頁中加入區塊
→
替每個區塊設定
個別的 CSS 樣式

3. CSS 樣式表可區分為**內部樣式表**與**外部樣式表**，下表供你對照它們的特性：

| CSS | 存在位置 | 使用時機 |
| --- | --- | --- |
| 內部樣式表 | 網頁本身的原始碼中 | 由於影響範圍只有網頁本身，因此適用於網頁數量少的小型網站、或是具獨特性的網頁 |
| 外部樣式表 | 另外儲存在一個附檔名為 *.css 的檔案中 | 在實務上，我們通常將網站共同的 CSS 彙整在外部樣式表檔中，再將網頁與此樣式表檔連結，尤其當網頁數量繁多時，使用外部樣式表可省去逐頁開啟網頁、修改 CSS 的麻煩 |

4. Div 具有自成一排的特性，若想讓區塊並排，必須替區塊設定 **float** (浮動) 屬性；不過當區塊設有 **float** 屬性後，其他的區塊也可能產生浮動作用，若想讓浮動的區塊恢復自成一排的特性，則必須替區塊設定 **clear** (清除浮動) 屬性，以下用示意圖幫你釐清觀念。假設建立了 A、B、C 三個 Div，預設 A、B、C 會以上下並列的方式排列：

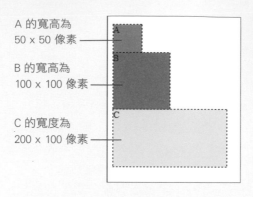

A 的寬高為
50 x 50 像素

B 的寬高為
100 x 100 像素

C 的寬度為
200 x 100 像素

A (粉紅色)、B (藍色)、C (黃色)
Div 區塊 (你可開啟 ex03-06.html
來練習)

藉由設定不同的 **float** 及 **clear** 屬性, 即可產生多種可能的排列結果:

| 版面呈現 | 屬性設定 | 說明 |
|---|---|---|
| | A→**float：left**<br>B→**float：right**<br>C→**clear：both** | ● A 設定 float：left 屬性, 故向左浮動<br>● B 設定 float：right 屬性, 故向右浮動<br>● C 設定 clear：both 屬性, 清除上面的浮動設定<br>→ 可讓 A、B 左右並排, 而 C 保持在 A、B 下方 |
| | A→**float：left**<br>B→沒有設定<br>**float** 屬性<br>C→**clear：left** | ● A 設定 float：left 屬性, 故向左浮動<br>● B 沒有設定 float 屬性, 因此也向左浮動<br>● C 設定 clear：left 屬性, 清除向左浮動<br>→ 也可讓 A、B 左右並排, 而 C 保持在 A、B 下方, 但 B 若超過 A 的高度, 會以「包住」的方式接在 A 周圍。此時可藉由替 B 設定 margin 屬性, 實現真正的左右並排 (即本堂課的做法) |
| | A→**float：left**<br>B→**float：right**<br>C→沒有設定<br>**clear** 屬性 | ● A 設定 float：left 屬性, 故向左浮動<br>● B 設定 float：right 屬性, 故向右浮動<br>● C 沒有設定 clear 屬性, 因此浮動在 A、B 之間<br>→ 可讓 A、B 左右並排, 但 C 會受到 float 屬性的影響, 而往上填補 A、B 區塊間的空白。此時若替 C 設定 margin 屬性, 即可形成三欄式的版面安排 |

上述例子有替 A、B、C 這 3 個區塊設定固定的寬、高, 若沒有寬高的限制, 則排列方式可能又會有所差異, 有興趣者可再自行嘗試看看囉!

## 實用的知識

### 1. 插入 Div 標籤後，發現位置不對時該怎麼辦？

利用**插入 Div 標籤**交談窗插入 Div 標籤時，共有 5 種插入位置的選項可以選擇，不過一開始還不熟悉的話，很容易把 Div 標籤插入到非預期的地方，此時除了按下 Ctrl + Z 鍵 (Windows) / ⌘ + Z 鍵 (Mac) 回上一步再重新插入外，其實你也可以運用 **DOM** 面板去調整 Div 的位置。

請開啟練習檔案 ex03-07.html，假設要將「contentL」及「contentR」區塊移到「content」區塊內，可如下操作：

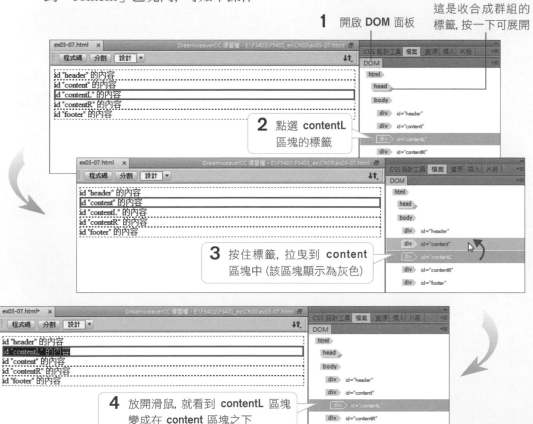

你可再練習將 **contentR** 區塊拉曳到 **contentL** 區塊下 (拉曳過去時，**contentL 區塊**下面會顯示綠色輔助線讓你確認)。完成結果請參考ch03-07.html。

**2. 已經寫在網頁中的 CSS 樣式可以轉存成外部樣式表檔嗎？**

網頁中的 CSS 樣式可以如下轉存成外部樣式表檔。請開啟 ex03-08.html，我們要將網頁包含的 CSS 轉存成外部樣式表：

**step01** 切換到程式碼檢視模式，如圖選取要搬移的 CSS 樣式，接著按右鈕執行『**CSS 樣式 / 移動 CSS 規則**』命令：

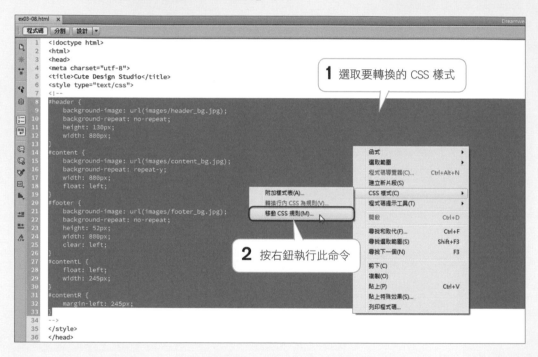

**step02** 接著會出現**移至外部樣式表**交談窗，這裡可選擇要移至原有的外部樣式表還是要建立新的外部樣式表，請選擇樣式表要儲存的位置，即可將內部樣式表儲存成外部樣式表：

若要存到既有的外部樣式表檔，請按**瀏覽**鈕選取樣式表檔 (.css)

若要建立成新的外部樣式表檔，請選此項

內部樣式表轉存成外部樣式表後, Dreamweaver 會自動幫你改好連結路徑, 因此原本網頁套用的 CSS 樣式仍看得出效果, 不必再重新套用 CSS 樣式。完成結果請參考 ch03-08.css。

## 3. 如何製作置中的版面？

想要讓版面永遠位於瀏覽器的正中央, 你可利用 **margin** 屬性來達成目的。請開啟 ex03-09.html, 此網頁由「header」、「content」及「footer」3 大區塊所構成, 要讓整個版面置中, 只要分別替這 3 個區塊設定 **margin-left:auto** 及 **margin-right:auto** 屬性即可。

**1** 開啟欲置中之區塊的 CSS 樣式

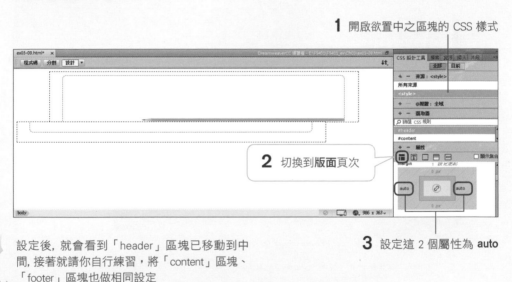

**2** 切換到**版面**頁次

**3** 設定這 2 個屬性為 **auto**

設定後, 就會看到「header」區塊已移動到中間, 接著就請你自行練習, 將「content」區塊、「footer」區塊也做相同設定

完成檔案可參考 ch03-09.html

# Lesson

## 04 應用各項功能
## 完成網站並上傳

Part1_site/main.html

## ■ 課前導讀

上一堂課我們已經規劃好網頁的版型，本堂課要開始安排網頁內容，讓網頁變得更豐富、更吸引人；另外還要讓製作好的網頁相互順暢地連結，整個網站才算完整。因此，本堂課將帶你更深入應用 CSS 及其他各項功能，完成「Cute Design Studio」首頁及主頁的製作，並加入各頁面的超連結設定，最後就可以把整個網站上傳到網路，讓全球各地的人瀏覽囉！

## ■ 本堂課學習提要

- 重新設定 <body> 標籤來改變網頁外觀
- 在 Div 內安排文字、圖片等網頁元素
- 各種 CSS 美化技巧：調整行距、邊框…等
- 設定超連結、修改超連結文字的樣式
- 利用「CSS 轉變」功能讓圖片隨滑鼠變換
- 設定超連結及 E-mail 連結
- 申請網路空間與上傳網站

預估學習時間 | 120 分鐘

# 4-1 重新設定 <body> 標籤來改變網頁外觀

在第 2-3 節製作首頁時, 我們曾經按下**屬性**面板的**頁面屬性**鈕替網頁設定基本樣式, 例如: 背景、邊界、字型、文字大小與顏色、…等, 其實就是在重新設定 <body> 標籤的樣式, 這樣可以改變網頁的外觀。

透過**頁面屬性**交談窗是最簡單的設定方式, 不過交談窗中可設定的欄位並不多, 且會將 CSS 寫在網頁中, 而我們希望將所有的 CSS 樣式皆建立在外部樣式表中, 讓網站的其他頁面可共用該樣式表, 因此雖然一樣是設定 <body> 標籤的樣式, 但這次要教你改用 **CSS 設計工具**面板來設定。

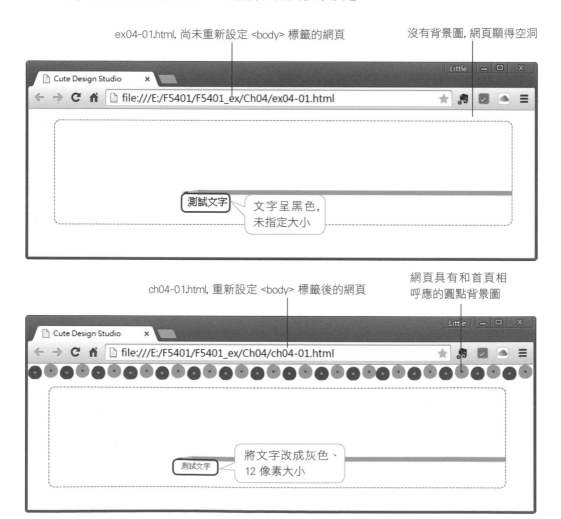

ex04-01.html, 尚未重新設定 <body> 標籤的網頁

沒有背景圖, 網頁顯得空洞

測試文字

文字呈黑色, 未指定大小

ch04-01.html, 重新設定 <body> 標籤後的網頁

網頁具有和首頁相呼應的圓點背景圖

測試文字

將文字改成灰色、12 像素大小

**step01** 請開啟練習檔案 ex04-01.html, 先在 **CSS 設計工具**面板選取你要修改的 CSS 樣式檔名 (本例為 ex04-01.css), 然後如下新增和修改樣式:

**1** 點選樣式檔名, 之後新增的樣式會寫在其中

**2** 按下選取器區的 **+** 鈕

**3** 會新增一行, 請直接輸入 "body"

要指定 **HTML 標籤** (本例為 **<body>**) 的樣式時, 只要輸入標籤名稱即可開始設定, 前面不必加 "**#**" 號。要設定 **ID 樣式**時, 前面才需要加上 "**#**" 號

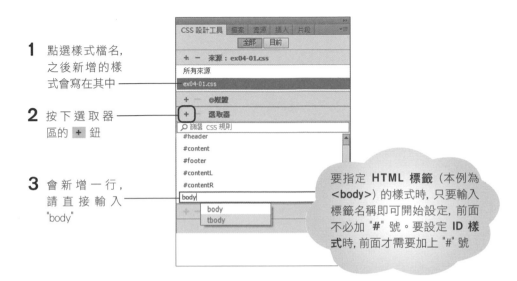

**TIP** ex04-01.css 包含的 CSS 樣式設定, 即為上一堂課完成的版型規劃設定。為了讓你能夠完整地跟著本書進行操作, 之後的每個練習檔案也都有其專屬的 CSS 樣式表檔, 方便你在每個階段都能對照練習。

**step02** 接著即可修改 **body** 的屬性。請將面板下方的**屬性**區切換到**文字**頁次, 如下設定文字屬性:

**1** 按此鈕切換到**文字**頁次

**2** 按下 **font-family** 右側的欄位, 可指定字體

**3** 出現字體列表後, 點選此項目

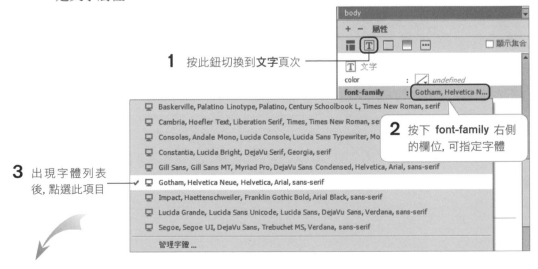

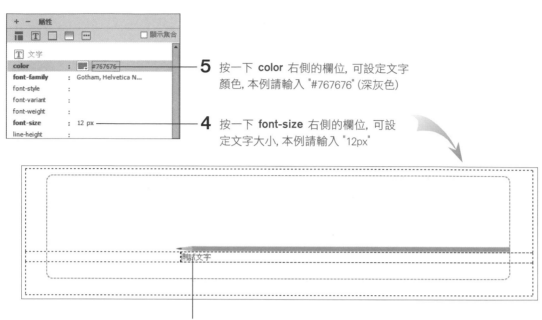

**5** 按一下 **color** 右側的欄位, 可設定文字顏色, 本例請輸入 "#767676" (深灰色)

**4** 按一下 **font-size** 右側的欄位, 可設定文字大小, 本例請輸入 "12px"

設定好後, 網頁上的文字樣式同步變更為深灰色、12px 大小

**step03** 再來請切換到**背景**頁次, 將網頁背景圖 (**background-image** 屬性) 設定為 Ch04\images 資料夾中的 cute_design_bg.png:

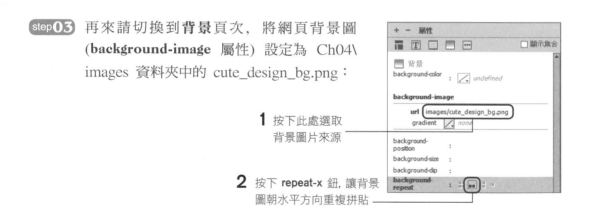

**1** 按下此處選取背景圖片來源

**2** 按下 **repeat-x** 鈕, 讓背景圖朝水平方向重複拼貼

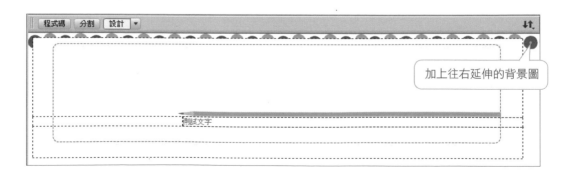

加上往右延伸的背景圖

**step04** 由於「header」區塊中已設定背景圖 (橘色虛線框), 因此擋住了後面的圓點背景。接著請繼續修改剛剛建立的 **body** 樣式, 如下設定網頁的上方邊界, 就能讓圓點顯示出來:

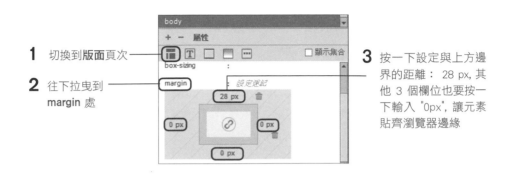

**1** 切換到**版面**頁次

**2** 往下拉曳到 **margin** 處

**3** 按一下設定與上方邊界的距離: 28 px, 其他 3 個欄位也要按一下輸入 "0px", 讓元素貼齊瀏覽器邊緣

設定後, 元素會和網頁上方保持 28 像素的距離, 讓圓點背景顯示出來

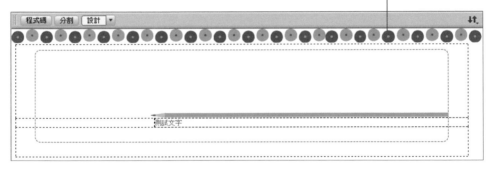

到此就完成 **<body>** 標籤的屬性設定, 結果可參考 ch04-01.html

# 4-2 在 Div 中安排網頁元素

本範例網站設計成左右兩欄的版面, 左欄 (「contentL」區塊) 要用來放置選單及連結訊息, 而右欄 (「contentR」區塊) 中要配置網站相關的圖、文內容, 另外還要在表頭放入 LOGO 圖、版權文字及「Email」連結。這些網頁元素都已經準備好了, 本節就將它們置入到 Div 中。

# 將圖片和文字置入現有的 Div 中

首先來安排表頭及右欄的網頁元素。請在 Dreameaver 中開啟 ex04-02.html 及 ex04txt.txt, 然後如下操作:

**step01** 請切換成**設計檢視**模式, 然後將插入點置於「header」區塊中, 我們先將 LOGO 及版權文字置入到表頭區塊裡:

**1** 在「header」區塊內按一下, 以便插入圖片

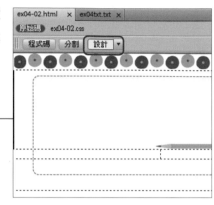

**2** 切換到**插入**面板的 **HTML** 頁次

**3** 按下此鈕, 選取 Ch04\images 資料夾中的 main_logo.jpg 圖片

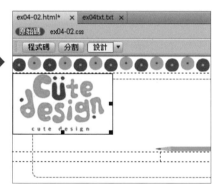

**step02** 接著我們要複製 ex04txt.txt 中的版權文字, 並將其貼在 LOGO 的右邊。請如下操作:

**1** 按此檔案標籤以切換到 ex04txt.txt

**2** 選取這行文字, 並按下 `Ctrl` + `C` 鍵 (Windows) / `⌘` + `C` 鍵 (Mac) 複製起來

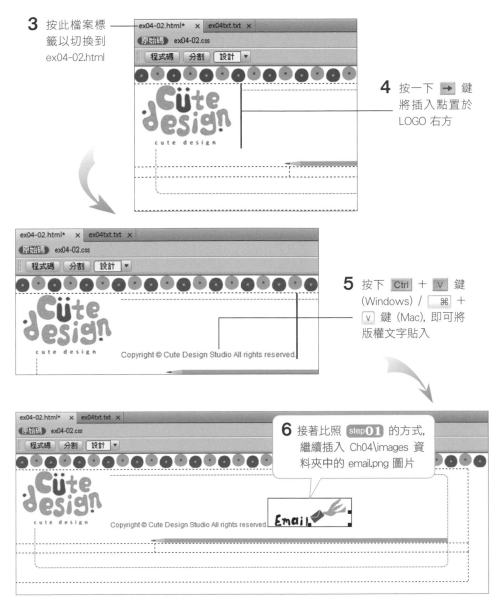

**3** 按此檔案標籤以切換到 ex04-02.html

**4** 按一下 → 鍵將插入點置於 LOGO 右方

**5** 按下 Ctrl + V 鍵 (Windows) / ⌘ + V 鍵 (Mac), 即可將版權文字貼入

**6** 接著比照 step01 的方式, 繼續插入 Ch04\images 資料夾中的 email.png 圖片

到此的結果可參考 ch04-02.html

## 插入 Div 來製作左側選單區塊

接著要安排下面「contentL」和「contentR」區塊的內容。首先要在左側的「contentL」區塊中插入 2 個小區塊, 分別放置選單按鈕和最新訊息。請接續上例, 或開啟 ex04-03.html 來練習:

**step01** 首先我們要在 **contentL** 區塊中再插入一個「sidemenu」區塊來放置兩個選單按鈕。請按下**插入**面板 HTML 頁次的 ⟨⟩ Div 鈕，如下設定：

**1** 選擇這 2 項, 會在「contentL」區塊內的最前面插入 Div

**4** 按下**確定**鈕

**2** 輸入自訂的區塊名稱："sidemenu"

**3** 按下此鈕後, 在下個交談窗的**規則定義**欄設定將規則建立在 ex04-03.css, 然後 2 個交談窗都按**確定**鈕

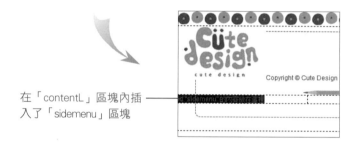

在「contentL」區塊內插入了「sidemenu」區塊

**step02** 到此你是不是覺得有點熟悉呢？這就和上一堂課建立區塊的步驟一樣, 接下來再設定「sidemenu」區塊的樣式：

**1** 切換到 **CSS 設計工具**面板

**3** 在**屬性**區按此鈕切換到**背景**頁次

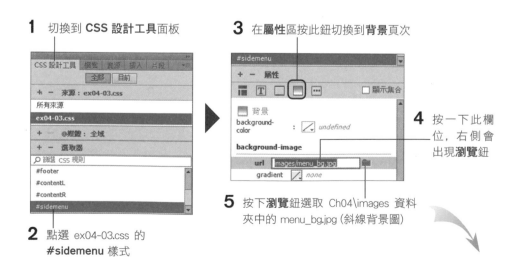

**4** 按一下此欄位, 右側會出現**瀏覽**鈕

**5** 按下**瀏覽**鈕選取 Ch04\images 資料夾中的 menu_bg.jpg (斜線背景圖)

**2** 點選 ex04-03.css 的 **#sidemenu** 樣式

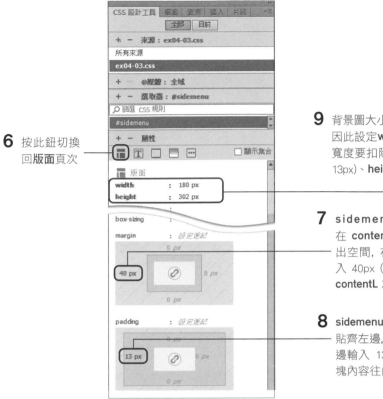

**6** 按此鈕切換回**版面**頁次

**9** 背景圖大小為 193 × 302 像素,因此設定**width**：180px (此圖片寬度要扣除 **padding** 區設定的 13px)、**height**：302 像素

**7** sidemenu 區塊預設會緊貼在 contentL 區塊左邊, 為了留出空間, 在 margin 區左邊輸入 40px (讓 **sidemenu** 區塊和 contentL 左邊緣相隔 40 像素)

**8** sidemenu 區塊的內容預設也會貼齊左邊, 因此在 padding 區左邊輸入 13px (讓 **sidemenu** 區塊內容往內縮 13 像素)

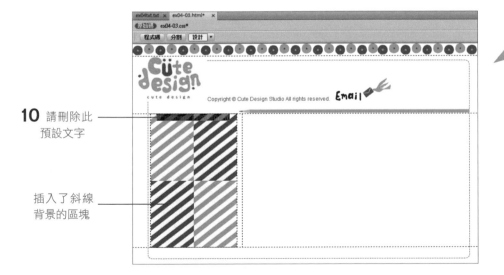

**10** 請刪除此預設文字

插入了斜線背景的區塊

**TIP** 有關 padding 和 margin 的設定意義, 下一節會有詳細的說明。

**step03** 接著要再新增一個名為 "listNew" 的 Div 來放置最新訊息。請切換到**插入**面板的 **HTML** 頁次按下 ⟨⟩ Div 鈕, 如下設定:

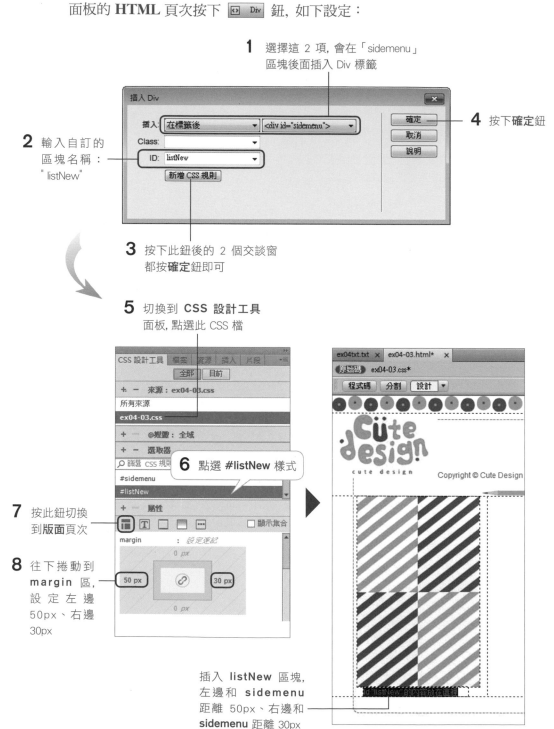

**1** 選擇這 2 項, 會在「sidemenu」區塊後面插入 Div 標籤

**4** 按下**確定**鈕

**2** 輸入自訂的區塊名稱:" listNew"

**3** 按下此鈕後的 2 個交談窗都按**確定**鈕即可

**5** 切換到 **CSS 設計工具**面板, 點選此 CSS 檔

**6** 點選 **#listNew** 樣式

**7** 按此鈕切換到**版面**頁次

**8** 往下捲動到 **margin** 區, 設定左邊 50px、右邊 30px

插入 listNew 區塊, 左邊和 sidemenu 距離 50px、右邊和 sidemenu 距離 30px

**step 04** 接著就可以比照之前插入圖片的方式, 將選單圖片與文字置入到左區塊中:

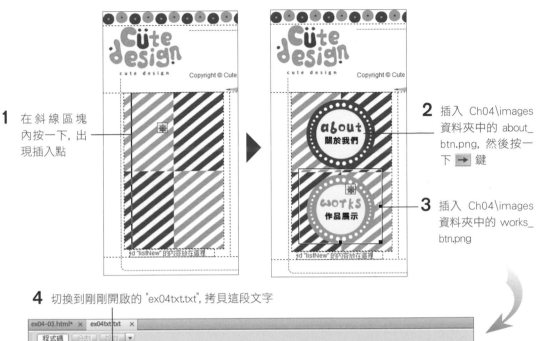

**1** 在斜線區塊內按一下, 出現插入點

**2** 插入 Ch04\images 資料夾中的 about_btn.png, 然後按一下 ➡ 鍵

**3** 插入 Ch04\images 資料夾中的 works_btn.png

**4** 切換到剛剛開啟的 "ex04txt.txt", 拷貝這段文字

```
ex04-03.html*  ×   ex04txt.txt  ×
程式碼  分割  設計  ▼
1    Copyright © Cute Design Studio All rights reserved.
2
3
4    07-01
5    Cute Design 工作室參與的新書 「正確學會 Dreamweaver CC 的 16 堂課」 出版了,詳細請連此
6
7    05-20
8    Cute Bags 獨家設計手提袋新上架,請洽各網路商店
9
10   05-01
11   Cute Design 個性 T 恤上架,請洽各網路商店
12
```

**5** 選取此處的「**id "listNew" 的內容放在這裡**」這行文字, 按下 **Ctrl** + **V** 鍵 (Windows) / **⌘** + **V** 鍵 (Mac)貼上複製的內容

**step05** 再來要安排右欄的內容。由於「contentR」區塊沒有設定寬、高 (參照上一堂課), 且其中尚未包含任何網頁元素, 導致不容易置入插入點, 因此底下將利用 **DOM** 面板來插入圖片:

**1** 開啟 **DOM** 面板, 點選 **contentR** 這組 **div** 標籤

在 **DOM** 面板選取時, 編輯區也會同步選取此區塊 (顯示亮藍色邊框)

在 **DOM** 面板觀察這 2 個新增的 **img** 標籤, 它們的位置仍在 **contentR** 區塊的下方而非內部

**2** 切換到**插入**面板, 比照 **step03** 的方法插入 Ch04\images 資料夾中的這 2 張圖片

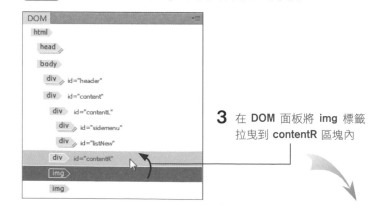

**3** 在 **DOM** 面板將 **img** 標籤拉曳到 **contentR** 區塊內

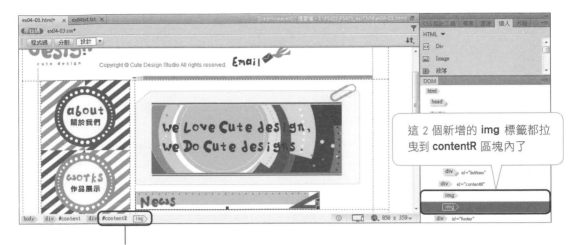

這 2 個新增的 **img** 標籤都拉曳到 **contentR** 區塊內了

請在編輯區中點選圖片, 從**狀態列**確認是否位於 **contentR** 區塊內

**1** 切換到 ex04txt.txt, 選取這些文字, 並按下 Ctrl + C 鍵 (Windows) / ⌘ + C 鍵 (Mac) 複製起來, 即可關閉檔案

**step06** 最後再切換到 ex04txt.txt 中, 複製如圖所示的文字並貼入「contentR」區塊的圖片下方, 即可完成右欄的內容:

```
13
14    7/7 Cute Design Studio 網站完工
15
16    Cute Design Studio 的網站終於完工了。
17    我們希望能為大家創造更多可愛的設計,
18    除了原本擅長的網頁及多媒體設計,
19    今年也嘗試了產品設計, 並推出自有品牌商品。
20    Cute Design 是個充滿設計熱情的創意團隊,
21    歡迎參觀我們的作品!
```

**2** 先按 → 鍵將插入點置於此圖片右方, 再按下 Ctrl + V 鍵 (Windows) / ⌘ + V 鍵 (Mac), 即可完成如圖的結果

到此的完成結果可參考 ch04-03.html

## 將既有的網頁元素移到新的 Div 中

為了方便一併調整右欄的 "News" 圖片及下方文字, 我們決定也將它們安排到專屬的 Div 中。你不必先新增 Div 再將元素剪下貼入, 底下將告訴你更直接的方法。請接續上例或開啟 ex04-04.html 如下操作:

**step01** 選取如下圖這些網頁元素, 再按下**插入**面板 **HTML** 頁次的 <kbd>⟨⟩ Div</kbd> 鈕:

選取這些網頁元素, 然後按 <kbd>⟨⟩ Div</kbd> 鈕

**step02** 由於已經選取元素, 因此**插入**欄會自動設定為**圍繞著選取範圍**項目, 我們只需在下方的 **ID** 欄輸入自訂的名稱, 然後再按下**新增 CSS 規則**鈕, 就可以新增控制「contentMain」區塊的 CSS 樣式了:

**2** 按下此鈕, 在下個交談窗的**規則定義**欄設定將規則建立在 ex04-04.css, 然後 2 個交談窗都直接按下**確定**鈕

**1** 輸入自訂名稱, 例如 "contentMain"

**3** 按下**確定**鈕

選取的元素被包進新的「contentMain」區塊了

控制「contentMain」
區塊的 CSS 樣式

到此已安排好所有的網頁元素，下一節起將利用 CSS 來改造網頁的外觀。完成結果可參考 ch04-04.html。

# 4-3 活用 CSS 美化網頁

剛剛已經把所有網頁元素都安排好了，只是整體視覺不怎麼美觀，因此我們要再利用 CSS 來整頓各網頁元素的位置、大小、行距…等視覺效果。雖然過程有些繁瑣，但這是打造網頁不可或缺的技巧，絕對值得你多花些心思研究一下喔！請接續上例或開啟練習檔案 ex04-05.html 來進行接下來的操作。

## 為 LOGO 設定「margin」和「float」屬性

我們在區塊裡插入文字或圖片時，預設都會靠齊區塊左上角並靠左排列，空間不夠時就排到下面。以上一節製作的網頁為例，LOGO 圖片靠齊「header」區塊左上角，因此擋住了後面的橘色虛線框。這種情況，我們可以利用 **margin** 屬性調整元素與邊框的距離，並且用 **float** 屬性控制靠左浮動，就能解決問題。

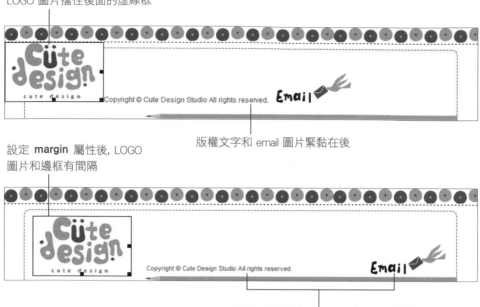

LOGO 圖片擋住後面的虛線框

版權文字和 email 圖片緊黏在後

設定 **margin** 屬性後, LOGO
圖片和邊框有間隔

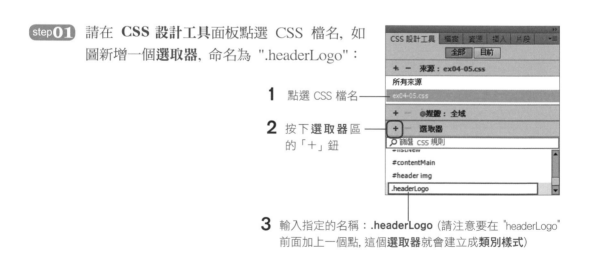

接下來要設定 **margin** 和 **float** 屬性
讓版權文字及 email 圖片往右移動

**step01** 請在 **CSS 設計工具**面板點選 CSS 檔名, 如
圖新增一個**選取器**, 命名為 ".headerLogo":

**1** 點選 CSS 檔名

**2** 按下**選取器**區
的「+」鈕

**3** 輸入指定的名稱: **.headerLogo** (請注意要在 "headerLogo"
前面加上一個點, 這個**選取器**就會建立成**類別樣式**)

**step02** 建立好樣式後, 請選取 LOGO 圖片, 如圖套用 **.headerLogo** 樣式:

4-18

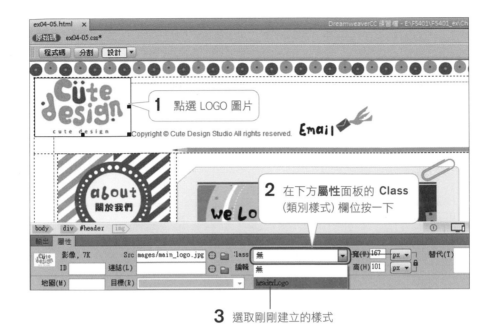

套用樣式後, 我們只要調整 **.headerLogo** 樣式的內容, 就可以調整 LOGO 圖片的位置了。請將 **CSS 設計工具**面板下方的**屬性**區切換到**版面**頁次, 如圖設定 **margin** 屬性, 將 LOGO 圖片往右下方移動, 以免遮住背景的虛線框:

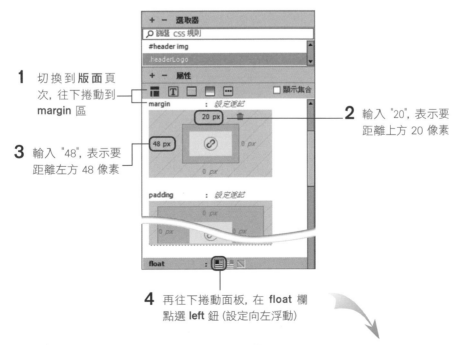

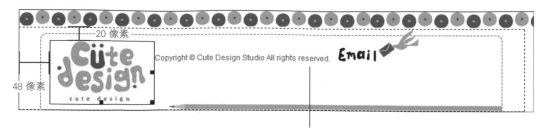

設定 LOGO 向左浮動後, 版權文字和 Email
圖片會往上浮動, 接著再來處理它們

## 版權文字及 Email 圖片的 CSS 設定

設定好 LOGO 圖片後, 再用類似的方式新增名為 ".headerCopy" 和
".email" 的類別樣式, 分別套用到版權文字和 Email 圖片上：

**step 01** 按下 **CSS 設計工具**面板**選取器**區的「+」鈕, 新增名為 ".headerCopy" 的樣
式, 如圖設定：

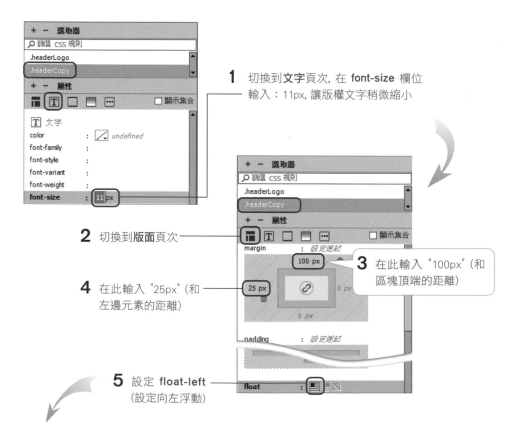

**1** 切換到**文字**頁次, 在 **font-size** 欄位
輸入：11px, 讓版權文字稍微縮小

**2** 切換到**版面**頁次

**3** 在此輸入 "100px" (和
區塊頂端的距離)

**4** 在此輸入 "25px" (和
左邊元素的距離)

**5** 設定 **float-left**
(設定向左浮動)

**6** 選取整段版權文字

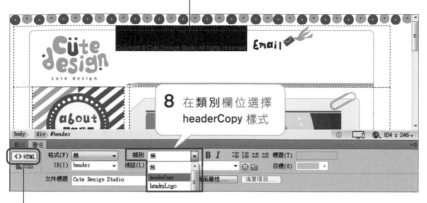

**8** 在 **類別** 欄位選擇 **headerCopy** 樣式

**7** 在 **屬性** 面板切換到此頁次

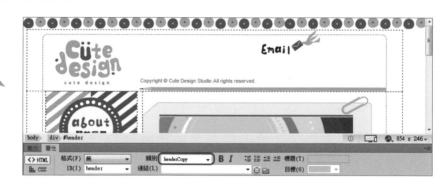

---

step**02** 用同樣方式新增名為 ".email" 的「**類別**」樣式，如圖設定，這裡要讓「Email」圖片更往右移一點，因此要將 **margin-left** (和左邊元素的距離) 設定為 100px。

**1** 切換到 **版面** 頁次

**3** 在此輸入 "100px" (和左邊元素的距離)

**2** 在此輸入 "65px" (和區塊頂端的距離)

**4** 按此鈕設定 **float-left** (設定向左浮動)

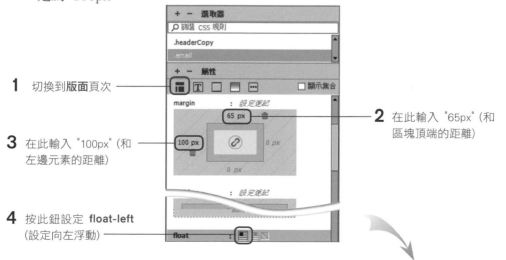

4-21

**5** 選取「Email」圖片

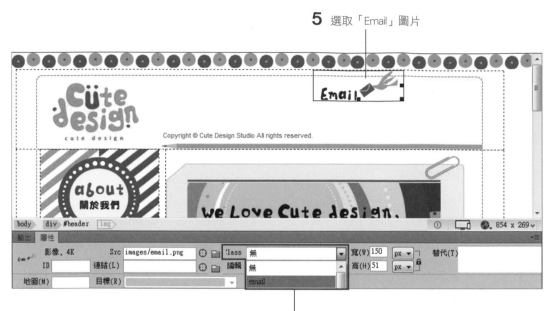

**6** 在**屬性**面板的 Class 欄位選擇 email 樣式

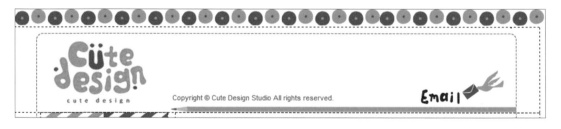

整個表頭區域都設定完成, 到此的設定可參考 ch04-05.html

## 調整內文的樣式、行距與標題色彩

經過調整 LOGO 和版權文字的位置, 相信你已經體會到 **margin** 屬性的妙用了。接著我們要繼續調整其它網頁元素的位置, 以及內容區塊的文字樣式, 讓網頁看起來更舒服。請接續上例, 或開啟 ex04-06.html 來練習。

**step01** 首先要處理「News」這個區塊的內文，目前全都靠齊左邊，使內容看起來很擠，我們也要利用 **margin** 屬性來調整它們。前面我們已將此區的內容包進「contentMain」區塊中，因此只要調整對應的 #contentMain 樣式即可。請點選 **CSS 樣式**面板的 **#contentMain**，如下設定：

**step 02** 另外還要注意到一點，就是內文區裡的小標題和內文沒有明顯的區隔，為了改善這點，我們可以再建立一個**類別**樣式，將小標題的字級調大，並改成橘色。請新增名為 ".subtitle" 的樣式，如圖設定：

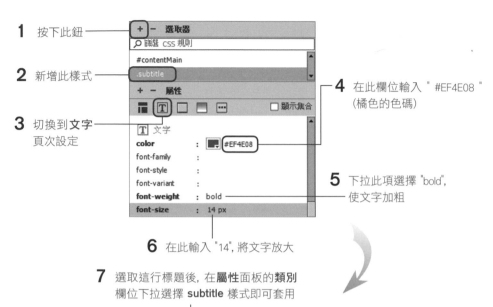

**1** 按下此鈕

**2** 新增此樣式

**3** 切換到**文字**頁次設定

**4** 在此欄位輸入 "#EF4E08"（橘色的色碼）

**5** 下拉此項選擇 "bold"，使文字加粗

**6** 在此輸入 "14", 將文字放大

**7** 選取這行標題後, 在**屬性**面板的**類別**欄位下拉選擇 **subtitle** 樣式即可套用

# 設定「line-height」屬性調整文字的行距

目前「listNew」區塊 (左欄下方小字) 和「contentMain」區塊中的文字, 行與行之間的距離太靠近, 讀起來有點吃力, 因此我們需要再調整**行距**, 也就是 **line-height** 屬性來改善。請接續上例繼續練習:

**step01** 首先來調整左欄選單下方內容的行距。請點選 **CSS 設計工具**面板中的 **#listNew**, 在**文字**頁次如下設定:

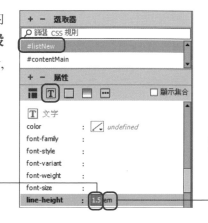

**1** 輸入 "1.5", 數值愈大則行距愈明顯

**2** 下拉選擇 em (字體高) 項目, 表示一行的高度會是文字高度的 1.5 倍

調整前

調整後, 行距增加了

**step02** 再來調整右欄內容的行距。請點選 **CSS 設計工具**面板中的 **#contentMain**, 比照相同方法在**文字**頁次設定 **line-height** 屬性即可:

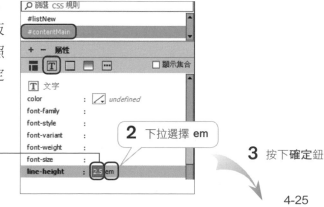

**1** 輸入 "2.5"

**2** 下拉選擇 em

**3** 按下**確定**鈕

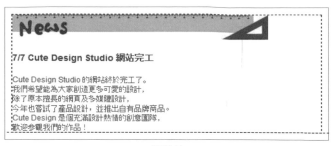

調整前

調整後

**step03** 調整過後,橘色的小標題顯得和上方圖片距離過大,這時候只要重新調整 **.subtitle** 樣式的 **margin** 屬性即可。

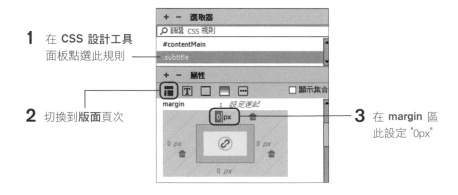

**1** 在 CSS 設計工具
面板點選此規則

**2** 切換到版面頁次

**3** 在 margin 區
此設定 "0px"

**step04** 最後還有一個小地方要調整, 就是左欄下方的日期, 由於其色彩與內文相同, 看起來不夠明顯, 請新增名為 ".date" 的樣式, 如圖設定:

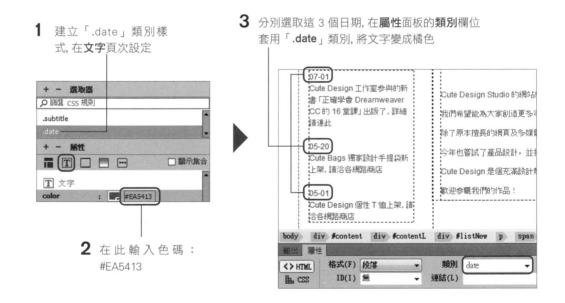

**1** 建立「.date」類別樣式, 在**文字**頁次設定

**2** 在此輸入色碼: #EA5413

**3** 分別選取這 3 個日期, 在**屬性**面板的**類別**欄位套用「.date」類別, 將文字變成橘色

## 設定「border」屬性在段落文字上方添加邊框

目前左欄選單下方的 3 則摘要各成一個段落, 因此在彼此之間會有一行空白, 不過我們希望可以有更明確的區隔, 因此決定在每個段落上方加入黑色的點狀虛線, 此時可利用 **border** 屬性來達成目的:

**step01** 由於是要替「listNew」區塊中的段落設定 CSS 樣式, 因此請如圖操作:

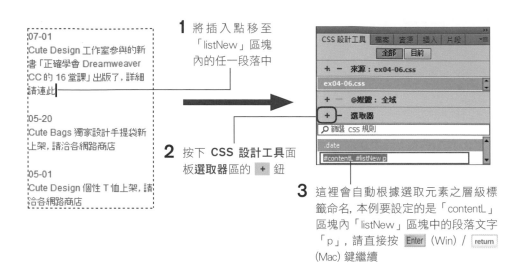

1 將插入點移至「listNew」區塊內的任一段落中

2 按下 **CSS 設計工具**面板**選取器**區的 **+** 鈕

3 這裡會自動根據選取元素之層級標籤命名, 本例要設定的是「contentL」區塊內「listNew」區塊中的段落文字「p」, 請直接按 **Enter** (Win) / **return** (Mac) 鍵繼續

**step02** 接著請切換到**邊框**頁次, 設定上方邊框屬性:

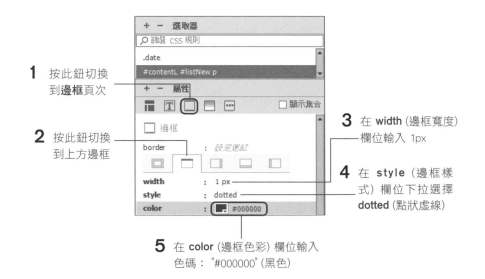

1 按此鈕切換到**邊框**頁次

2 按此鈕切換到上方邊框

3 在 width (邊框寬度) 欄位輸入 1px

4 在 style (邊框樣式) 欄位下拉選擇 **dotted** (點狀虛線)

5 在 color (邊框色彩) 欄位輸入色碼: "#000000" (黑色)

**step 03** 設定好後即可發現每個段落上方出現黑色點狀細線, 讓彼此的區隔更明顯。

黑色虛線

切換成**即時檢視**模式

在編輯狀態下, 點狀線與區塊的虛線看
起來幾乎一樣, 不容易看出設定效果

在**即時檢視**模式下, 即可
明確地看出設定效果

## 設定「padding」屬性調整網頁元素與邊框的距離

段落間加了虛線後, 訪客閱讀時會感到更明確, 不過虛線跟所屬段落的橘色日
期文字黏得太近了, 此時可再設定 **padding** 屬性來調整網頁元素 (本例為段
落文字) 與邊框的距離。

**step 01** 請在 **CSS 設計工具**面板點選 **#contentL
#listNew p** 樣式, 在**版面**頁次設定:

在 **padding** 區上
方欄位輸入 "10"px

**step 02** 設定好後即可看到文字段落與上方虛線間的距離增加了 (建議在**即時檢視**下預覽)。

07-01
Cute Design 工作室參與的新書「正確學會 Dreamweaver CC 的 16 堂課」出版了,詳細請連此

05-20
Cute Bags 獨家設計手提袋新上架,請洽各網路商店

05-01
Cute Design 個性 T 恤上架,請洽各網路商店

07-01
Cute Design 工作室參與的新書「正確學會 Dreamweaver CC 的 16 堂課」出版了,詳細請連此

05-20
Cute Bags 獨家設計手提袋新上架,請洽各網路商店

05-01
Cute Design 個性 T 恤上架,請洽各網路商店

調整前, 虛線與文字幾乎黏在一起

調整後, 段落與上邊框增加了 10 像素的距離

到此 main.html 的版面就差不多完工囉!完成網頁可參考 ch04-06.html。

# 4-4 設定超連結與修改超連結文字的樣式

範例網站主頁 (main.html) 做好後, 接著要開始設定超連結, 讓網站內的網頁可以互相串連。當然不僅僅是內部連結, 若想連到其他網站的頁面也可以喔!另外, 網站最重要的就是和訪客互動與溝通, 因此建立 E-mail 連結供訪客與你聯繫, 也是不可或缺的設計哦!

E-mail 連結

連結到 index.html

連結到 about.html

連結到 works.html

連結到外部網站去

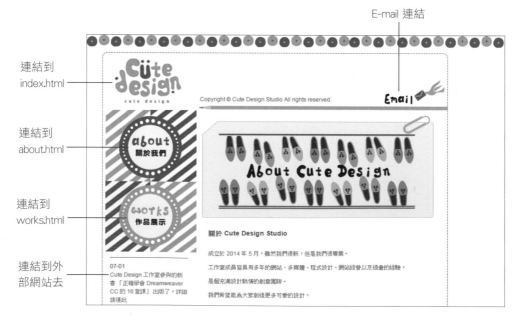

## 連結到內部網頁

替圖片設定超連結的方式，在第 2-5 節已經練習過了，這裡我們再來複習一遍吧！請接續上例或開啟練習檔案 ex04-07.html，然後如下設定：

**1** 切換到**設計檢視**模式

**step01** 許多網站都會替網頁的 LOGO 設定「回首頁」的連結，以便訪客不管怎麼逛都可以快速回到首頁。底下我們也要這麼做：

**2** 點選此圖片

**3** 按此鈕選擇 Ch04 資料夾中的 index.html

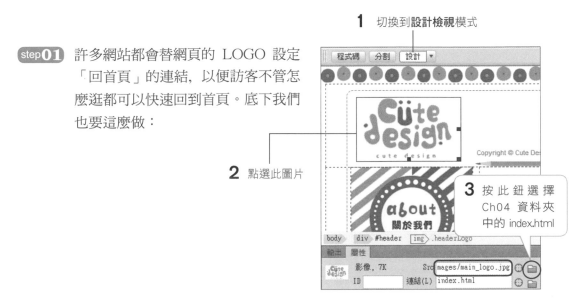

**step02** 接著再運用同樣的方法，替圖片選單設定超連結。

**1** 選取此圖片

**2** 按此鈕選擇 Ch04 資料夾中的 about.html

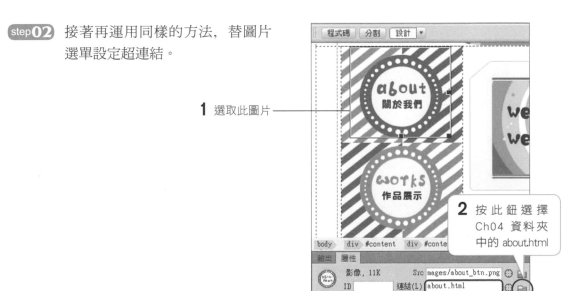

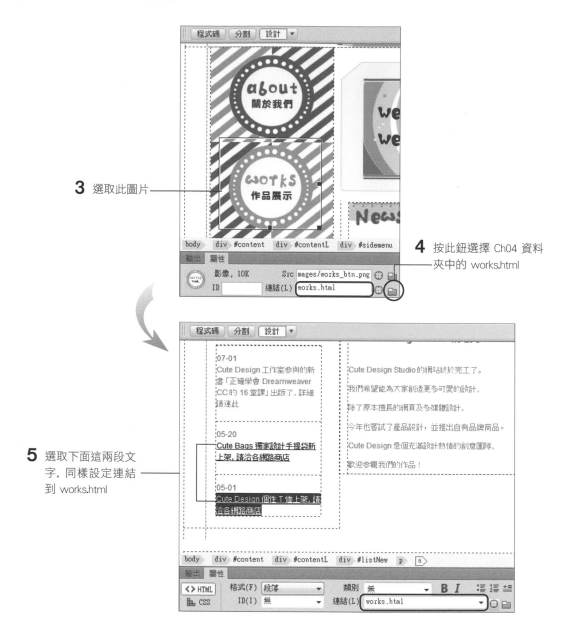

**3** 選取此圖片

**4** 按此鈕選擇 Ch04 資料夾中的 works.html

**5** 選取下面這兩段文字, 同樣設定連結到 works.html

## 連結到外部網站

範例網站「Cute Design Studio」主頁左下欄的消息區, 是用來推銷自己的作品, 假設要讓訪客按下後可連到出版社的網頁查詢詳細資訊, 可如下設定:

**1** 選取要設定超連結的文字

**2** 切換到 **HTML** 頁次

**3** 直接輸入欲連結的網址, 例如 "http://www.flag.com.tw"

**4** 選擇 **_blank**, 可讓連結的網頁開啟在新視窗中, 以免訪客誤以為該網頁也包含在你的網站之中 (若保持空白, 網頁會在目前的視窗中開啟)

## 連結到 E-mail

超連結也可以用來寄 E-mail, 例如要讓訪客按下網頁右上方的「Email」鈕後, 開啟預設的電子郵件程式來寄 E-mail 給我們, 可如圖操作。

**1** 選取此圖片

**2** 輸入 "mailto:" 加上 E-mail, 例如 "mailto:service@flag.com.tw", 你也可以設定成自己的 E-mail, 測試看看是否能收到從網站寄來的郵件

### 替來信加上電子郵件標題

若在 E-mail 連結後面加上 **"?subject="**, 還可以幫訪客寄的電子郵件加上標題。例如：
**mailto:service@flag.com.tw?subject=設計案委託**, 則訪客按下此 E-mail 連結後, 將會以
「設計案委託」為電子郵件標題, 方便你在堆積如山的郵件中辨識出訪客的來信。

到此超連結的設定就完成了, 你可用瀏覽器開啟 ch04-07.html 來看看效果。

按下此連結

連到 works.htm

## 修改文字超連結的樣式

當文字設定超連結後, 預設會變成藍色字且加上底線, 而連結過的文字則會變成紫色。這樣子的外觀並不一定適合網頁的風格, 因此接著要修改超連結文字的樣式。請接續上例或開啟 ex04-08.html 來練習, 下面要將超連結文字改成綠色, 且不要有底線, 等到滑鼠移到文字上時, 再出現底線並變成橘色。

**step 01** 在 HTML 中, 代表超連結的標籤是 **<a>**, 因此接下來我們就要新增一個**選取器**來控制所有的 **<a>** 標籤。請按下 **CSS 設計工具**面板**選取器**區的「**+**」鈕, 如下操作:

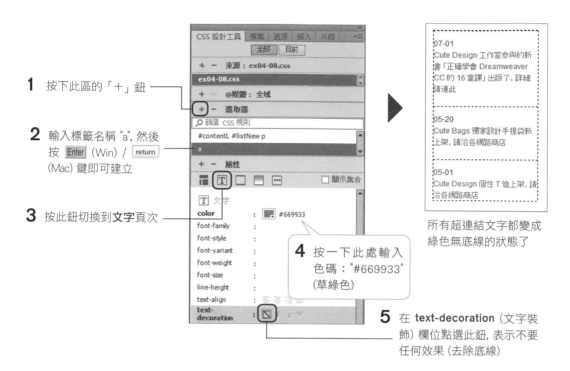

**1** 按下此區的「＋」鈕

**2** 輸入標籤名稱 "a", 然後按 Enter (Win) / return (Mac) 鍵即可建立

**3** 按此鈕切換到**文字**頁次

**4** 按一下此處輸入色碼：``"#669933"`` (草綠色)

**5** 在 text-decoration (文字裝飾) 欄位點選此鈕, 表示不要任何效果 (去除底線)

所有超連結文字都變成綠色無底線的狀態了

step**02** 修改超連結文字時, 通常至少要設定 2 種：「**預設的超連結文字樣式**」(HTML 中的 **<a>** 標籤) 和「**滑鼠移到超連結文字上面的樣式**」(HTML 中的 **<a:hover>** 標籤)。如果你只有修改前者, 在瀏覽網頁時就會發現, 若把滑鼠移到文字上, 又會變成預設的樣式, 因此再來要設定滑鼠移到連結上的樣式。請繼續在 **CSS 設計工具**面板如下設定：

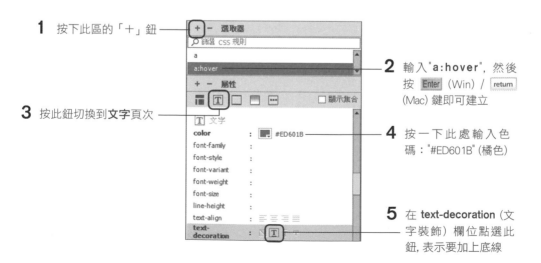

**1** 按下此區的「＋」鈕

**2** 輸入 "**a:hover**", 然後按 Enter (Win) / return (Mac) 鍵即可建立

**3** 按此鈕切換到**文字**頁次

**4** 按一下此處輸入色碼：``"#ED601B"`` (橘色)

**5** 在 text-decoration (文字裝飾) 欄位點選此鈕, 表示要加上底線

### 設定各種超連結狀態的樣式

在 HTML 中, 超連結有各種不同的狀態, 分別有對應的標籤, 我們為你整理出最常用的 4 種狀態, 如下所示:

| 標籤名稱 | 代表意義 |
| --- | --- |
| a:link | 尚未連結過的超連結樣式 |
| a:visited | 已連結過的超連結樣式 |
| a:hover | 滑鼠停在超連結上面時的樣式 |
| a:active | 滑鼠按下超連結時的樣式 |

當你要指定某種狀態的樣式時, 請參考上表來新增控制所屬標籤的 CSS 樣式。

**step 03** 超連結在**設計檢視**模式中無法測試, 請切換成**即時檢視**模式瀏覽:

當滑鼠移到超連結文字上時, 文字就會變成橘色並有底線; 而當滑鼠移開後, 文字就會恢復成綠色無底線的狀態

完成結果可參考 ch04-08.html

由於修改了 **<a>** (超連結) 標籤, 因此若你再將其他文字也設定超連結, 都會自動套用此樣式喔!

舊板瀏覽器問題：超連結圖片有藍色外框？

若使用舊版的 IE 瀏覽器 (如 IE 9 以前版本) 來瀏覽網頁, 會發現有加上超連結的圖片會顯示出藍色外框。雖然現在已經很少人使用舊板瀏覽器, 若你擔心有些訪客會用舊電腦上網而看到藍色外框, 可以多寫一個樣式將框線隱藏起來。

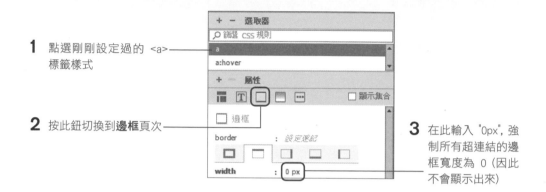

**1** 點選剛剛設定過的 <a> 標籤樣式

**2** 按此鈕切換到**邊框**頁次

**3** 在此輸入 "0px", 強制所有超連結的邊框寬度為 0 (因此不會顯示出來)

# 4-5 利用「CSS 轉變」功能讓圖片隨滑鼠變換

瀏覽網頁時, 只要將滑鼠移到有設定超連結的地方, 滑鼠就會變成小手的形狀, 用意是提示訪客「這裡可以按」。不過這樣提示不夠明顯, 因此通常還會製作更明顯的滑鼠效果, 例如滑鼠移上去圖片就變色、變大等等。這一節我們就要利用「**CSS 轉變**」功能, 讓網頁中的選單圖片隨著滑鼠改變。

## 建立「transition」類別樣式

CSS 其實可以做出豐富的視覺效果, 例如變色、變透明、變形等等, 可是初學者不一定記得住這麼多語法, 這時就可以利用 Dreamweaver 的 **CSS 轉變**面板, 在上面點選、輸入項目就可以建立好樣式。不過, 這個面板只是用來輔助我們撰寫 CSS 規則中的語法, 因此下面要先建立好一組自訂的 CSS 規則, 之後才能透過面板把語法寫進去。

請接續上例或開啟練習檔案 ex04-09.html,
按下 **CSS 設計工具**面板**選取器**區的「+」,
如圖建立一組**類別**樣式 "transition", 以便後
續套用:

**1** 點選此區的「+」鈕

**2** 輸入自訂名稱 ".transition"

## 開啟「CSS 轉變」面板指定效果

建立好樣式後, 請執行『**視窗/CSS 轉變**』命令
開啟 **CSS 轉變**面板, 接著就可以透過面板設定
動畫效果。以本例而言, 我們希望滑鼠移到設
有超連結的圖片上時, 該圖片會漸漸變成半透
明。設定方法如下:

**1** 開啟面板後, 按此
鈕建立新的**轉變**

**2** 選擇剛剛建立的 .transition 樣式作為目標規則

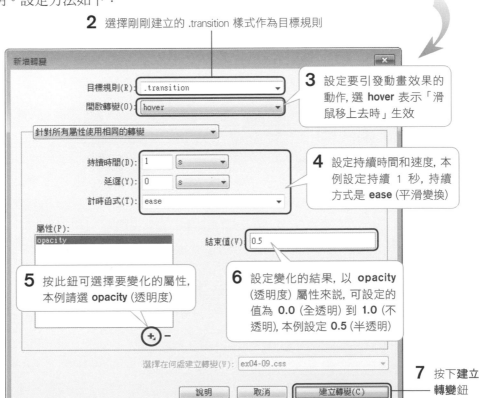

**3** 設定要引發動畫效果的
動作, 選 **hover** 表示「滑
鼠移上去時」生效

**4** 設定持續時間和速度, 本
例設定持續 **1** 秒, 持續
方式是 **ease** (平滑變換)

**5** 按此鈕可選擇要變化的屬性,
本例請選 **opacity** (透明度)

**6** 設定變化的結果, 以 **opacity**
(透明度) 屬性來說, 可設定的
值為 **0.0** (全透明) 到 **1.0** (不
透明), 本例設定 **0.5** (半透明)

**7** 按下**建立
轉變**鈕

設定好的語法出現在
**CSS 轉變**面板中

**TIP** 上圖中包含許多 CSS 屬性語法, 例如**計時函式中**的 **ease-in** (由慢變快)、**ease-out** (由快變慢)、**屬性**選單中的每個項目⋯等, 這些都是 CSS 的語法, 在此你可以用點選的方式, 不必自己撰寫。但若你想了解每種屬性的意義, 建議你自行查詢 CSS 語法辭典, 例如旗標出版的《**HTML5・CSS3 精緻範例辭典**》。

## 在「CSS 轉變」面板中移除不要套用的元素

建立好的轉變效果, 預設會套用在 <body> 標籤 (整個網頁) 上, 這裡我們要修改一下, 以免滑鼠一碰到整個網頁都變成半透明了。

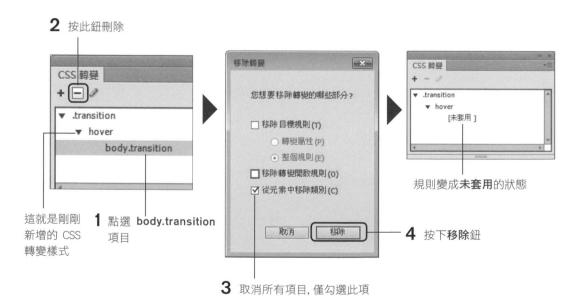

**2** 按此鈕刪除

這就是剛剛新增的 CSS 轉變樣式

**1** 點選 **body.transition** 項目

**3** 取消所有項目, 僅勾選此項

**4** 按下**移除**鈕

規則變成**未套用**的狀態

# 套用「CSS 轉變」效果：同時套用 2 組類別樣式

接著就將 **CSS 轉變**樣式套用到圖片上。前面我們已經替左上角的 LOGO
圖片套用「.headerLogo」樣式，以下示範同時套用 2 組類別樣式的方法。

**1** 要同時套用多組樣式，必須
先切換成**即時檢視**模式

**4** 輸入要新增的類別名稱：**.transition**，然後
按 Enter 鍵（Windows）/ return 鍵（Mac）

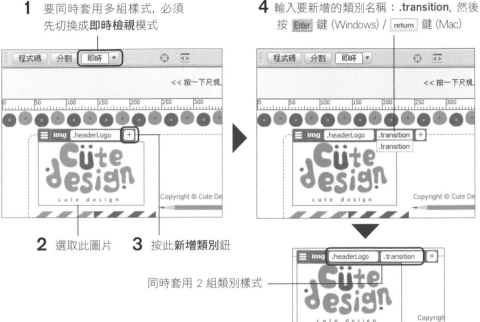

**2** 選取此圖片　**3** 按此**新增類別**鈕

同時套用 2 組類別樣式

最後替左欄的兩張
選單圖片也套用
**.transition** 樣式，這
個頁面就完成囉！

**1** 分別點選這兩
張選單圖片

**2** 在此套用 **.transition** 類別

設定好後即可測試完成的效果 (完成檔案可參考 ch04-09.html)。

目前已切換到**即時檢視**模
式,因此可以直接測試效果

別忘了 Email 圖片也要做相同的設定

將滑鼠移上去各選單圖片和 LOGO
圖片,就會漸漸變成半透明

# 4-6 申請網站空間與上傳網站

網站做好了,但工作還沒結束喔!把網站上傳到網路,讓其他人看得到,才是
我們的最終目的,因此本節的任務就是要讓你成功地上傳網站。

# 申請網站空間

當網站製作好並測試無誤後，必須放到網路伺服器上，如此一來，全世界各地的人才能看到你的網站。那你需要自己架設網路伺服器嗎？事實上，除非是大型企業、學術機構等負擔得起昂貴設備及人事費用的單位，或是自己有能力架設及維護，否則最省錢、最有效率的方式，就是向提供網路伺服器服務的業者申請**網站空間**來放置你的網站。

大部分的 ISP（網路服務提供者）都有提供網站空間的服務，你可以參考各 ISP 網站的說明，自行申請。以下提供 3 個免費空間供你參考：

| 網站名稱 | 空間大小 | 網址 |
|---|---|---|
| 2FreeHosting | 20GB | http://www.2freehosting.com/ |
| 247zilla | 100MB | https://www.247zilla.com/ |
| Byethost | 1000MB | http://byethost.com/free-hosting |

# 上傳網站

有了網站空間，就可以開始將製作完成的網站上傳囉！只要你申請的網站空間支援 FTP 上傳，就可以透過 Dreamweaver 內建的 FTP 功能來上傳網站。這裡我們以**智邦**的付費網站空間為例來說明上傳的操作。

TIP　本例將以下載檔案中 **Part1_site** 資料夾的網站來示範上傳, 你可參考 2-1 節先指定 **Part1_site** 資料夾為本機網站資料夾, 再進行如下操作。

## 設定網站空間的伺服器位址

為了讓 Dreamweaver 知道檔案要上傳到哪裡，首先要進行如下的設定：

**step01** 請先按下**檔案**面板右上方的 🔲 鈕將面板展開成獨立的視窗，然後按下左窗格的**定義遠端伺服器**連結，設定遠端網站伺服器位址：

**1** 下拉選擇目前要上傳的網站資料夾

**2** 點選此鈕展開面板

再按一下可將檔案面板恢復原狀

**3** 按下此連結

左窗格顯示的是遠端伺服器 (網站空間) 中的檔案　　右窗格顯示的是你電腦中的檔案

**step02** 接著會開啟**網站設定**交談窗並自動切換到**伺服器**頁次，請如下設定你申請網站空間時所得到的 FTP 上傳位址、帳號、密碼 (或是你在申請空間時，自己設定的帳號、密碼)：

**1** 按下此鈕新增伺服器

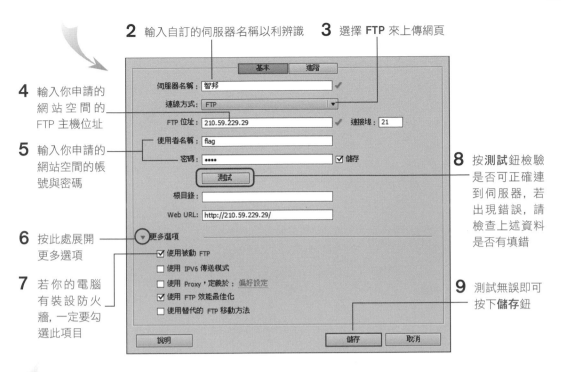

**2** 輸入自訂的伺服器名稱以利辨識

**3** 選擇 FTP 來上傳網頁

**4** 輸入你申請的網站空間的 FTP 主機位址

**5** 輸入你申請的網站空間的帳號與密碼

**6** 按此處展開更多選項

**7** 若你的電腦有裝設防火牆，一定要勾選此項目

**8** 按**測試**鈕檢驗是否可正確連到伺服器，若出現錯誤，請檢查上述資料是否有填錯

**9** 測試無誤即可按下**儲存**鈕

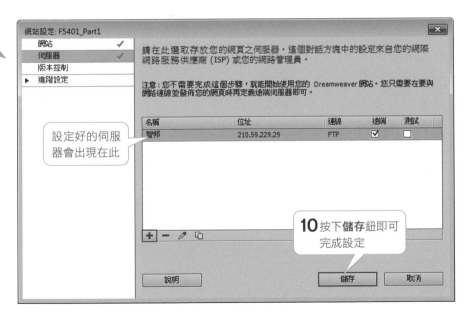

設定好的伺服器會出現在此

**10** 按下**儲存**鈕即可完成設定

接著會出現交談窗要求你更新網站的快取，請按下**確定**鈕，即可完成網站空間伺服器位址的設定。

## 連接遠端伺服器並上傳網站檔案

設定好遠端伺服器位址後，即可與伺服器進行連接並將檔案上傳。請按下**工具列**上的**連線到遠端伺服器**鈕 ，Dreamweaver 就會自動與遠端伺服器連接 (若連線失敗，請檢查帳號、密碼或 FTP 位址有無輸入錯誤)；連線後請在右邊窗格選取要上傳的檔案，選好後按下**上傳檔案**鈕 即可：

**1** 按一下 會變成 ，表示連線到伺服器，再按一次可中斷連線

**3** 按下此鈕

**2** 如果要上傳網站資料夾中的所有檔案，可以直接選取根目錄

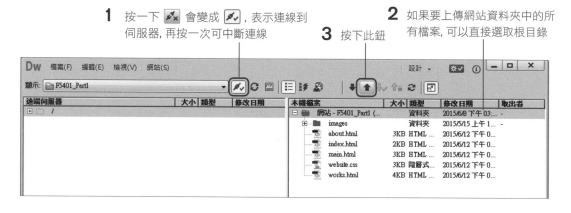

若只想上傳部份檔案，可按下 Shift 鍵或 Ctrl 鍵 (Windows) / ⌘ 鍵 (Mac) 先選取檔案，再拉曳到左邊的窗格中：

**1** 在此區按右鈕執行『**新增資料夾**』命令即可新增資料夾

**2** 將選取的檔案拉曳到左窗格即可上傳

檔案上傳完畢後，只要開啟瀏覽器輸入申請的網址，就能看到自己的網站囉！

## 重點整理

1. 重新定義 `<body>` 標籤樣式的方式有 2 種：

   - **按下「屬性」面板的「頁面屬性」鈕**：可開啟交談窗重新定義 `<body>` 標籤的樣式, 但提供的屬性設定欄位較少, 且會將 CSS 寫在網頁中。

   - **直接修改 `<body>` 標籤的屬性**：在 **CSS 設計工具**面板直接新增 **body** 這個項目來設定, 即可修改 `<body>` 標籤的屬性, 可選擇將 CSS 寫在外部樣式表檔, 好讓其他網頁可以共用, 且提供的屬性設定欄位較多。

2. 本堂課我們套過 **CSS 設計工具**面板的**選取器**區建立了 **ID、類別、指定標籤**...等不同類型的 **CSS 選取器**, 下表為你整理它們彼此的差異與使用時機。

| CSS選取器 | 用途與使用時機 | 範例 |
|---|---|---|
| ID 樣式 | ● 套用在指定的 DIV 區塊<br>● 自訂 ID 樣式來控制 DIV 區塊外觀 | 寫法：「# + 自訂名稱」<br>例：用 #header 控制 header 區塊 |
| 類別樣式 | ● 套用在指定的段落文字、圖片上<br>● 自訂類別樣式來控制元素外觀 | 寫法：「. + 自訂名稱」<br>例：用 .subtitle 控制副標題樣式 |
| 標籤樣式 | ● 直接指定特定 HTML 標籤的外觀 | 寫法：直接寫出標籤名稱<br>例：指定 `<a>` 的外觀樣式 |

3. **CSS 設計工具**面板分成 5 個樣式設定頁次, 本堂課我們最常使用**版面、文字、邊框、背景**頁次, 將這 4 個頁次的設定目的整理如下表：

| 設定頁次 | 設定目的 |
|---|---|
| 版面 🖼 | 設定區塊大小 (寬高)、欄位間隔與邊界屬性 |
| 文字 🆃 | 設定文字樣式, 例如字體、大小、顏色、… |
| 邊框 ☐ | 設定邊框線的樣式, 例如粗細、點狀線、虛線或無邊框…等 |
| 背景 ▨ | 等設定背景樣式, 例如底色、底圖、重複方式、…等 |

4. 修改超連結文字時, 通常至少要設定 2 個標籤：「**預設的超連結文字樣式**」(HTML 中的 `<a>` 標籤) 和「**滑鼠移到超連結文字上面的樣式**」(HTML 中的 `<a:hover>` 標籤)。

## 實用的知識

### 1. 什麼是虛擬主機？

通常架設網站時會以一部電腦做為放置檔案的主機，而我們需要花費人力物力來維護主機的設備。所謂的**虛擬主機**，就是租用廠商伺服器上的空間來放置網站，可節省主機的成本。若使用付費服務，可使用的資源比免費租用的主機更多，有些還會提供附加服務，例如：架設網站、網頁設計、流量統計、計數器、留言板、⋯等。

### 2. 網站上傳後，為什麼有些圖片會無法顯示？

網站上傳後，若在瀏覽器中發現圖片無法顯示，有可能是因為檔案漏傳、檔名有誤（大小寫不同、或使用中文檔名），或是格式錯誤（一般瀏覽器僅支援 jpg、gif、png 這 3 種格式的圖片）所造成。

此外還有 1 個常見原因，就是路徑錯誤。路徑分為**相對路徑**與**絕對路徑** 2 種：

- **相對路徑**：「相對」表示該路徑有個基本依循的起始點，例如：當別人向你問 A 地點時，你回答：「從 "B" 往前 3 個路口處就是 A」，你給了一個參考點 "B" 做為起始點，來說明 A 的位置。

- **絕對路徑**：「絕對」表示該路徑的存在是有個明確的位置，例如：當別人向你問 A 地點時，你給了 A 地點完整的地址。

在此我們要提醒你加入圖片的正確觀念：加入網頁的圖片一定要儲存到網站資料夾中，Dreamweaver 就會以此網站資料夾為依據，用**相對路徑**的方法加入圖片，不用擔心圖片路徑錯誤的問題。如果圖片是以**絕對路徑**的方式（例如 "file:///C:\images\01.jpg"）加入到網頁中，則當你把網站上傳到網路上後，自然找不到 C 磁碟機 images 資料夾中的 "01.jpg"，那麼圖片就無法顯示出來了。

若要加入的圖片已經上傳到某個網站伺服器中，則可使用絕對路徑的方式，例如 "http://www.flag.com.tw/images/01.gif"。不過一但該圖片被刪除或搬到其他位置，也會發生無法顯示圖片的情況。

# MEMO

# Part 2

# 資訊豐富的網站 - 主題學習館

# 主題學習館網站
# 設計解析

## 主題學習館網站的設計理念

24 小時提供多又新的資訊，是許多網站受歡迎的主因，例如入口網站、新聞、政府部門等網站，常會在首頁置入大量的資訊，其他如教育、出版業、學習機構等網站，也常會張貼大量的資訊。

若你要製作這種提供大量資訊的網站，該怎麼將密密麻麻的文字放入網頁，才不會讓人看得頭昏眼花？這當然需要一點技巧囉！本篇我們將以提供圖書學習資訊的**主題學習館**網站為例，為你介紹這類網站的設計原則，以及版面的呈現方式。

既然網頁內容以文字為主，字體的選擇就變得很重要了。然而，網頁所使用的字體會受電腦系統的限制，即使你用了美觀的藝術字，沒有安裝的使用者仍然看不到效果。所幸，近年流行的**雲端字型**突破了這個限制，在範例網站中我們就會教你使用方式，讓網頁擁有變化多端的美麗字體。此外，還會說明如何運用**表格**和**條列項目**來排列大量文字，並運用 CSS 設定，讓資料能夠工整排列。

## 網站的架構與版面規劃

我們先來看看整個網站的架構，以及構想的版面，讓之後的製作過程能有個依據，不至於亂了方向。

## 主題學習館的網站架構

本篇的**主題學習館**網站包含首頁和 4 個網頁，我們會帶著你編排以圖文說明為主的網頁、包含教學影片的網頁，再運用 Dreamweaver 的**範本**功能快速編排出其他 2 個網頁，讓你熟悉實務上的製作流程。以下是範例網站的架構：

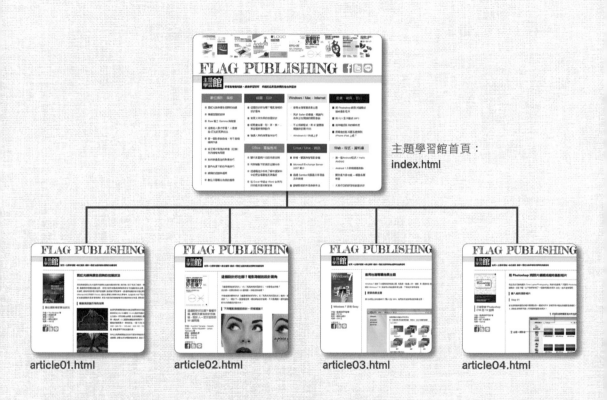

主題學習館首頁：
index.html

article01.html　　　　article02.html　　　　article03.html　　　　article04.html

我們將以這幾個主題學習頁為例，為你介紹圖文內容的編排技巧，還會介紹如何在頁面中加入影片。除此之外，若你想知道如何把網頁分享到臉書、LINE 等熱門社群，也可以在本篇找到解答。

# 首頁及主題學習頁的版面規劃

在動手製作之前，我們可以先在紙上構想網頁的版面，以及各區塊要放置的內容。你可用瀏覽器開啟 Part2_site 資料夾下的 index.html，本站的網頁版面及內容規劃如下：

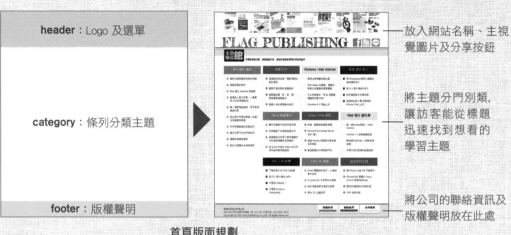

**首頁版面規劃**

若點選**數位攝影‧編修**類下面的第 1 個學習主題，可進入主題學習頁面 (article. html)。在主題學習頁面則是採 2 欄式版面：

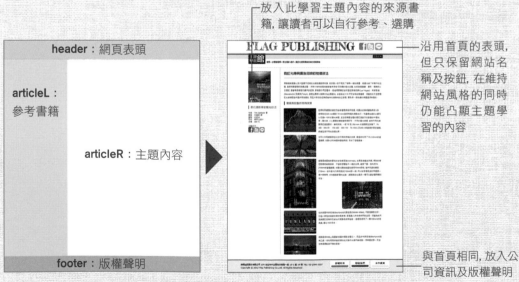

**主題學習頁面**

# 資訊豐富的網站：設計不敗的原則

接下來我們要介紹內容偏重文字資訊的網站設計原則，幫助你在製作此類型的網頁時，能更有系統地思考版型與用色。

## 使網頁上的物件等距排列，以工整的版面傳達專業感

運用對齊的技巧，讓網頁的內容等距排列，就會讓網頁版面看起來很工整、給人專業的感覺。

| 數位攝影‧編修 | 繪圖‧設計 | Windows / Mac‧Internet | 動畫‧網頁‧影片 |
|---|---|---|---|
| ▣ 霓虹光線與霓虹招牌的拍攝 | ▣ 這個設計好在哪？電影海報的設計眉角 | ▣ 客串台灣專屬佈景主題 | ▣ 用 Photoshop 將照片編輯成縮時攝影短片 |
| ▣ 構圖空間的安排 | ▣ 簡單又有效果的底圖設計 | ▣ 同步 Safari 的書籤、閱讀列表與正在閱讀的網頁書籤 | ▣ 將 FLV 影片轉成 MP3 |
| ▣ Raw 檔之 Gamma 與階調 | ▣ 輕鬆畫出喜、怒、哀、樂⋯⋯等各種表情與動作 | ▣ 不必另裝程式，用 IE 瀏覽器閱讀與訂閱 RSS | ▣ 如何確認影片的解析度 |
| ▣ 這樣拍人像才好看！人像質拍‧打光的完美技法 | ▣ 強調人物的傳單製作技巧 | ▣ Windows 8.1 快速上手 | ▣ 剪輯後的影片要怎麼傳到 iPhone iPad 上呢？ |
| ▣ 當一個影像創造者，而不是相機操作員 | | | |
| ▣ 修正相片常見的紫邊（紅邊）及四週陰影問題 | **Office‧電腦應用** | **Linux / Unix‧網路** | **Web‧程式‧資料庫** |
| ▣ 如何掌握最佳的取景技巧 | ▣ 顯示非星期六日的月底日期 | ▣ 新增、觀賞與管理影音檔 | ▣ 第一個Android程式：Hello Android |
| ▣ 室內光源下的白平衡技巧 | ▣ 利率變動下的貸款金額分析 | ▣ Microsoft Exchange Server 2007 簡介 | ▣ Android 1.5 版模擬器啟動 |
| ▣ 鏡頭的認識與運用 | ▣ 透過樞紐分析表了解都市調查料中的受訪者屬性及其偏好 | ▣ 透過 Samba 伺服器分享目錄及印表機 | ▣ 購物單外掛功能－帳號名稱檢查 |
| ▣ 數位分區曝光系統的應用 | ▣ 在 Excel 中結合 Word 合併列印功能來寄印帳資表 | ▣ 識破駭客的木馬偽裝手法 | ▣ 天馬行空的部落格創意設計 |

區塊與區塊、文字與邊框都等距排列

 實例賞析

畫面引用自 http://www.alistapart.com
將文字與欄位的邊界等距排列，並利用灰色的虛線將資訊分成好幾個區塊，看起來整齊劃一

畫面引用自 http://www.yahoo.co.jp
用區塊隔開不同的訊息，再各自分類條列其中包含的標題或內容，畫面顯得井然有序

## 利用鮮明的色彩凸顯標題，讓標題更加醒目

在密密麻麻的文字中，標題顯得格外重要，如果能讓訪客一眼就從這麼多的資訊中找到自己想看的標題，想必再度光臨的機率會提升不少。凸顯標題有幾種常見的作法，例如用 CSS 美化，或是將標題做成圖片，如此一來標題就會十分醒目。

| 數位攝影．編修 | 繪圖．設計 | Windows / Mac．Internet | 動畫．網頁．影片 |
|---|---|---|---|
| 霓虹光線與廣告招牌的拍攝 | 這個設計好在哪？電影海報的設計眉角 | 套用台灣專屬佈景主題 | 用 Photoshop 將照片編輯成縮時攝影短片 |
| 構圖空間的安排 | 簡單又有效果的底圖設計 | 同步 Safari 的書籤、閱讀列表與正在閱讀的網頁書籤 | 將 FLV 影片轉成 MP3 |
| Raw 檔之 Gamma 與階調 | 輕鬆畫出喜、怒、哀、樂、...等各種表情與動作 | 不必另裝程式，用 IE 瀏覽器閱讀與訂閱 RSS | 如何確認影片的解析度 |
| 這樣拍人像才好看！人像實拍‧打光的完美技法 | 強調人物的傳單製作技巧 | Windows 8.1 快速上手 | 剪輯後的影片要怎麼傳到 iPhone iPad 上呢？ |
| 當一個影像創造者，而不是相機操作員 | | | |
| 修正相片常見的案邊（紅邊）及四邊暗角問題 | | | |

| Office．電腦應用 | Linux / Unix．網路 | Web．程式．資料庫 |
|---|---|---|
| 如何掌握最佳的取景技巧 | | |
| 室內光源下的白平衡技巧 | | |
| 鏡頭的認識與運用 | | |
| 數位分區曝光系統的應用 | | |
| 顯示非星期六日的月底日期 | 新增、觀賞與管理影音檔 | 第一個Android程式：Hello Android |
| 利率變動下的貸款金額分析 | Microsoft Exchange Server 2007 簡介 | Android 1.5 版模擬器啟動 |
| 透過樞紐分析表了解市調資料中的受訪者屬性及其偏好 | 透過 Samba 伺服器分享目錄及印表機 | 購物車外掛功能－帳號名稱檢查 |
| 在 Excel 中結合 Word 合併列印功能來套印薪資表 | 識破駭客的木馬偽裝手法 | 天馬行空的部落格創意設計 |

用 CSS 美化標題文字，並利用印刷色 C、M、Y、K 做為
文字底色，藉由強烈且鮮明的色彩來達到凸顯的目的

## 分段設計 - 避免視線的大幅移動

製作文字類網站時，最好不要一股腦地把文字全都放在網頁上，建議你利用區塊、欄位、表格，或是加上細線來區隔，適當地將版面分為 2 ~ 3 個欄位，避免讓訪客的視線大幅移動，徒增閱讀的疲累感。

將版面分割成兩欄, 在左欄放置書籍簡
介, 右欄放置內文, 提升文章的易讀感

若不加以區隔, 書籍簡介的兩側版面很空洞,
且內文要從最左讀到最右邊, 容易覺得疲勞

## 文字的設計考量

當網頁上文字很多時, 有些人喜歡在網頁上套用各種不同的字型, 但以設計的原則來說, 在同一個頁面上套用的字型最好不要超過 3 種。過於紛亂的字型常讓版面看起來雜亂無章, 不利閱讀。

此外, 在網頁中使用的字型, 如果訪客的電腦中沒有安裝, 呈現的效果可能就不符合你的期待。例如使用**華康黑體**的文字, 在訪客的電腦上卻顯示成**新細明體**了。為了解決這樣的問題, 你可以將特殊字型做成圖片, 不過在 Dreamweaver CC 提供了全新的**雲端字型**功能, 可以讓每部電腦都能透過網路使用位於雲端的字型, 正常地顯示於網頁中, 我們會在第 5 堂課說明。

## *Lesson*
# 05 運用雲端字型編排 以文章為主的網頁

Part2_site\index.html

## ■ 課前導讀

有些網頁中會置放大量的文字資訊供人查詢與瀏覽, 例如商品的詳細規格說明、公司的服務規章、密密麻麻的法律條文等, 若只是毫無組織地將網頁塞滿文章, 訪客看起來不僅乏味, 也無法立刻找到想看的資料。

以範例網站「FLAG 主題學習館」而言, 網站的主要內容是提供數十篇主題文章, 讓訪客自行點選有興趣的主題來瀏覽。面對這麼多文章篇目, 本堂課將為大家示範運用雲端字型和 CSS, 編排成易於閱讀和查詢的頁面。

## ■ 本堂課學習提要

- 利用 Adobe 內建的雲端字型 - **Typekit** 功能製作網頁標題字
- 利用 Google 提供的雲端字型 - **Google Fonts** 製作中文標題字
- 運用**表格**將文字分成多欄, 避免視線大幅移動
- 將文字轉換為整齊排列的**條列項目**
- 以 CSS 設定元素的 **padding** 與 **margin** 屬性

預估學習時間 **90 分鐘**

# 5-1 使用雲端字型製作標題文字

在本篇的範例網站中，為了吸引讀者注意，在上方 header 區塊置入了特別設計的標題文字，顯示網站的名稱。這一節就要一起來製作這組標題文字，你可先開啟 Part2 資料夾中的 index.html 來參考：

本節要製作這組標題文字

## 如何在網頁中使用特殊設計的字體

範例網站的標題文字看起來只是套用了某種字體，其實卻大有玄機喔！一般來說，網頁上只能顯示電腦裡已安裝的字體，例如當你將整個網頁套用成「特明體」，只有在自己電腦上才能正常顯示；然而將網站上傳後，訪客可能會看不到字體效果，因為他的電腦裡並沒有安裝「特明體」這種字型，而會改成顯示成預設的「新細明體」：

套用了「特明體」的網頁，只有在已安裝「特明體」的電腦上才會正確顯示

若訪客沒有安裝「特明體」，會自動改成預設的字體 (例如「新細明體」)

若網頁中的字體都變成預設的字體，你精心設計的效果就會打折扣。因此，為了讓訪客也能看到特殊字體，設計師們試過許多方法，最常見的就是把文字做成圖片，這樣才能正常顯示：

第一篇的範例網站中，將這些特殊字體做成圖片

把文字做成圖片這種方式很簡單，但是訪客將無法再選取、搜尋到這些文字，換言之，這些文字已經失去文字本身的功能了。那麼是否有兩全其美的方法呢？想要使用好看的字體，同時又想保留文字的功能，讓訪客可以搜尋到，那就是下面要介紹的：**雲端字型**。

## 認識雲端字型 (web font)

「**雲端字型**」的「**雲端**」是指網路上的雲端硬碟，所謂**雲端字型**就是有專門業者將字型檔存放在網路硬碟，供使用者連結或下載使用，費用依各家規定而有差異，例如 Adobe、Google 等公司都有提供免費的雲端字型可供使用。

Adobe 從 CC 版開始提供名為 **Typekit** 的雲端字型服務，有購買 Adobe CC 系列軟體的使用者都可以免費使用

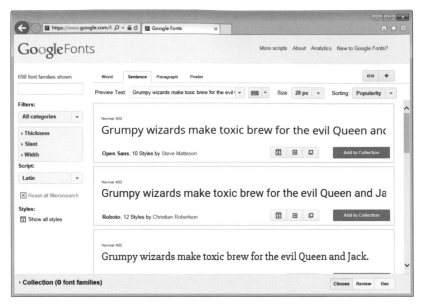

Google 也有推出名為 **Google Fonts** 的雲端字型服務

既然這些字型是儲存在雲端，那要如何取用呢？我們只要在網頁中加入匯入字型檔的程式碼，就可以從網頁載入字型來使用了。由於字型儲存在雲端，因此無論訪客使用哪一種設備上網，都可以看到你設定的字型，不會再因為設備裡沒有安裝該字型而顯示錯誤。

範例網站的標題套用了雲端字型，因此雖然字體看起來特殊，但能正常顯示於所有裝置上，且讓訪客可以自由選取、搜尋這些文字

## 套用 Adobe 雲端字型

了解雲端字型的功能後，就來套用看看吧！請開啟範例檔案 ex05-01.html，範例中已設計好表頭 (header 區塊)，但標題文字尚未設定字型，下面就一起透過 Adobe 的 **Typekit** 功能，將它套用成具獨特風格的手寫字體。

**step01** 　請選取 **header** 區塊中的 "FLAG PUBLISHING" 這段標題文字，如圖在**屬性**面板拉下**字體**列示窗來設定：

**1** 選取這段文字

**2** 切換到 **CSS** 頁次　　**4** 點選此項目　　**3** 按下此處開啟**字體**列示窗

目前在此頁次

step02 接著會開啟如圖的**管理字體**面板，分成 3 個頁次，在 **Adobe Edge Web Fonts** 這個頁次就可以選擇多種 Adobe 提供的雲端字型。

**2** 點選想套用的字型 (點選後, 右上角會出現藍色勾選記號), 此字型名稱為 Fredericka the Great

**1** 請先在左列點選想要的字體風格, 本例選此類 (裝飾字體清單)

**3** 按此鈕完成

step03 選好字型後回到編輯畫面, 再重新套用新增的字型即可。

**1** 選取這段文字

**2** 按此開啟列示窗

**3** 會顯示新增的字體, 點選即可套用

**step 04** 套用後回到畫面，標題文字看起來卻沒有改變，這是因為雲端字型必須在**即時檢視**模式中或實際上傳到網路後才能看到效果。請如圖轉換到**即時檢視**模式 (完成檔可參考 ch05-01.html)。

**1** 請按此切換到**即時檢視**模式

會出現此訊息，提醒你網頁字體只有在實際上傳後才可以看到效果，若有需要，可再調整字體的粗細等屬性

這裡顯示網頁中已載入雲端字型檔所需的程式碼

已套用雲端字型

**2** 標題套用了手寫風格字體

**TIP** 你可能會發現這些雲端字型中並沒有中文字型，對此 Adobe 已公開表示會陸續推出，在此之前，我們可以先選擇其他雲端字型提供者的免費中文字型。在 5-3 節就會為你示範使用 Google Fonts 雲端字型來製作中文標題字。

# 5-2　運用表格將文字分欄排列

標題完成後，接著就要製作網站首頁的選單了。 我們已準備好一份要放在首頁的文章篇目表，請用 Word 開啟 F5401_ex\Ch05 資料夾中的 "category.doc"：

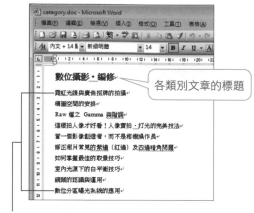

各類別文章的標題

各類別標題下的文章篇目

網頁過長，需不斷拉曳捲軸來找尋資料

若直接將文章原封不動地複製、貼到首頁中，可能會像右圖這個樣子：

標題和其他文字顏色相同，不易查詢想看的主題

左右大量的留白, 造成空洞的版面

為了避免上述的問題，我們決定利用**表格**讓文字以「**分欄排列**」的方式顯示在頁面上, 底下就來逐步實作看看。

5-3 節會說明以 CSS 和雲端字型製作彩色小標題的技巧

以表格並列多欄的文字, 比起單欄排列的文字更能充分利用版面空間

# 分析內容與規劃表格

**表格**的結構可分為**欄**、**列**和**儲存格**, 如右圖所示:

列

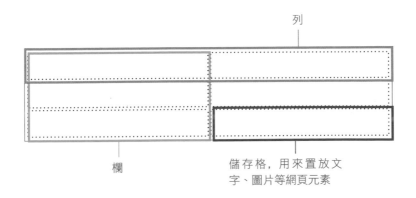

欄

儲存格, 用來置放文
字、圖片等網頁元素

分析我們要貼到網頁的 category.doc 這份資料, 共有 10 個類別, 因此可以規劃一個具有 10 個儲存格的表格來分類存放。由於表格的儲存格數是由**欄**、**列**相乘的結果, 若需要 10 個儲存格, 可以插入 3 欄 x 4 列、或是 4 欄 x 3 列、或是 5 欄 x 2 列…的表格, 此時就要視頁面空間的狀況來劃分欄位, 太少的欄位可能會太空洞, 太多的欄位又太擁擠, 以範例網站來說, 我們決定將頁面分為 4 欄, 也就是插入 4 欄 x 3 列的表格。

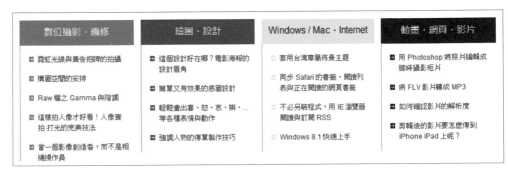

本例用 4 欄的表格, 標題和文字的尺寸及位置都適中

# 插入表格

依內容規劃好表格後，接下來就要安排適當的位置並插入表格。請開啟範例
檔案 ex05-02.html，此頁面中已建立了一個要用來置放資料的「category」
區塊，下面我們就要在此區塊中插入 4 欄 x 3 列的表格：

**step01** 為了將插入點置入「category」區塊，我們預先在其中放了一行文字，請先如
下將文字刪除，再切換到**插入**面板的 **HTML** 頁次開始插入 **Table** (表格)：

**1** 切換到**設計檢視**模式，然後選取
這行文字，按 Delete 鍵刪除

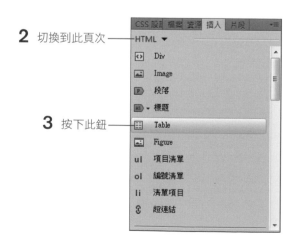

**2** 切換到此頁次

**3** 按下此鈕

**step02** 本例我們需要一個 4 欄 x 3 列, 寬度為 100% 的表格, 請如下在**表格**交談窗中輸入數值:

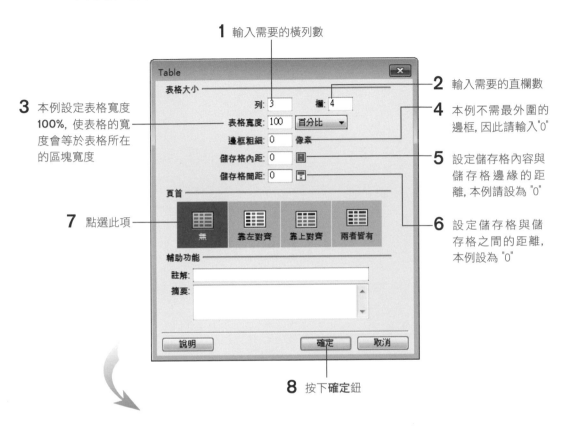

**1** 輸入需要的橫列數

**2** 輸入需要的直欄數

**3** 本例設定表格寬度 **100%**, 使表格的寬度會等於表格所在的區塊寬度

**4** 本例不需最外圍的邊框, 因此請輸入"0"

**5** 設定儲存格內容與儲存格邊緣的距離, 本例請設為 "0"

**7** 點選此項

**6** 設定儲存格與儲存格之間的距離, 本例設為 "0"

**8** 按下確定鈕

插入了 4 欄 x 3 列的表格

## 合併儲存格

剛才我們建立了 1 個包含 12 個儲存格的表格 (4 欄 x 3 列), 而網頁中要放 10 個主題 (可參照本範例首頁 index.html), 其中又以「數位攝影・編修」主題的條列文字最多、最長, 因此決定將第 1 欄的 3 個儲存格合併成 1 個, 用來放置該類的資料:

**1** 將插入點置於第一個儲存格內

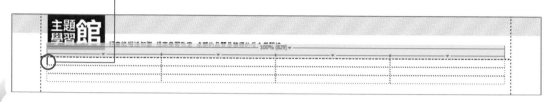

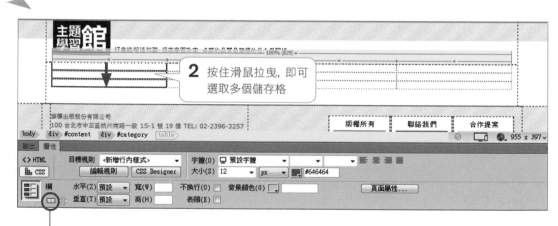

**2** 按住滑鼠拉曳, 即可選取多個儲存格

**3** 選取儲存格後, 按下**屬性**面板的此鈕即可合併 (你也可在選取的儲存格中按右鈕, 執行『**表格/合併儲存格**』命令)

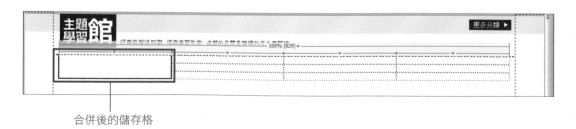

合併後的儲存格

# 置入與編輯表格內容

將表格調整成想要的樣子後，下面我們就開始將 category.doc 中的文字分別複製到剛剛建立的表格中。

## 在儲存格中置入文字

請複製 category.doc 中第 1 類的文字，貼入表格第 1 欄、第 1 列的儲存格中：

**1** 選取並複製這段文字

**2** 回到 ex05-02.html，將插入點置於第 1 欄、第 1 列的儲存格中，再按右鈕執行『**貼上特殊效果**』命令

**3** 選擇此項

**4** 按此確定

文字貼入儲存格了

**TIP**　若要將某個 Word 檔中的文字內容一次全部置入 Dreamweaver 中，只要執行『**檔案/匯入/Word 文件**』命令，再選取欲匯入的文件檔即可。

## 以純文字格式貼上

當我們從 Word 檔案或網頁上複製文字、貼到 Dreamweaver 的編輯區時, 預設會保留文字的格式 (例如文字顏色、粗體、分段等)。乍看雖然很方便, 但是這些格式多半與我們預先規劃好的格式不同, 且可能會附帶一些不必要的網頁標籤 (例如 HTML 網頁用以換行的 <br /> 標籤), 干擾到往後的編輯工作。因此我們建議你在貼上文字的時候, 利用『**貼上特殊效果**』命令貼入純文字就好, 之後再以 CSS 統一編輯文字格式。

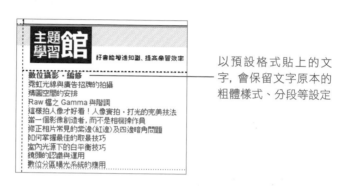

以預設格式貼上的文字, 會保留文字原本的粗體樣式、分段等設定

你也可執行『**編輯/偏好設定**』命令並如下設定, 之後只要執行『**貼上**』命令, Dreamweaver 就會自動將貼上的文字都轉換為純文字格式。

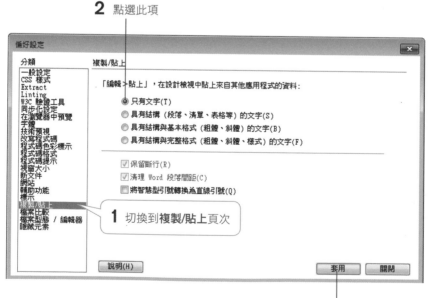

**2** 點選此項

**1** 切換到**複製/貼上**頁次

**3** 按下**套用**鈕後關閉

接下來請繼續將 category.doc 中的各段文字分別置入表格中，結果如下：

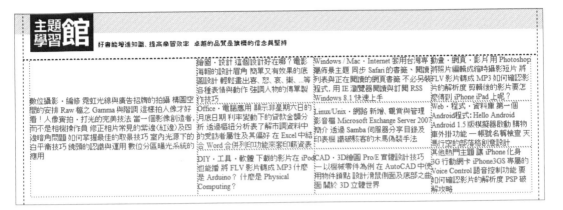

## 對齊與分段儲存格中的文字

填入文字後，表格中各欄位大小不一，文字排列也不整齊，看起來並不像當初規劃的 4 等份表格，這是因為我們還沒有指定儲存格的**寬度**和**對齊方式**，使文字都跑到儲存格中央了。請將滑鼠從左上儲存格拉曳到右下儲存格以選取全部，然後在**屬性**面板如下修改：

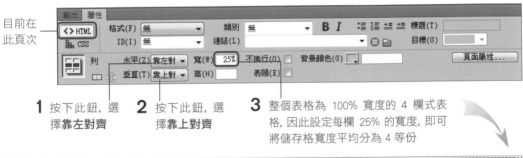

目前在此頁次

**1** 按下此鈕，選擇靠左對齊　**2** 按下此鈕，選擇靠上對齊　**3** 整個表格為 100% 寬度的 4 欄式表格，因此設定每欄 25% 的寬度，即可將儲存格寬度平均分為 4 等份

表格中各欄位寬度相等，且文字一律對齊儲存格左上角

文字對齊了，不過沒有分段的文字還是難以閱讀，而且我們要將這些文字分段，稍後才能將每段文字轉換成**項目清單**。因此請參考 category.doc 文件的內容，利用 `Enter` 鍵 (Windows) / `return` 鍵 (Mac)，將儲存格中的每個學習主題都分成獨立段落，如下圖所示：

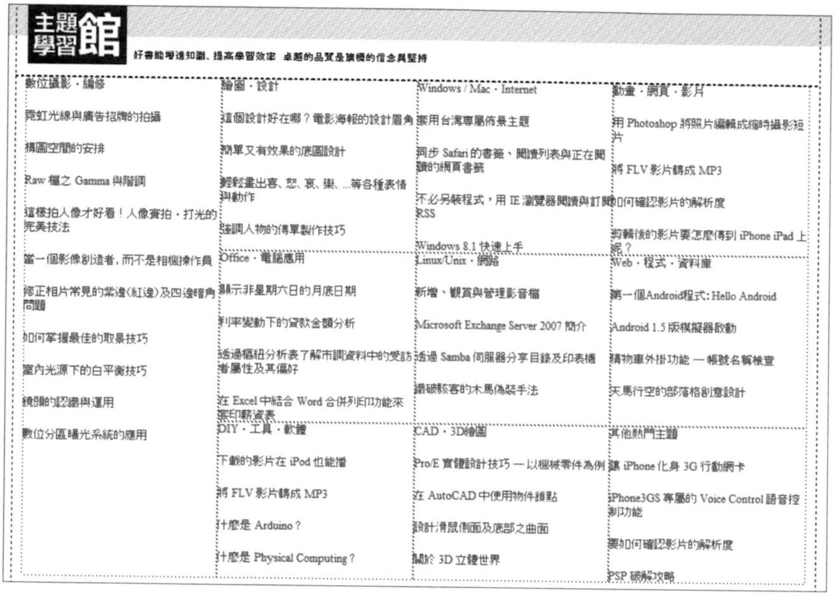

分段完成的文字，你可以參考 ch05-02.html

# 5-3 運用 CSS 美化標題文字

上一節我們在網頁中塞滿了文字，且所有文字樣式都相同，這會讓訪客看不出重點在哪。為了方便訪客瀏覽，這一節我們會設定幾組色彩繽紛的**類別**樣式，將標題套用這些樣式後，就能讓訪客一眼看到醒目的標題，以便依標題尋找、閱讀感興趣的內文。

本節將製作這 4 種色彩的**類別**樣式，分別套用在標題上

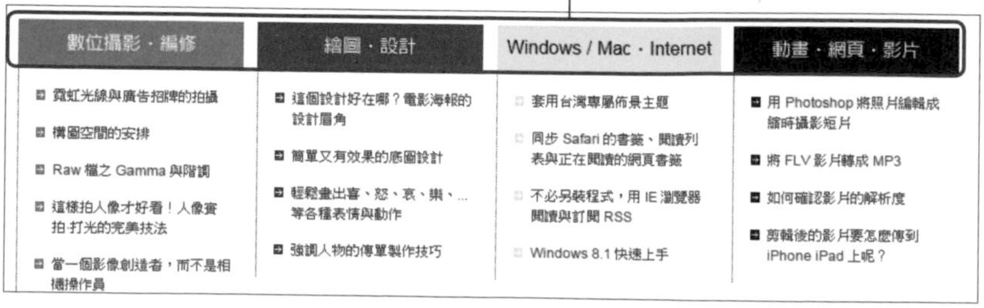

## 建立標題文字的 CSS 樣式

請開啟 ex05-03.html，表格中已有上一節貼好的文字，每個儲存格第一行其實就是標題。首先我們就為第一個標題設計一組「藍底白字」的樣式。

 **step01** 請開啟 **CSS 設計工具**面板，按下**選取器**區的「**+**」鈕，新增一組**類別**樣式，命名為 ".bluetitle"：

**1** 按此鈕新增選取器

**2** 輸入 ".bluetitle"，按 Enter 鍵 (Windows) / return 鍵 (Mac) 確認

> **TIP** 在樣式名稱前標示「**#**」號就會建立成 **ID** 樣式，標示「**.**」就會建立成**類別**樣式。若你還不熟悉，可以翻回第 3 堂課複習一下。

**step02** 請選取左上儲存格第一行的「數位攝影‧編修」，套用剛剛建立的樣式：

**1** 選取此標題

**2** 將**屬性**面板切換成 **HTML** 頁次

**3** 在**類別**欄位下拉選取此標題

**step03** 將標題套用 **.bluetitle** 樣式後, 接著我們在 **CSS 設計工具**面板編輯樣式內容時, 就可以同步在**文件視窗**中看到設定的效果。

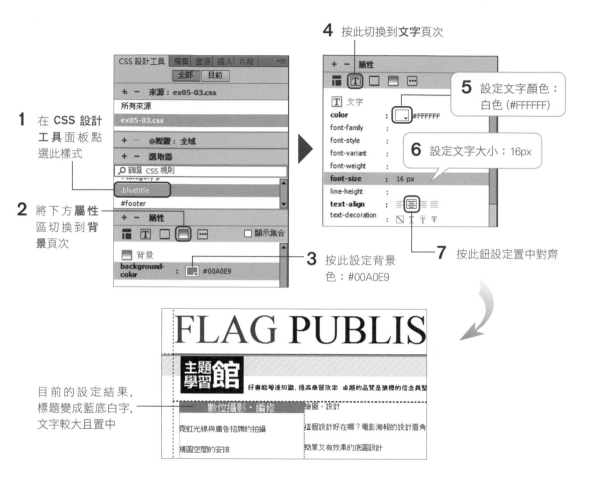

**4** 按此切換到**文字**頁次

**5** 設定文字顏色: 白色 (#FFFFFF)

**6** 設定文字大小: 16px

**1** 在 CSS 設計工具面板點選此樣式

**2** 將下方**屬性**區切換到**背景**頁次

**3** 按此設定背景色: #00A0E9

**7** 按此鈕設定置中對齊

目前的設定結果, 標題變成藍底白字, 文字較大且置中

**step04** 我們再繼續調整一下, 讓標題面積更大一些:

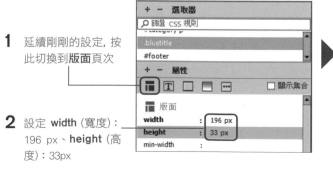

**1** 延續剛剛的設定, 按此切換到**版面**頁次

**2** 設定 width (寬度): 196 px、**height** (高度): 33px

設定結果, 區塊變大了, 但文字緊貼上方, 因此再繼續設定 **padding**

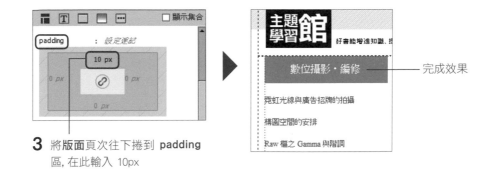

**3** 將**版面**頁次往下捲到 padding
區, 在此輸入 10px

完成效果

# 複製 CSS 樣式

前面已經設定好一組藍色的類別樣式 **.bluetitle**, 接下來還要再設定桃紅色、黃色、黑色等 3 組類別樣式。由於這些樣式除了顏色以外, 其大小、字體都相同, 我們只要複製剛剛的藍色樣式, 再修改背景色即可。請繼續如下操作:

**2** 將重製的樣式名稱更改為: **.redtitle**

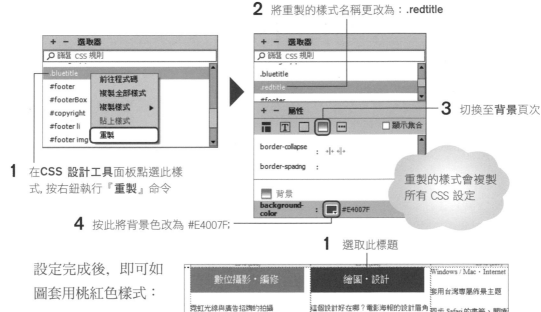

**3** 切換至**背景**頁次

重製的樣式會複製所有 CSS 設定

**1** 在**CSS 設計工具**面板點選此樣式, 按右鈕執行『**重製**』命令

**4** 按此將背景色改為 #E4007F;

設定完成後, 即可如圖套用桃紅色樣式:

**1** 選取此標題

**2** 在**類別**欄位下拉選取 **redtitle** 樣式

用複製的方式是不是快多了呢？接著就請你自行練習，再複製出一組黃色樣式「.yellowtitle」(黃色色碼：#FFF100) 和一組黑色樣式「.blacktitle」(黑色：#000000), 如圖套用在所有標題上即可 (完成範例請參考 ch05-03.html)。

設定 .yellowtitle (黃色標題) 的樣式時請注意, 由於在黃底上白字並不明顯, 因此還特別切換到**文字**頁次, 將文字顏色改成黑色 (#000000)

總共設定這 4 組標題樣式

.blacktitle (黑色標題) 的樣式內容

如圖將 4 種樣式分別套用到各儲存格的標題 (第一行), 請參考 ch05-03.html

# 5-4 使用 Google Font 的「黑體」中文字型

標題樣式設定後, 色塊上的字型顯得有點單調, 我們來套用不同的字型吧！在 5-1 節為大家介紹過 Adobe 的雲端字型, 可惜其中並沒有中文字型可用。沒關係！其實在 **Google Font** 中已提供一些中文雲端字型, 目前還在開發階段, 下面就以「黑體」字型為例, 示範使用方式。

**step 01** 首先要連到 **Google Font** 網頁：**https://www.google.com/fonts/earlyaccess** 來取用程式碼。

**1** 請在此網頁按 `Ctrl` + `F` 鍵 (Windows) / `⌘` + `F` 鍵 (Mac) 搜尋「黑體」

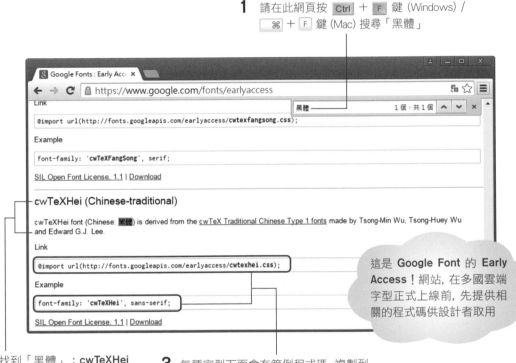

**2** 找到「黑體」：cwTeXHei 雲端字型

**3** 每種字型下面會有範例程式碼, 複製到 CSS 中即可使用。請複製這二行

這是 **Google Font** 的 **Early Access**！網站, 在多國雲端字型正式上線前, 先提供相關的程式碼供設計者取用

**TIP** 這個網頁提供了多種中文雲端字型：**cwTeXFangSong** (仿宋體)、**cwTeXYen** (圓體)、**cwTeXKai** (楷體)、**cwTeXMing** (明體), 等你學會本節的套用方式後, 可以多多嘗試不同的字型效果。

**step 02**　複製好後，請回到 Dreamweaver，執行『**檔案/開新檔案**』命令開啟新的
CSS 檔，將剛剛複製的程式碼貼入：

開啟全新的 CSS 檔案，會自動寫入這兩行

**2** 按下**建立鈕**

**3** 請在第 3 行按一
下滑鼠，貼入複
製的兩行程式碼

**step 03**　貼入程式碼後，第 4 行前面出現了紅色的標記，這是因為 CSS 語法不正
確。正確的 CSS 語法應該如下：

> .樣式名稱　{樣式內容}

所以我們要如下改寫，將貼入的這段文字放進自訂的樣式「**.font01**」中：

**1** 在前面按一下輸入 ".font01{"　　　**2** 在後面補上結尾大括號 "}"

**step04** 完成後請執行『**檔案/儲存檔案**』儲存此 CSS 檔案：

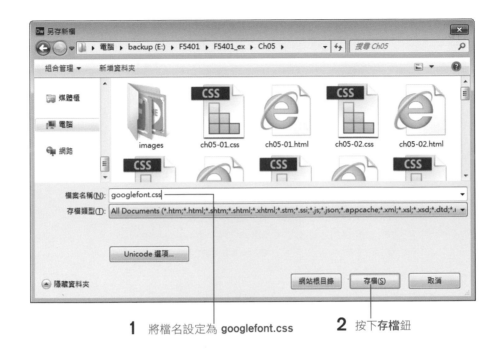

**1** 將檔名設定為 **googlefont.css**　　　**2** 按下**存檔**鈕

**step05** 接著要匯入新的 CSS 檔來使用，請開啟範例檔案 ex05-04.html 來練習：

**1** 請在 **CSS 設計工具**面板的
**來源**區按下「**＋**」鈕

**4** 點選**連結**項目　　　**3** 按此鈕選擇 **googlefont.css**

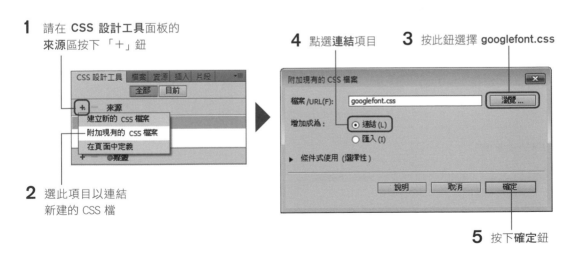

**2** 選此項目以連結
新建的 CSS 檔

**5** 按下**確定**鈕

**step06** 最後要將雲端字型套用到各標題上。有一點要注意，目前各標題文字都已套用了彩色色塊的樣式，若要同時套用兩種以上的樣式，必須切換到**即時檢視**模式來設定：

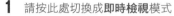
**1** 請按此處切換成**即時檢視**模式

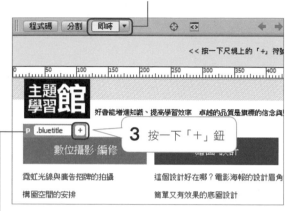

**2** 按一下藍色標題，會出現樣式標籤，顯示已套用的樣式

**4** 輸入新的樣式「**.font01**」，然後按 Enter 鍵（Windows）/ return 鍵（Mac）確認

套用黑體字型了

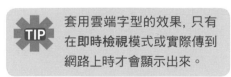

TIP 套用雲端字型的效果，只有在即時檢視模式或實際傳到網路上時才會顯示出來。

**step 07** 請比照上個步驟為所有標題套用黑體字。完成結果請參考 ch05-04.html。

| 數位攝影‧編修 | 繪圖‧設計 | Windows / Mac‧Internet | 動畫‧網頁‧影片 |
|---|---|---|---|
| 霓虹光線與廣告招牌的拍攝 | 這個設計好在哪？電影海報的設計眉角 | 套用台灣專屬佈景主題 | 用 Photoshop 將照片編輯成縮時攝影短片 |
| 構圖空間的安排 | 簡單又有效果的底圖設計 | 同步 Safari 的書籤、閱讀列表與正在閱讀的網頁書籤 | 將 FLV 影片轉成 MP3 |
| Raw 檔之 Gamma 與階調 | 輕鬆畫出喜、怒、哀、樂、...等各種表情與動作 | 不必另裝程式，用 IE 瀏覽器閱讀與訂閱 RSS | 如何確認影片的解析度 |
| 這樣拍人像才好看！人像實拍‧打光的完美技法 | 強調人物的傳單製作技巧 | Windows 8.1 快速上手 | 剪輯後的影片要怎麼傳到 iPhone iPad 上呢？ |
| 當一個影像創造者，而不是相機操作員 | | | |
| 修正相片常見的紫邊 (紅邊) 及四邊暗角問題 | **Office‧電腦應用** | **Linux/Unix‧網路** | **Web‧程式‧資料庫** |
| 如何掌握最佳的取景技巧 | 顯示非星期六日的月底日期 | 新增、觀賞與管理影音檔 | 第一個 Android 程式：Hello Android |
| 室內光源下的白平衡技巧 | 利率變動下的貸款金額分析 | Microsoft Exchange Server 2007 簡介 | Android 1.5 版模擬器啟動 |
| 鏡頭的認識與運用 | 透過樞紐分析表了解市調資料中的受訪者屬性及其偏好 | 透過 Samba 伺服器分享目錄及印表機 | 購物車外掛功能－帳號名稱檢查 |
| 數位分區曝光系統的應用 | 在 Excel 中結合 Word 合併列印功能來套印帳資表 | 讓破駭客的木馬偽裝手法 | 天馬行空的部落格創意設計 |
| | **DIY‧工具‧軟體** | **CAD‧3D 繪圖** | **其他熱門主題** |
| | 下載的影片在 iPod 也能播 | Pro/E 實體設計技巧－以機械零件為例 | 讓 iPhone 化身 3G 行動網卡 |
| | 將 FLV 影片轉成 MP3 | 在 AutoCAD 中使用物件鎖點 | iPhone3GS 專屬的 Voice Control 語音控制功能 |
| | 什麼是 Arduino？ | 設計滑鼠側面及底部之曲面 | 要如何確認影片的解析度 |
| | 什麼是 Physical Computing？ | 關於 3D 立體世界 | PSP 破解攻略 |

替所有標題套用黑體字

**TIP** 若覺得套用後文字太大或太小, 可在 **CSS** 設計工具面板點選 **googlefont** 這個 CSS 檔, 再點選其中的 .font01 樣式來調整文字大小。

# 5-5 運用項目清單編排文字

目前我們已設計好 10 大類標題, 至於各標題之下的文字, 要設計成供訪客點選的學習主題, 我們要用**項目清單**的形式來呈現。

要將文字轉換成項目清單時, 只要選取想轉換的段落文字, 再按下**屬性**面板 **HTML** 頁次的**項目清單鈕** , 就會在每段文字前加上符號；若改按**編號清單鈕**, 則會在每段文字前加上數字編號。請注意, 每 1 個段落都會轉換成 1 個項目, 若想將內容轉為多個項目, 就得先分成多個段落。

請接續上例或開啟範例檔案 ex05-05.html, 切換到**設計檢視**模式, 如下將它們轉成項目清單:

**1** 選取要套用的多個文字段落

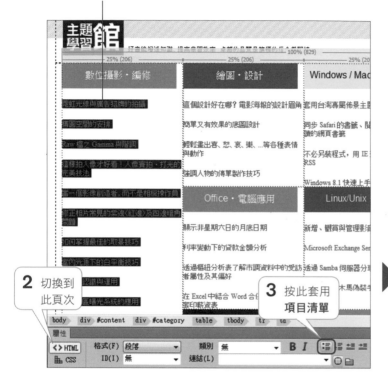

**2** 切換到此頁次

**3** 按此套用項目清單

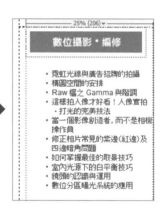

接著請將其他分類的學習主題, 也比照相同方法轉成項目清單。

## 認識項目清單的程式碼結構

將段落文字轉換成項目清單後, 預設的項目符號並不搶眼, 且文字自動縮排後的位置往右偏移, 使整體畫面產生不協調感, 以下我們要來解決上述問題, 完成符合理想的視覺設計。

在開始變更項目清單的圖示及位置之前, 我們要先了解一下項目清單的程式碼結構, 這樣在設定與套用 CSS 樣式時, 才知道應該套用在哪個標籤上。

以剛剛建立好的項目清單為例, 請將插入點置於任一組項目清單中, 然後按下 **分割**鈕, 即可看到該組項目清單的程式碼結構。

若出現的不是程式碼而是 CSS 樣式, 請按下**原始碼**鈕

選取處便是項目清單的程式碼結構

由程式碼可看出, 整組項目清單會以 **<ul>** 及 **</ul>** 標籤包夾起來 (若加入的是編號清單, 則是 **<ol>** 及 **</ol>** 標籤), 而清單中的每個細項則是包在 **<li>** 及 **</li>** 標籤中。因此我們可整理出以下 2 個規則:

- 要調整「整組項目清單」時, 目標對象是「**<ul>** 標籤」。

- 要調整「項目清單中的細項」時, 目標對象是「**<li>** 標籤」。

了解上述規則後, 稍後在調整項目清單的 CSS 樣式時, 就不會一頭霧水了。

## 替多組項目清單套用不同的項目符號

本範例運用印刷色的 C、M、Y、K 來當作分類標題的配色, 為了讓畫面更具一致性, 底下將替各分類下的項目符號置換成搭配的圖示, 例如藍色標題下用藍色圖示, 桃紅色標題下用桃紅色圖示, 依此類推。

arrow_c.gif          arrow_m.gif          arrow_y.gif          arrow_k.gif

換成 4 種符合分類標題顏色的項目符號

請接續上例, 底下就來新增 **type1~type4** 這 4 組設定不同顏色圖示的 CSS
**類別**樣式, 並分別套用到項目清單上。

**step01** 請如圖在 **CSS 設計工具**面板新增一個**類別**樣式, 命名為「**.type1**」:

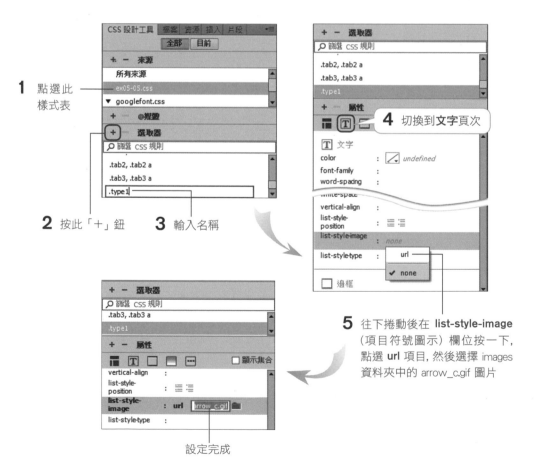

**step02** 接著還要設定 **.type2** (圖片為 arrow_m.gif)、**.type3** (圖片為 arrow_y.gif)、**.type4** (圖片為 arrow_k.gif) 三組樣式。前面已經學過如何複製 CSS 了，我們再複習一遍：

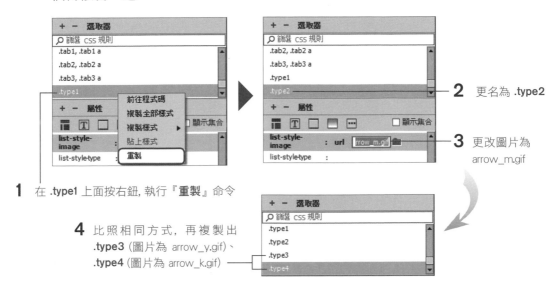

**1** 在 **.type1** 上面按右鈕，執行『**重製**』命令

**2** 更名為 **.type2**

**3** 更改圖片為 arrow_m.gif

**4** 比照相同方式，再複製出 **.type3** (圖片為 arrow_y.gif)、**.type4** (圖片為 arrow_k.gif)

**step03** 建立好 CSS 樣式後，再來只要將 CSS 樣式套用到該組項目清單的 **<ul>** 標籤上，即可讓整組項目清單套用相同的 CSS 樣式。請切換回**設計檢視**模式，如下選取第一組項目清單的 **<ul>** 標籤：

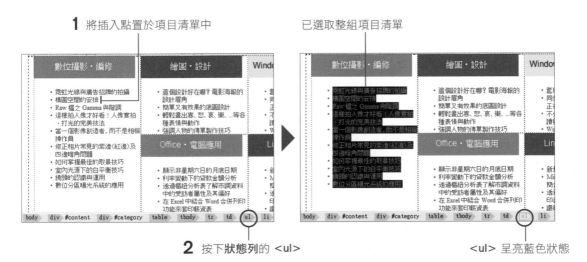

**1** 將插入點置於項目清單中

已選取整組項目清單

**2** 按下**狀態列**的 **<ul>**

**<ul>** 呈亮藍色狀態

> **TIP** 若要替同一組項目清單中的每條項目套用不同的 CSS 樣式，則要套用到 **<li>** 標籤上。

**step04** 選取項目清單後，請拉下**屬性**面板 **HTML** 頁次的**類別**列示窗，選擇相配的 CSS 樣式即可。例如第一組的標題底色為藍色，所以我們套用設有藍色圖示的 **type1** 類別樣式。

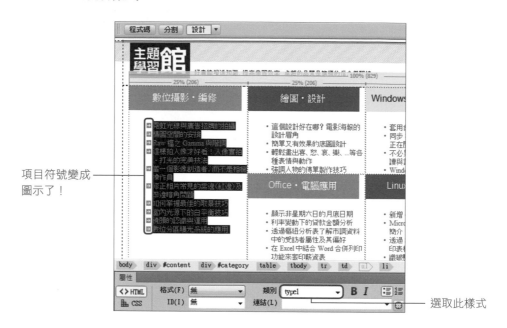

項目符號變成圖示了！

選取此樣式

**step05** 請比照步驟 3~4 的方法，替其他 9 組項目清單都套用搭配的 CSS 樣式，完成結果可參考 ch05-05.html。

## 調整項目清單的位置

目前項目清單偏右, 導致畫面不太平衡。底下就要修正這個問題。

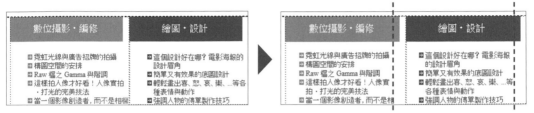

調整前, 項目清單偏右, 左邊的留白顯得多餘　　　　　調整後, 項目清單位置居中, 視覺上平衡許多

請接續上例或開啟 ex05-06.html , 如下操作:

**step 01** 為了讓「category」區塊中的所有項目清單都套用相同的設定, 請如下新增可控制「category」區塊中所有項目清單的 CSS 樣式:

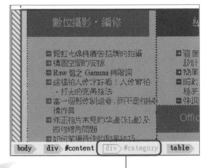

**1** 在表格中任一格按一下, 然後點選 <**div#category**> 標籤

**2** 在 **CSS 設計工具**面板點選 CSS 檔名

**3** 按**選取器**區的「＋」鈕

**4** 新增選取器, 自動偵測出目標元素為「**#content #category**」, 請在其後先空一格, 再輸入 "ul", 即可將樣式套用到「category」區塊中的項目清單 (ul 標籤), 然後按 Enter 鍵 (Windows) / return 鍵 (Mac)

**TIP** 由於「footer」區塊中的選單也是用項目清單製作而成, 為避免連帶影響到該項目清單, 故此處不可直接修改 <ul> 標籤的樣式, 而必須將作用對象限制在「category」區塊中的 <ul> 標籤。

**step02** 接著在面板下方的**屬性**區設定，請切換到**版面**頁次，先如下設定 **margin** 及 **padding** 屬性，使項目清單緊鄰其它元素，稍後在調整位置時才有個依據：

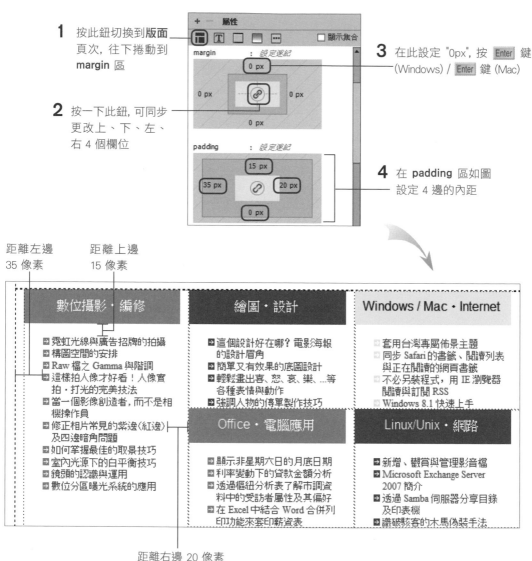

**1** 按此鈕切換到**版面**頁次，往下捲動到 **margin** 區

**2** 按一下此鈕，可同步更改上、下、左、右 4 個欄位

**3** 在此設定 "0px"，按 Enter 鍵 (Windows) / Enter 鍵 (Mac)

**4** 在 padding 區如圖設定 4 邊的內距

距離左邊 35 像素

距離上邊 15 像素

距離右邊 20 像素

## 調整清單項目的行高及間距

目前清單項目彼此的距離太近了，閱讀起來有點吃力，因此接著要改善**行距**，讓項目清單「條理分明」。

▲ 調整前, 項目過於緊密, 訪客點選時很容易點錯

▲ 調整後, 項目之間保持適當距離, 不僅方便點選, 視覺上也更為舒服

**step01** 由於是要調整「category」區塊中的清單項目, 因此請如下新增用來控制「category」區塊清單項目的 CSS 樣式:

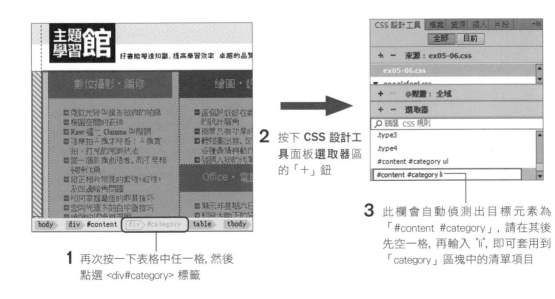

**2** 按下 **CSS 設計工具**面板**選取器**區的「＋」鈕

**3** 此欄會自動偵測出目標元素為「#content #category」, 請在其後先空一格, 再輸入 "li", 即可套用到「category」區塊中的清單項目

**1** 再次按一下表格中任一格, 然後點選 <div#category> 標籤

**step02** 往下捲動到**屬性**區，請先在**文字**頁次調整 **line-height** 屬性，增加每個清單項目的高度，再切換到**版面**頁次調整 **padding** 屬性，以改變項目之間的距離。

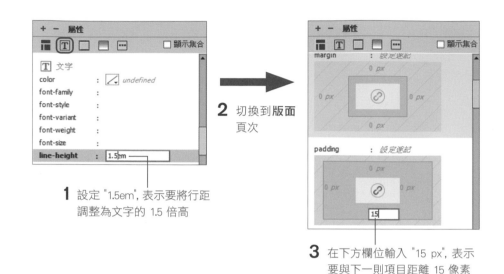

**1** 設定 "1.5em"，表示要將行距調整為文字的 1.5 倍高

**2** 切換到**版面**頁次

**3** 在下方欄位輸入 "15 px"，表示要與下一則項目距離 15 像素

**step03** 設定好後按下**確定**鈕，即可看到清單項目的高度增加了，項目間的距離也加大了。完成結果請參考 ch05-06.html。

| 數位攝影・編修 | 繪圖・設計 | Windows / Mac・Internet | 動畫・網頁・影片 |
| --- | --- | --- | --- |
| ▣ 霓虹光線與廣告招牌的拍攝 | ▣ 這個設計好在哪？電影海報的設計眉角 | ▣ 套用台灣專屬佈景主題 | ▣ 用 Photoshop 將照片編輯成縮時攝影短片 |
| ▣ 構圖空間的安排 | ▣ 簡單又有效果的底圖設計 | ▣ 同步 Safari 的書籤、閱讀列表與正在閱讀的網頁書籤 | ▣ 將 FLV 影片轉成 MP3 |
| ▣ Raw 檔之 Gamma 與階調 | ▣ 輕鬆畫出喜、怒、哀、樂、…等各種表情與動作 | ▣ 不必另裝程式，用 IE 瀏覽器閱讀與訂閱 RSS | ▣ 如何確認影片的解析度 |
| ▣ 這樣拍人像才好看！人像實拍・打光的完美技法 | ▣ 強調人物的傳單製作技巧 | ▣ Windows 8.1 快速上手 | ▣ 剪輯後的影片要怎麼傳到 iPhone iPad 上呢？ |
| ▣ 當一個影像創造者，而不是相 | | | |

# 設定邊框以區隔不同的分類主題

目前畫面看起來已經井然有序了, 最後再利用線條來區隔每個分類, 讓視覺動線更舒適、閱讀更清晰吧!

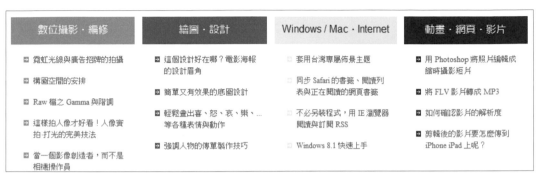

調整前, 不同分類之間沒有明顯的區隔

調整後, 在項目清單左邊加上邊框, 版面顯得更工整

請接續上例或開啟 ex05-07.html, 我們要讓整組項目清單左邊出現點狀細線, 因此請點選 **CSS 設計工具**面板中的 **#content #category ul**, 將**屬性**區切換到**邊框**頁次設定:

**1** 按此鈕切換到**邊框**頁次

**2** 點選此頁次
(設定左邊框)

**3** 如圖設定：寬 1px、dotted
(點狀樣式)、顏色為深灰色
(色碼 #666666)

**4** 編輯狀態的輔助線也是虛線, 看不出設定結果,
因此請按下此鈕切換成**即時檢視**模式來預覽

每個分類的左邊都出現深灰色的點狀線。完成結果可參考 ch05-07.html

1. 要在網頁中安排大量的文字時, 若沒有適當分欄, 會讓訪客的視線左右大幅度移動, 造成視覺的疲勞, 版面也顯得呆板。此時可利用**表格**將文字分欄配置, 再輔以視覺設計, 例如設計標題樣式, 或加上分隔線, 就能編排出好看的版面了。

2. 從 WORD 檔或其他網頁上複製的文字, 若要以**純文字**的格式貼入編輯中的網頁, 請在貼上前先按右鈕執行『**貼上特殊效果**』命令, 再點選其中的**只有文字**項目, 最後按下**確定**鈕即可。

3. 要將文字轉換成項目清單時, 只要選取想轉換的段落文字, 再按下**屬性**面板 **HTML** 頁次的**項目清單**鈕 ，就會在每段文字前加上符號;若改按**編號清單**鈕 ，則會在每段文字前加上數字編號。請注意, 每 1 個段落都會轉換成 1 個項目, 若想將內容轉為多個項目, 就得先分成多個段落。

4. 整組項目清單會以 **<ul>** 及 **</ul>** 標籤包夾起來 (若是編號清單, 則是 **<ol>** 及 **</ol>** 標籤), 而其中的清單細項則包在 **<li>** 及 **</li>** 標籤中。因此我們整理出以下 2 個規則:

   ● **要調整「整組項目清單」時, 目標對象是「<ul> 標籤」。**

   ● **要調整「項目清單中的細項」時, 目標對象是「<li> 標籤」。**

5. 要變更清單的項目符號時, 可在 **CSS 設計工具**面板修改 **list-style-image** 屬性。

6. 要在網頁上顯示特殊字型, 有兩種方法, 第一種是把文字做成圖片, 操作上很簡單 (就是插入圖片), 不過後續若要修改, 就得重做圖片。另一種方式是使用**雲端字型**, 由於這些字型是儲存在雲端, 因此無論訪客使用哪一種設備上網, 都可以看到你設定的特殊字型, 不會再因為設備裡沒有安裝該字型而無法顯示。

## 實用的知識

**多采多姿的中文雲端字型服務**

本堂課我們使用了兩套免費的雲端字型, 分別是 **Adobe** 內建的 **Typekit** 雲端字型和 **Google Fonts**, 但是可用的中文字型畢竟有限。若你希望能使用更多變化、設計更豐富的字型, 可參考幾家業者推出的雲端字型服務, 雖然大部分需要付費 (費用依各網站而定), 但運用了這些字型, 或許能替網站增色不少喔! 以下就為大家介紹兩家中文雲端字型服務。

### justfont 就是字

網址:http://www.justfont.com/fonts

**justfont** 可以說是中文雲端字型服務的先驅者, 提供繁體、簡體字型, 還有獨創的各種手寫體及美觀的「**信黑體**」等字型, 一般使用者可先加入免費會員試用, 決定正式用於網站時再付費 (費用請參考網站說明)。

## 文鼎 iFontCloud 雲端字型

網址:http://ifontcloud.com

**iFontCloud** 是老牌字型公司「**文鼎科技**」開發的雲端字型服務。在還沒有雲端字型服務的年代,就有許多設計師愛用文鼎公司推出的字型產品,例如文鼎明體、文鼎黑體...等,現在我們就可以透過雲端在網頁上使用這些字型,而不一定要下載到電腦中。這個網站是採「租用」的方式,費用請參考網站說明。

## Lesson

# 06 編排文章、加入影片<br>與 FB、LINE 推文按鈕

Part2_site/article02.html

Part2_site/article04 .html

## ■ 課前導讀

組成網頁的內容包羅萬象, 除了文字與圖片, 也有很多人喜歡在網頁中播放影片。
若你同時要在網頁上編排這麼多類型的資料, 怎樣才能讓版面看起來井然有序、
讀起來也流暢呢? 本堂課我們繼續以「FLAG 主題學習館」為例, 為你介紹**文繞
圖**等排版技巧, 以及插入影片的方法。除此之外, 還會介紹目前最熱門的「分享到
Facebook、LINE」…等推文功能, 讓你輕鬆地和網友們分享網站的最新動態。

## ■ 本堂課學習提要

- 將圖片與文字資料編排成文繞圖的版面
- 依版面需要設定與解除文繞圖屬性
- 套用 CSS 來設定各種標題文字樣式
- 在網頁中插入影片
- 在網頁中加上 facebook、twitter、LINE 推文按鈕

預估學習時間　120 分鐘

# 6-1 利用 CSS 編排文繞圖的網頁

想要吸引訪客閱讀網頁的內容，編排方式很重要。即使是只有文字、圖片的靜態網頁，也會因編排方式而呈現出不同的風貌。本節就為你說明如何利用 CSS 編排出文繞圖的版面，下一節則要進一步規劃出標題、內文等樣式，讓網頁看起來圖文並茂、層次分明，帶給訪客豐富、專業的閱讀體驗。

## 文繞圖的編排技巧

在編排包含圖片、文字的版面時，由於圖片通常比文字高很多，若將它們排在同一行，則圖片旁邊容易出現過多的留白，使版面看起來很空洞，如下圖所示：

圖片和文字位於同一行　　　　　　　　由於圖片比文字高, 此處出現留白

記得利用鏡頭的縮放功能多變更焦段來拍攝, 在曝光的時候變換焦段 (例：將焦段從200 mm轉到 70 mm)是很有趣的攝影技巧。先選擇合適的光圈可以支援4-10秒的曝光時間, 並且把構圖主題的霓虹燈設定在影像的中間地帶；曝光時, 小心翼翼地轉動變焦環即可。不同的曝光時間, 會有不同的鏡頭推近速度要求。舉例來說, 一個 70 到 300 mm 的鏡頭推近試驗下, 70-300、300-70、 150-300、300-150、70-150以及200-300這樣的推近過程, 都會呈現不同的拍攝效果。

為了讓版面看起來更充實，通常我們會以「文繞圖」的方式來排版，也就是將文字排到圖片旁邊的空白處。這需要透過 CSS 來設定，底下就一起來練習。

記得利用鏡頭的縮放功能多變更焦段來拍攝, 在曝光的時候變換焦段 (例：將焦段從200 mm轉到 70 mm)是很有趣的攝影技巧。先選擇合適的光圈可以支援4-10秒的曝光時間, 並且把構圖主題的霓虹燈設定在影像的中間地帶；曝光時, 小心翼翼地轉動變焦環即可。不同的曝光時間, 會有不同的鏡頭推近速度要求。舉例來說, 一個 70 到 300 mm 的鏡頭推近試驗下, 70-300、300-70、 150-300、300-150、70-150以及200-300這樣的推近過程, 都會呈現不同的拍攝效果。

改用文繞圖的編排方式, 版面看起來較緊密、充實

## float：設定文繞圖屬性

我們在第 3 堂課曾利用 **float** 和 **clear** 屬性讓 Div 標籤左右並排 (可參考第 3-3 節)，其實 **float** 屬性也可以用來設定文繞圖效果。例如將某圖片設定為 **float:left** (向左浮動)，則圖片下方的文字或元素都會向上靠齊到圖片右側的空白處，就變成文繞圖了。請開啟 ex06-01.html，實際來練習看看：

**step01** 首先我們就來建立一個包含 **float** 屬性的**類別**樣式，之後只要將任何圖片套用此樣式，就能產生文繞圖效果。請開啟 **CSS 設計工具**面板，按下**選取器**區的「＋」鈕，新增一個名為「.floatleft」的 CSS 樣式：

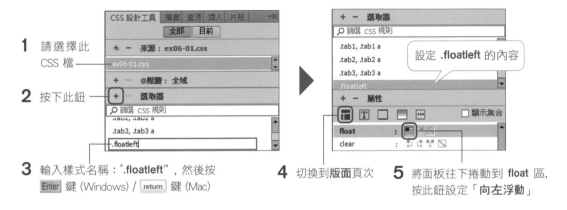

**1** 請選擇此 CSS 檔

**2** 按下此鈕

**3** 輸入樣式名稱：".floatleft"，然後按 Enter 鍵 (Windows) / return 鍵 (Mac)

設定 **.floatleft** 的內容

**4** 切換到**版面**頁次

**5** 將面板往下捲動到 **float** 區，按此鈕設定「**向左浮動**」

**step02** 設定好後按下**確定**鈕，接著就馬上來套用看看吧！請選取內文中的第 1 張圖片，在**屬性**面板如下套用：

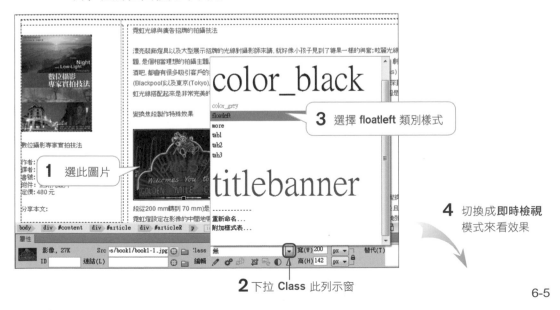

**1** 選此圖片

**2** 下拉 **Class** 此列示窗

**3** 選擇 **floatleft** 類別樣式

**4** 切換成**即時檢視**模式來看效果

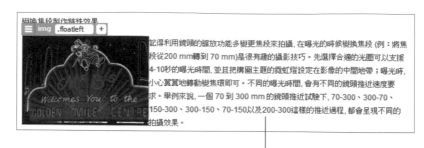

套用之後, 圖片下面的文字自動往上靠齊到圖片右邊的空白處

**step 03** 文繞圖的效果設定好了, 不過文字緊貼著圖片, 讀起來有些壓迫感。沒關係! 我們可再加上 **margin** 屬性, 讓浮動的圖片與文字維持適當的距離。請切換回**設計檢視**模式, 然後在 **CSS 設計工具**面板中點選剛剛新增的 **.floatleft** 樣式,繼續在**版面**頁次如下設定:

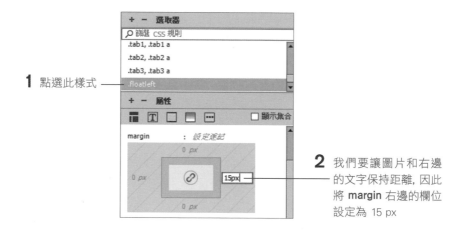

**1** 點選此樣式

**2** 我們要讓圖片和右邊的文字保持距離, 因此將 margin 右邊的欄位設定為 15 px

圖片和文字之間多出 15px 的距離

# clear：解除文繞圖屬性

在設定文繞圖屬性時，也要連帶設定一組「解除文繞圖」的屬性，以便套用在不需文繞圖的元素上。若你沒有解除文繞圖，就將網頁中的第 2 張圖片套用 **floatleft** 類別，會連第 3 張圖片與文字也往上擠，使版面變得亂七八糟：

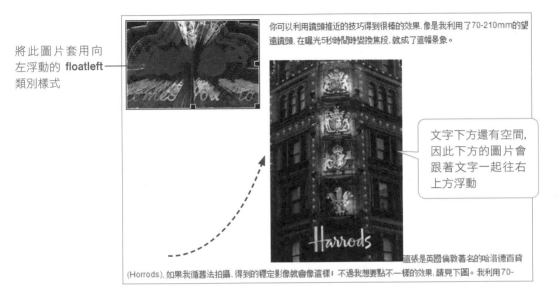

將此圖片套用向左浮動的 **floatleft** 類別樣式

你可以利用鏡頭推近的技巧得到很棒的效果，像是我利用了70-210mm的望遠鏡頭，在曝光5秒時間時變換焦段，就成了這幅景象。

文字下方還有空間，因此下方的圖片會跟著文字一起往右上方浮動

(Horrods)，如果我循舊法拍攝，得到的穩定影像就會像這樣；不過我想要點不一樣的效果，請見下圖。我利用70-

這時候就要運用 **clear** 屬性來解除文繞圖，讓不需文繞圖的元素恢復原狀。請如下建立一個設有 **clear** 屬性的**類別**樣式來套用：

**step01** 請開啟 **CSS 設計工具**面板，按下**選取器**區的「+」鈕，新增一組**類別**樣式，命名為 ".clearboth"：

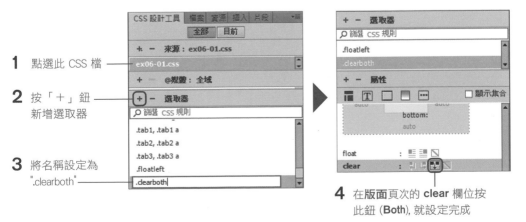

**1** 點選此 CSS 檔

**2** 按「+」鈕 新增選取器

**3** 將名稱設定為 ".clearboth"

**4** 在**版面**頁次的 **clear** 欄位按此鈕 (**Both**)，就設定完成

**step 02** 解除文繞圖的 CSS 樣式建立好了, 接著我們要在文繞圖的元素後面插入新的 Div 來套用 **.clearboth** 樣式, 即可讓不需浮動的元素回到原位:

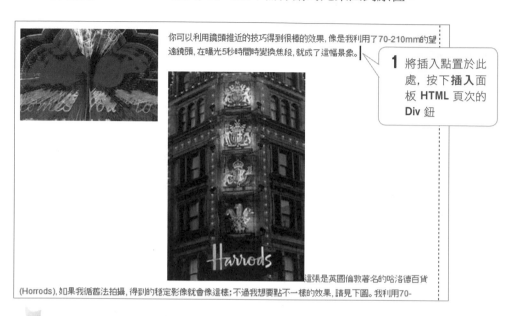

你可以利用鏡頭推近的技巧得到很棒的效果, 像是我利用了70-210mm的望遠鏡頭, 在曝光5秒時間時變換焦段, 就成了這幅景象。

> **1** 將插入點置於此處, 按下**插入**面板 **HTML** 頁次的 **Div** 鈕

(Horrods), 如果我循舊法拍攝, 得到的穩定影像就會像這樣; 不過我想要點不一樣的效果, 請見下圖。我利用70-

**2** 下拉此處將 Div 套用 **clearboth** 類別樣式

**3** 按下此鈕

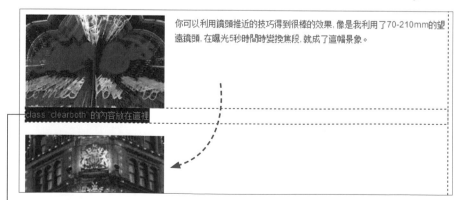

你可以利用鏡頭推近的技巧得到很棒的效果, 像是我利用了70-210mm的望遠鏡頭, 在曝光5秒時間時變換焦段, 就成了這幅景象。

class "clearboth" 的內容放在這裡

此 Div 套用了解除文繞圖的 **clearboth** 類別樣式, 讓下面的元素恢復到原位

**4** 清除 Div 內的文字

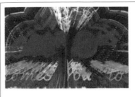

你可以利用鏡頭推近的技巧得到很棒的效果，像是我利用了70-210mm的望遠鏡頭，在曝光5秒時間時變換焦段，就成了這幅景象。

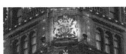

## 交替套用和解除文繞圖屬性來排版

文繞圖與解除文繞圖的 CSS 樣式都設定好了，接著就可以運用這 2 個樣式，繼續套用在其他元素上，將整個版面編排完成。

這張是英國倫敦著名的哈洛德百貨(Horrods)，如果我循舊法拍攝，得到的穩定影像就會像這樣；不過我想要點不一樣的效果，請見下圖。我利用70-210mm的望遠鏡頭，在曝光開始時是先使用70mm那段，後來快速地轉到210mm。由於最大的焦段是在210mm那一端，所以哈洛德百貨的字還是一樣大與鮮明，成為整個影像的主軸。鏡頭縮放也是另一種可以讓主題明顯的作法。

**3** 在這 3 個段落後面也插入套用 **.clearboth** 類別樣式的 Div，並刪除 Div 中的內容

**1** 將此圖片套用 **.floatleft** 類別樣式，讓下一張圖片浮動到右側

**2** 將這 3 張圖片也套用 **.floatleft** 類別樣式

位於英國布萊克浦(Blackpool)的黃金路(Golden Miles)，不管是顏色也好、引起人群逛街衝動的購物長廊等，都是讓人拼命按快門的主因。深藍色的天空與霓虹招牌所反射出的橘黃色相得益彰。這裡我使用了一顆150mm的定焦鏡，曝光15秒而成。

碼頭是我在晚上最喜歡挑選的攝影主題之一，而且在布萊克浦(Blackpool)就有三處！我利用海岸邊低潮的地方製作出摩天輪倒影。很幸運地那一天並沒有風擾亂這平靜的景象。

雖然不如巴黎艾菲爾鐵塔(Eiffel Tower)給人的迷人感受，在英格蘭的布萊克浦塔也是攝影的好題材；明亮的霓虹燈、炫目的建築物以及週遭的光線都讓這裡成為一個色彩豐富的好景點。我使用 28mm的定焦鏡瞄準對著塔頂來拍攝。尖銳的透視手法增加了影像本身的印象和動感的效果。在塔上的燈光會隨著塔高而閃動，所以我得思考合適曝光時間裡，究竟會有多少燈光會被帶入影像。如果光線要花40秒，最後一個塔頂的燈光才會亮起，而你用了10秒曝光，那麼你得在曝光時間的30~35秒時再按下快門。

若想讓某些圖片靠右對齊, 也可再建立設有「向右浮動」的類別樣式來套用:

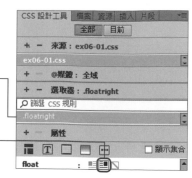

**1** 建立名為 "floatright" 的**類別**樣式

**2** 在**版面**頁次的 **float** 欄位按此鈕, 即可讓物件「向右浮動」

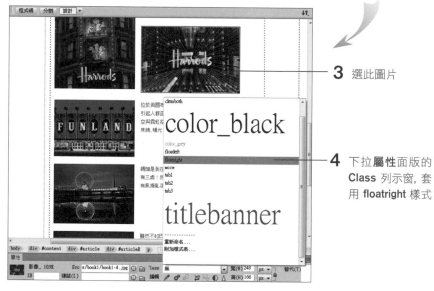

**3** 選此圖片

**4** 下拉**屬性**面版的 **Class** 列示窗, 套用 **floatright** 樣式

這張是英國倫敦著名的哈洛德百貨(Horrods), 如果我循舊法拍攝, 得到的穩定影像就會像這樣; 不過我想要點不一樣的效果, 請見下圖。我利用70-210mm的望遠鏡頭, 在曝光開始時是先使用70mm那段, 後來快速地轉到210mm。由於最大的焦段是在210mm那一端, 所以哈洛德百貨的字還是一樣大與鮮明, 成為整個影像的主軸。鏡頭縮放也是另一種可以讓主題明顯的作法。

位於英國布萊克浦 (Blackpool)的黃金路(Golden Miles), 不管是顏色也好、引起人群逛街衝動的購物長廊等, 都是讓人拼命按快門的主因。深藍色的天空與霓虹招牌所反射出的橘黃色相得益彰。這裡我使用了一顆150mm的定焦鏡, 曝光15秒而成。

**圖片向右浮動了**

**7** 按一下 → 鍵將指標置於圖片後面, 插入套用 **.clearboth** 類別樣式的 Div, 再刪掉該 Div 中的文字

這張是英國倫敦著名的哈洛德百貨(Horrods), 如果我循舊法拍攝, 得到的穩定影像就會像這樣；不過我想要點不一樣的效果, 請見下圖。我利用70-210mm的望遠鏡頭, 在曝光開始時是先使用70mm那段, 後來快速地轉到210mm。由於最大的焦段是在210mm那一端, 所以哈洛德百貨的字還是一樣大與鮮明, 成為整個影像的主軸。鏡頭縮放也是另一種可以讓主題明顯的作法。

全部設定完成後, 版面恢復成整齊的樣子了。你可參考 ch06-01.html

位於英國布萊克浦(Blackpool)的黃金路(Golden Miles), 不管是顏色也好、引起人群逛街衝動的購物長廊等, 都是讓人拚命按快門的主因。深藍色的天空與霓虹招牌所反射出的橘黃色相得益彰, 這裡我使用了一顆150mm的定焦鏡, 曝光15秒而成。

# 6-2　製作具層級變化的文字版面

圖片和文字的位置都編排好了, 不過目前所有的文字大小、顏色都一樣, 分不出主標題、副標題與本文的差別。接下來我們就要替文字套用不同的標題格式, 並利用 CSS 賦予標題不同的視覺效果, 讓文章的層級更分明。

## 替文字套用標題格式

Dreamweaver 提供**標題 1～標題 6** 共 6 種標題格式, 各有不同的字級和粗細, 只要將這些格式套用到文字上, 即可讓標題、副標題和內文有層級之分。請接續上例, 或開啟範例檔案 ex06-02.html 來練習：

**step01** 首先我們要替本文最上方的文字套用**標題 1** 格式, 使它從內文中跳脫出來, 讓人一眼便可找到整篇文章的標題：

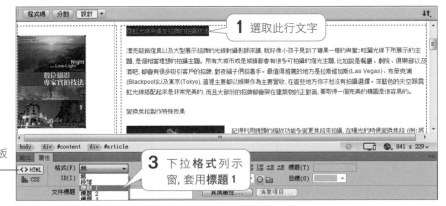

**1** 選取此行文字

**2** 切換到**屬性**面板的 **HTML** 頁次

**3** 下拉**格式**列示窗, 套用**標題 1**

文字變大後, 辨識度自然提高不少

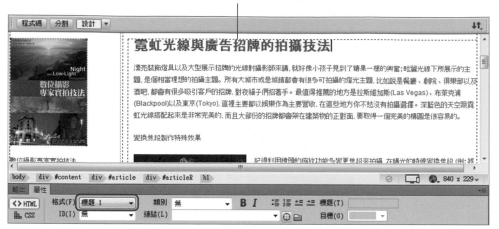

**step02** 繼續比照上述方法, 替其他需要突顯的文字分別套用不同的標題格式, 讓原本分不出主從關係的文章, 變得更容易閱讀:

**2** 替這行文字套用**標題 3**　　　**1** 替這行文字套用**標題 2**

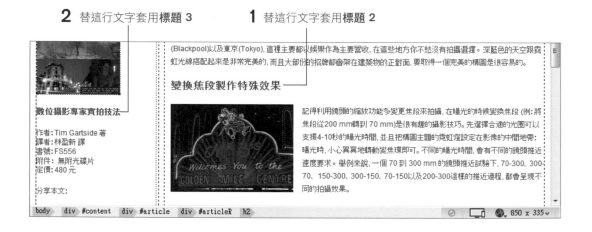

## 用 CSS 改變標題的視覺效果

**標題 1～標題 6** 這 6 種格式其實就是 HTML 中的 **<h1>～<h6>** 標籤, 因此若我們修改這些標籤的屬性, 就能連帶變更套用過的文字樣式。底下就來設定 **<h1>**、**<h2>** 及 **<h3>** 的 CSS 樣式, 讓標題更加突出和美觀。

**step01**　先來設定 <h1> 標籤的樣式, 請在 **CSS 設計工具**面板新增**選取器**, 如圖設定:

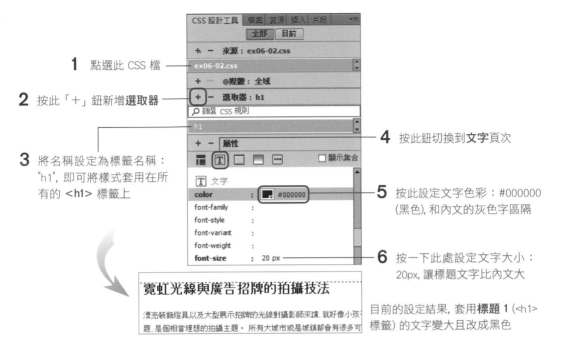

**1** 點選此 CSS 檔

**2** 按此「+」鈕新增**選取器**

**3** 將名稱設定為標籤名稱: "h1", 即可將樣式套用在所有的 <h1> 標籤上

**4** 按此鈕切換到**文字**頁次

**5** 按此設定文字色彩:#000000 (黑色), 和內文的灰色字區隔

**6** 按一下此處設定文字大小: 20px, 讓標題文字比內文大

目前的設定結果, 套用**標題 1** (<h1> 標籤) 的文字變大且改成黑色

**step02**　為了讓文章的標題更醒目, 接著請將 **CSS 設計工具**面板的**屬性**區切換到**背景**頁次, 本例我們要為標題加上灰色漸層的背景圖片。

**1** 按此選擇 Ch06\images 資料夾中的 h1_bg.gif

**2** background-position 有兩個欄位, 可設定背景圖 x 軸 (水平) 和 y 軸 (垂直) 位置。本例設定 x 軸:**left** (靠左)、y 軸: **bottom** (靠下)

**3** 在 background-repeat (重複背景圖) 欄位按此鈕 (**repeat-x**), 圖片會依標題寬度往水平方向重複排列

往水平方向延伸的淺灰背景圖

當我們要設計標題的背景圖片時, 必需預先考量標題有可能會變成多行文字, 因此最好設計成「改變高度後仍可以正確顯示」。本例我們就將背景圖設定成「靠下對齊」(bottom) 同時往水平方向重複。

**step03** 目前的標題與背景圖片有些重疊, 請切換回**版面**頁次, 設定 **padding-bottom** 屬性將標題文字往上移動, 讓它不會再遮住背景圖:

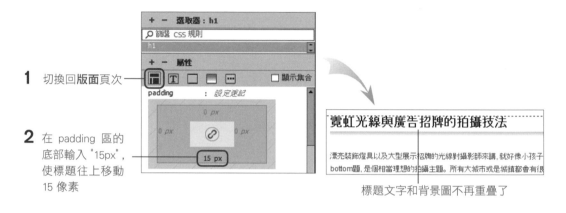

**step04** 請比照步驟 1~4 的方法, 分別替 <h2> 及 <h3> 設定 CSS 樣式, 即可完成此頁的編排 (完成結果可參考 ch06-02.html):

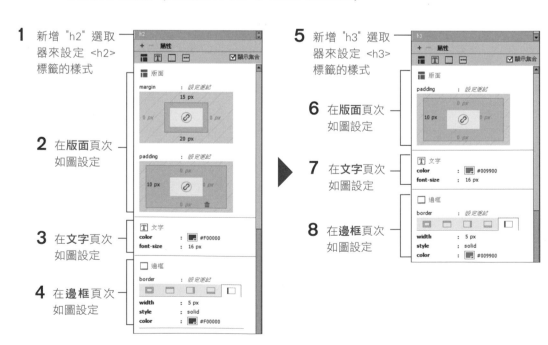

> **TIP** 這裡我們運用了一個小技巧來強調 <h2> 和 <h3> 標題, 就是替標題設定左邊框 (左側 border), 再將邊框樣式設定為 **solid** (實心線) 並加粗, 就會在標題文字左側出現色塊, 效果類似加上項目符號, 達到強調的目的。

完成的視覺效果

# 為標題文字套用雲端字型

在第 5 堂課中, 我們為網站首頁的彩色標題套用了「黑體」雲端字型, 為了保持整個網站的風格一致, 接著要將網站內頁的標題也套用成「黑體」字型。前一堂課我們已經從 **Google Font** 網站取回相關程式碼, 儲存成「**googlefont.css**」這個檔案, 要套用時就方便多了。請接續上例, 或開啟 ex06-03.html 來練習:

**step01** 請在 **CSS 設計工具**面板附加新的 CSS 檔案「**googlefont.css**」:

**1** 按下**來源**區的「＋」鈕

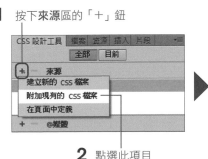

**2** 點選此項目

**3** 按**瀏覽**鈕選取 Ch06 資料夾中的 googlefont.css

**4** 點選此項目, 然後按**確定**鈕

**step02** 附加 CSS 檔後, 就可以直接取用裡面的樣式了。以下就選取每個標題, 為它們套用 **googlefont.css** 中的 **.font01** 樣式:

**1** 分別選取這 3 個標題

**2** 將**屬性**面板切換到 HTML 頁次　　**3** 在**類別**列示窗按一下, 選擇 font01

**step03** 切換到**即時檢視**模式, 即可看到雲端字型的設定效果。

切換到**即時檢視**模式

標題套用成黑體字

完成檔請參考 Ch06-03.html。

# 6-3 在網頁中插入影片：HTML5 Video

比起枯燥的文字說明，生動有趣的影片更吸引人，因此許多網站都會加入影片來豐富網頁內容。為了配合這樣的需求，Dreamweaver CC 就新增了方便的 **HTML5 Video** 功能，從**插入**面板就可以置入影片，接著就來試試看吧！

## 將影片轉檔為相容的格式

HTML5 網頁中的影片，通常是置放在 **<video> </video>** 標籤組內。不過並非每一種瀏覽器都支援用 **<video>** 標籤播放影片，也並非所有影片都可以用此標籤播放，下表就為你整理各瀏覽器支援的影片格式 (括號中為附檔名)：

| 瀏覽器種類 | 支援 <video> 標籤的版本 | 支援 <video> 標籤的影片格式 |
|---|---|---|
| IE | 9 之後版本 | H.264 (*.mp4*、.m4v) |
| Opera | 10.5 之後版本 | Theora (*.ogg、.ogv)、<br>Opera25 之後版本也支援 H.264 (*.mp4*、.m4v) |
| Firefox | 3.5 之後版本 | Theora (*.ogg、.ogv) / H.264 (*.mp4*、.m4v) |
| Chrome | 4 之後版本 | Theora (*.ogg、.ogv) / H.264(*.mp4、*.m4v) |
| Safari | 4 之後版本 | H.264 (*.mp4*、.m4v) |

從上表可知，最好準備 **H.264 (*.mp4*、.m4v)** 格式的影片，才能讓大部分的瀏覽器都支援。一般我們用相機或手機拍攝的影片，格式有 **mp4**、**.mov**、**.mts**、**.avi**...等，建議你先上網搜尋轉檔工具，將影片轉換為 **H.264 (*.mp4*、.m4v)** 格式後，儲存到網站資料夾，才算是完成準備工作。

## 插入 HTML5 Video

請開啟範例檔案 ex06-04.html，這是「主題學習館」網站的一頁，我們要在頁面底部插入示範影片。請將網頁捲動到最下方，如下操作：

2 切換到**插入**面板

目前在 HTML 頁次

1 將網頁捲動到最下方，在此按一下滑鼠以置入游標

3 將插入面板捲動到最下方，按下 HTML5 Video 鈕

插入了 HTML5 Video 視訊元件

**屬性**面板顯示**視訊**的相關屬性

# 設定 HTML5 Video 的來源、寬高等屬性

插入的 **HTML5 Video** 只是個小小的「視訊播放器」，裡面是空的，因為還沒有影片內容。我們要透過**屬性**面板來調整它的大小、指定它要播什麼影片、是否要重複播放...等，做完這些設定後，才能播放影片。請再點選插入的視訊元件，在**屬性**面板設定：

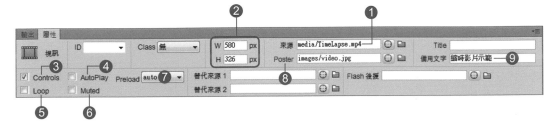

1 **來源**：設定要播放的影片來源。本例請選擇 Ch06\media 資料夾中的 TimeLapse.mp4

2 **W**：影片的寬度、**H**：影片的高度。本例我們依置入的影片大小, 設定為 580 × 326px

3 **Controls**：是否要顯示影片控制列 (可播放、暫停、停止影片...等控制鈕), 本例請勾選

4 **Autoplay**：是否要自動播放 (一打開網頁就播放影片), 本例請不要勾選

5 **Loop**：是否要重複播放, 本例請不要勾選

6 **Muted**：是否要靜音播放, 本例請不要勾選

7 **Preload**：是否要自動下載 (一打開網頁就開始下載影片), 本例請下拉選擇 "**auto**" (自動下載)

8 **Poster**：當影片無法顯示 (瀏覽器不支援) 時, 可顯示一張圖片來取代。本例請設定為 Ch06\images 資料夾中的 video.jpg

9 **備用文字**：當影片無法顯示 (瀏覽器不支援) 時, 可顯示說明文字, 本例請輸入 "縮時影片示範"

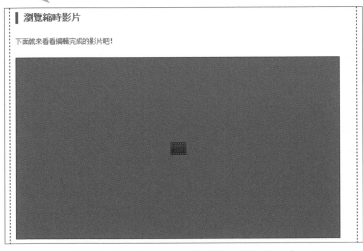

設定完成後, 視訊元件已變成符合影片的尺寸

> **TIP** 影片是否要自動播放、重複播放、預先下載...等設定, 並沒有硬性規定, 請依你的需求自行調整。以範例網站為例, 由於影片在網頁最底端, 並不適合設定自動播放, 否則訪客還沒看到網頁底部時, 影片就播完了。

# 播放影片

設定完成後，你一定想知道播放的效果如何吧！首先你可以切換到**即時檢視**模式來看看效果。請沿用上例，或開啟完成檔 ch06-04.html 來播放：

**1** 切換到即時檢視模式

**2** 按下此鈕即可播放影片

接著你可以按 F12 鍵，用預設瀏覽器來檢查播放效果。

用 Google Chrome 瀏覽器播放影片

## 修正錯誤的程式碼

本例在插入視訊元件後, **文件視窗下方的狀態列**可能會出現一個紅色的叉叉記號, 這是在提醒你程式碼有錯。只要按一下該圖示 ⊗, 就會開啟輸出面板, 告訴你哪裡出錯:

**2** 自動開啟**輸出**面板

**1** 按一下此圖示

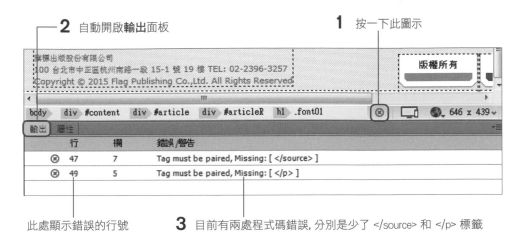

此處顯示錯誤的行號

**3** 目前有兩處程式碼錯誤, 分別是少了 </source> 和 </p> 標籤

以初學者而言, 最常犯的錯誤就是 html 標籤沒有成對, 例如寫了 <p> 後面忘了 </p>, 這種狀況不一定會影響網頁效果, 但建議你還是養成隨時修正程式碼的好習慣, 以免錯誤更多時不知道從何改起。修正的方式如下:

**1** 按此切換到**分割**模式, 以便檢查程式碼

**3** 游標自動跳至錯誤的地方, 並用紅字顯示行號

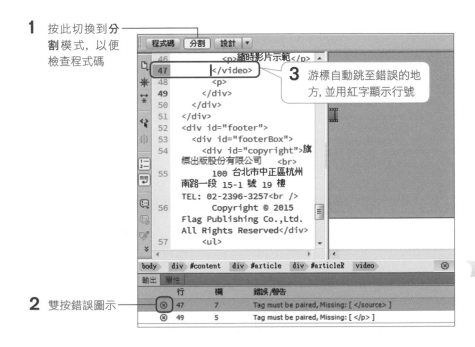

**2** 雙按錯誤圖示

NEXT

**4** 請直接在游標處輸入缺失的程式碼 </source>

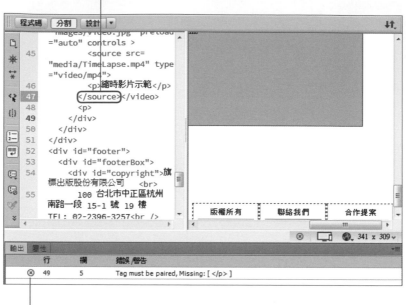

**5** 輸入後，第一個錯誤就消失了。請用同樣方
法修正第 2 個錯誤 (在第 49 行補上 </p>)

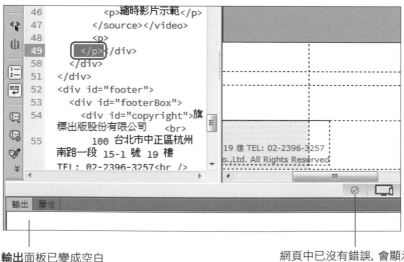

**輸出**面板已變成空白                    網頁中已沒有錯誤，會顯示
                                        此綠色打勾記號

# 6-4　加入 facebook、twitter、LINE 推文按鈕

擔心你精心設計的網站沒人參觀嗎？若要提升網站的能見度，以前得到熱門
網站張貼廣告連結，不但麻煩而且效果有限。現在幾乎人人都有自己的「臉
書」、「LINE」，我們只要在網頁中放置幾個推文按鈕，讓訪客順手按一下
就能幫我們把網站「推」出去，行銷網站也變得更容易了。你可用瀏覽器開
啟範例網站 Part2_site 中的 article04.html 來參考此網站的社群功能：

這一組社群按鈕是連到網站的官方社群, 例
如官方粉絲團、官方 LINE 帳號, 只要製作
成一般的圖片超連結, 點選後即可連過去

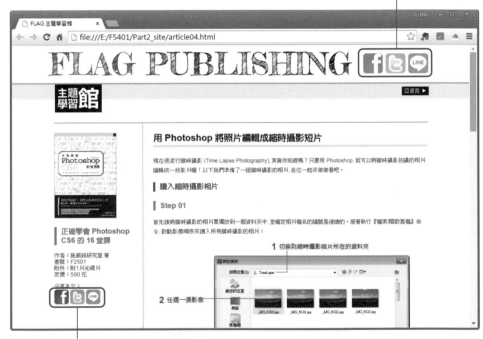

這一組則是推文用按鈕, 按下後可將單
篇文章自動貼到訪客的 FB、LINE 等私
人社群中, 就是本節要製作的內容

範例網站設計了兩組社群按鈕, 分別在網站
頁首右側, 以及每個文章頁面的左下角

## 加入推文按鈕圖片

首先我們要在網頁中插入推文用的按鈕，請開啟 ex06-05.html 來練習：

**step01** 請將指標移到左欄最下方「分享本文：」的後面，按一下 `Enter` (Windows) / `return` (Mac) 鍵，然後如下插入 3 張圖片：

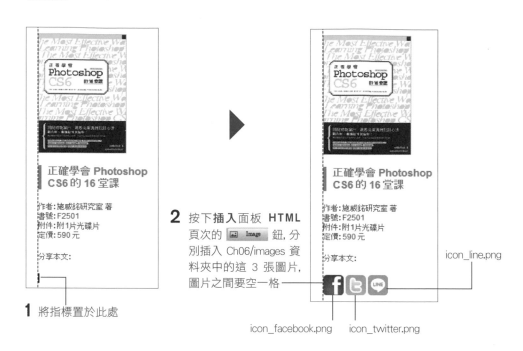

**2** 按下插入面板 HTML 頁次的 `Image` 鈕, 分別插入 Ch06/images 資料夾中的這 3 張圖片, 圖片之間要空一格

icon_line.png

icon_facebook.png　icon_twitter.png

**1** 將指標置於此處

**step02** 選取最左邊的圖片，在**屬性**面板設定**替代文字**："分享到 Facebook"，第一張圖片就完成了。其他兩張圖片的做法也相同, 如下所示：

此圖片的替代文字："分享到 twitter"

**1** 切換到縮時攝影相片所在的資料夾

**2** 任選一張影像

此圖片的替代文字："分享到 LINE"

在此欄為每張圖片設定不同的**替代文字**

# 利用 CSS 樣式為圖片加上按鈕效果

接下來我們還要設定滑鼠效果，讓訪客把滑鼠移到圖片上時，指標會變成手指狀，這樣才知道此圖片是可以按的按鈕。滑鼠效果的做法很多，底下要為你介紹一種便利的方法，只要加上一個 CSS 屬性，即可讓圖片變身成按鈕。

**step01** 請接續上例，開啟 **CSS 設計工具**面板，按下**選取器**區的「+」鈕，新增一組**類別**樣式，命名為 ".styleIcon"：

**1** 點選此 CSS 檔

**2** 按「+」鈕新增選取器

**3** 命名為 ".styleIcon"

**step02** 接著我們要為 **.styleIcon** 加上一個屬性：**Cursor**，這個屬性可以用來設定滑鼠的視覺效果。

**1** 按此鈕切換到**更多**頁次，可自行輸入屬性

**2** 輸入屬性名稱："**Cursor**"，然後按 Enter 鍵（Windows）/ return 鍵（Mac）

**3** 下拉選擇 "**pointer**" 項目（指標變成手指狀）

**step03** 接著請選擇剛剛加入的 3 張圖片，在**屬性面板**套用 **styleIcon** 類別即可。完成後，切換到**即時檢視**模式，即可測試滑鼠效果：

**2** 任選一張影像

套用此類別

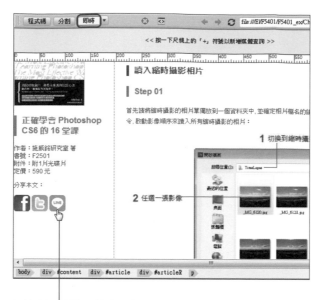

切換到**即時檢視**模式, 將滑鼠移到
此圖片上, 就變成小手狀了

## 加入可轉貼網址的程式碼

到此按鈕已經完成了, 接著我們只要替這些按鈕加上可轉貼網址的程式碼即
可。每個社群網站其實都有提供可分享至社群的程式碼及圖示, 你可自行收
集, 本例我們已經將相關資料整理好了, 請接續上例, 繼續練習:

**step01** 請在 Dreamweaver 中開啟 Ch06 資料夾下的「推文語法.js」檔案, 如圖複
製「分享到 Facebook」下面的這段程式碼:

複製這段程式碼

**step02** 切換回剛剛編輯的檔案, 請選取 **Facebook** 按鈕, 然後執行『**視窗/行為**』命令開啟**行為**面板, 並如圖操作:

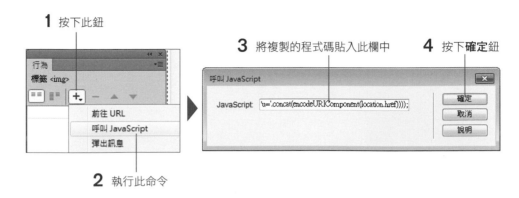

**step03** 這樣就完成「分享到 Facebook」的推文按鈕了!接著就請你如法炮製, 複製「推文語法.js」中的第 2 段程式碼, 製作成「分享到 twitter」按鈕。

分享到 twitter 的程式碼

**step04** 最後再來製作「分享到 LINE」的按鈕, 只要將連結程式碼複製到**屬性**面板即可。完成檔請參考 ch06-05.html。

**1** 複製這段程式碼

**2** 點選 LINE 按鈕

**2** 任選一張影像

**3** 直接貼在**屬性**面板的**連結**欄位

## 測試推文效果

現在你一定迫不及待想試試看推文的效果吧！不過要提醒你一點，推文的功能是把目前瀏覽的**網址**轉貼到社群網站上，所以應該要先將網頁上傳到網路上，讓推文程式取得有效的**網址**才能轉貼。上傳網站的方法在第 4 堂課已經說明過了，底下我們直接用上傳完畢的網頁來試試看效果，請開啟瀏覽器連到 http://www.iflag.url.tw/F5401/flagpublishing/article04.html 來測試：

**1** 按下分享到 Facebook 的按鈕

開啟 Facebook 的分享交談窗

最後再提醒你，「分享至 LINE」的效果只有在手機上才有效，因此請用手機連到同樣的網站測試看看。

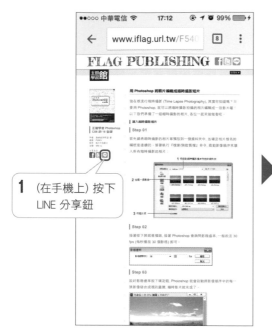

**1** (在手機上) 按下 LINE 分享鈕

**2** 會開啟 LINE 的分享畫面，即可分享給好友、群組或貼到動態消息

**3** 選此項目

貼給好友

## 重點整理

1. 要設計文繞圖版面時, 我們會利用 **CSS 設計工具**面板為網頁元素設定 **float** 或 **clear** 屬性, 詳細的用法和套用結果可參考下表:

| 屬性名稱 | 設定目的 | 套用 CSS 規則 | 套用結果 |
|---|---|---|---|
| float | 可將元素套用文繞圖屬性 (若設定 none 則不套用) | left | 元素會貼齊上層元素的左邊, 後面的其他元素也會自動往上靠齊此元素的左邊 |
| | | right | 元素會貼齊上層元素的右邊, 後面的其他元素也會自動往上靠齊此元素的右邊 |
| clear | 可解除元素的 float (文繞圖) 設定。套用此屬性的元素會保持在預設的位置, 不會隨其他元素浮動 (若設定 none 則不套用) | left | 解除上方元素的 float -left 屬性 |
| | | right | 解除上方元素的 float- right 屬性 |
| | | both | 解除上方元素所有的 float 屬性 (包含 float -left 與 float- right) |

2. 套用 **float** 屬性之後, 要接著插入套用 **clear** 屬性的元素, 可避免其他元素受到 float 屬性的影響, 造成版面錯亂。

3. 當頁面中有大量的文字時, 我們可以為文字區分不同的層級, 並套用不同的標題格式, 讓訪客能一眼看出哪些文字屬於標題、哪些文字屬於內文, 避免混淆。規劃文字樣式的流程如下:

❶ 將文字依內容分段。　➤　❷ 將文字歸類為標題、副標題、小標題、內文、補充説明…等不同的層級。　➤　❸ 將屬於同一層級(例如:同樣屬於副標題)的文字套用同一種樣式, 例如預設的**標題 1** ~ **標題 6** 樣式。　➤　❹ 若預設的樣式不符需求, 再修改各樣式的內容, 例如文字顏色、大小、行高…等。

4. 在網頁中插入影片的基本流程:先將影片轉檔為相容的格式 (例如 .mp4), 接著從**插入**面板插入 **HTML5 Video** 視訊元件, 設定影片來源、寬高等屬性, 最後測試播放效果。

## 實用的知識

### 如何嵌入 YouTube 上面的影片？

如果你已經把影片上傳到 YouTube 等影音網站，想要把網站上的影片嵌入到你的網頁中分享，可從網路上取得影片的程式碼，直接貼到網頁中即可。

**1** 先用瀏覽器開啟你要分享的 YouTube 影片所在網頁

**2** 按下**分享**鈕

**3** 按下**嵌入**鈕

**4** 顯示程式碼並自動選取，請按 `Ctrl` + `C` 鍵 (Windows) / `⌘` + `C` 鍵 (Mac) 複製

**5** 切換回 Dreamweaver 中, 開啟 ex06-06.html 來練習

**7** 按下此鈕切換到**分割**模式

**6** 點一下你要插入影片的位置

**9** 切換到**即時檢視**模式即可測試影片

完成檔可參考
ch06-06.html

**8** 在程式碼窗格按 Ctrl + V 鍵 (Windows) / ⌘ + V 鍵 (Mac) 貼上剛剛複製的程式碼

## Lesson

# 07 用範本製作版型
相同的網頁

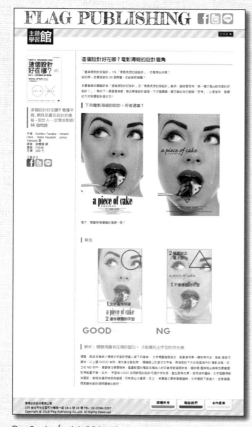

Part2_site/article02.html

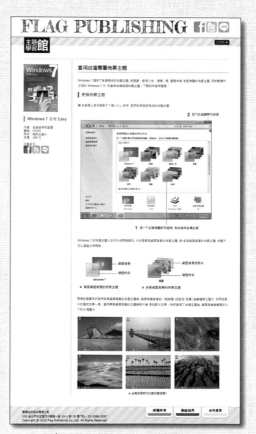

Part2_site/article03.html

## ■ 課前導讀

許多公司會將網站交由設計團隊或公司來承包建置,然而團隊中成員的設計風格各異,如何確保做出來的網頁能維持一致的風格呢?這就要靠**範本**的幫忙了。一般來說,通常會先由視覺設計主導者與客戶溝通,規劃好版型後,就依版型製作出**範本**網頁,接著將範本交給設計團隊成員套用,就能快速建立許多風格一致的頁面。

即使是只由一位設計師單獨負責製作網站,假如要製作許多版型相同的頁面,也可以利用**範本**來加速工作效率。以 **FLAG 主題學習館**網站為例,數十個學習主題頁面都需套用相同版型,若用範本來製作,只要先做好其中一個網頁,儲存成**範本**後,就能套用它來快速完成其他的網頁。

## ■ 本堂課學習提要

- 了解範本的使用時機
- 製作範本網頁
- 套用範本來製作版面相同的網頁
- 修改範本,一次更改所有網頁的版面

預估學習時間 **60 分鐘**

# 7-1 建立範本網頁並指定圖文位置

通常要製作版型相同的網頁, 最直覺的作法是將頁面另存新檔, 再換掉一部份內容。然而日後若要修改版型, 也必須逐一開啟每個頁面來修改, 非常浪費時間。比較有效率的作法, 是先做好「一個」網頁的版型, 然後存成**範本**, 接著套用範本來做所有的網頁, 日後要修改版型時, 只要更動「一個」範本檔, 就能一次變更全部的網頁了!你可參考下圖來比較這兩種作法的差異:

● **要建立版型相同的網頁時, 另存為一般網頁 (.html) 與套用範本 (.dwt) 的製作流程**

**一般網頁:**

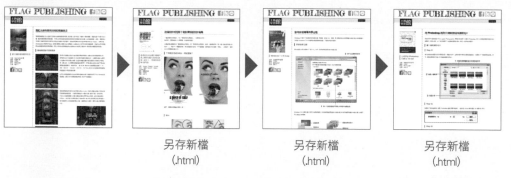

另存新檔
(.html)

另存新檔
(.html)

另存新檔
(.html)

**範本網頁:**

另存為範本
(.dwt)

套用範本, 再另存成網頁

● 要修改所有網頁的共同版型時, 一般網頁 (.html) 與範本網頁 (.dwt) 的製作流程

**一般網頁:**

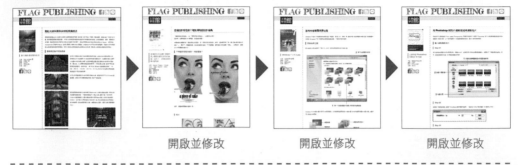

開啟並修改　　　　　開啟並修改　　　　　開啟並修改

**範本網頁:**

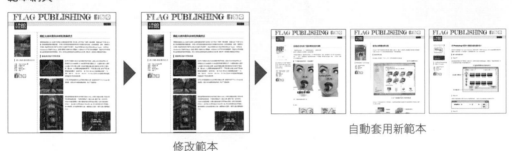

自動套用新範本

修改範本

## 將網頁製作成範本

請開啟練習檔 ex07-01.html, 這是已經設計好版型, 準備要讓其他網頁套用的頁面, 底下我們就來練習將它製作成範本。

**step01** 切換到**設計檢視**模式, 執行『**插入/範本/製作範本**』命令, 輸入檔名 "ex07-01":

預設會將範本存在網站資料夾下

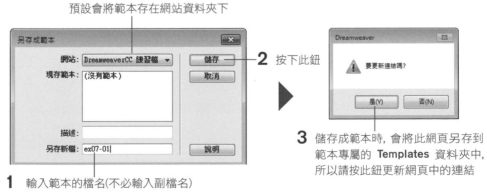

**2** 按下此鈕

**1** 輸入範本的檔名(不必輸入副檔名)

**3** 儲存成範本時, 會將此網頁另存到範本專屬的 **Templates** 資料夾中, 所以請按此鈕更新網頁中的連結

範本網頁和一般網頁一樣, 允許你一邊編修一邊儲存, 因此即使是空白網頁或做到一半的網頁, 也可以存成範本喔!

**step02** 第一次儲存範本時, Dreamweaver 會自動在網站資料夾下建立一個名為「Templates」的資料夾, 專門存放範本檔案:

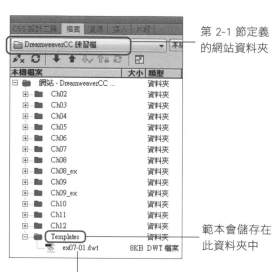

第 2-1 節定義的網站資料夾

範本會儲存在此資料夾中

網頁的檔案名稱變成 ex07-01.dwt
(**.dwt** 是範本檔案的副檔名)

 雖然我們也可以將範本網頁存在其他資料夾中, 但是請注意, 只有存到 **Templates** 資料夾中的範本, 才能在 Dreamweaver 中套用, 因此請務必將範本檔案儲存到 **Templates** 資料夾中喔!

## 設定可編輯區域

範本的用途是當作所有網頁共用的版型, 不過在範本中有些內容是不能共用的, 例如內文區塊、商品介紹等, 不可能每一頁都一模一樣。像這種「需再更動內容」的地方, 我們要先標示為**可編輯區域**, 之後套用範本的網頁, 就能修改**可編輯區域**的內容。

至於沒有標示的區域, 例如表頭、選單等, 則會被鎖定, 之後套用範本的網頁就無法更改這些地方, 因此可以保護所有網頁的共用版型不受破壞。

當滑鼠移至**可編輯區域**以外, 會變成此符號, 表示無法修改

以範例網頁而言, 會更動的地方包括：書籍圖片、書籍相關說明、主題學習文章, 因此我們要如下在範本中設定 3 個**可編輯區域**, 以便日後可以更動這些內容。

**step01** 請沿用剛剛儲存的 ex07-01.dwt 範本網頁, 如下操作：

**2** 將**插入**面板切換到範本頁次

**3** 按下**可編輯區域**鈕

**1** 請選取書籍圖片

**step02** 在交談窗中為**可編輯區域**取個名稱, 這樣當同一個範本裡有 2 個以上的可編輯區域時, 才方便辨識：

**1** 輸入名稱, 此處要放書籍圖片, 因此取名為 "book_img" (建議使用英文)

**2** 按下**確定**鈕

**step03** 設定完畢後，剛才設定的區域就會被綠色的框線包圍起來，且在左上方會出現一個小標籤顯示該區域名稱：

圖片周圍會顯示——
綠色框線和標籤

**TIP** 若你不小心設錯了可編輯區域，想要將它移除掉，請在該區域左上角的綠色標籤上按右鈕執行『**範本 / 移除範本標記**』命令，即可移除。

**step04** 請重複上述的步驟，將書籍圖片下的文字也選取起來，設定為可編輯區域：

**1** 選取這段文字

**2** 設定為可編輯區域，並取名為 "book_text"

**step05** 接著再將包含主題學習文章的整個區塊選取起來 (你可先將插入點置於文章內，再到**狀態列**上點選整個 <div#articleR> 標籤)，也設定為可編輯區域，取名為 "book_content"：

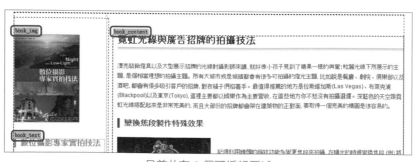

目前共有 3 個可編輯區域

最後請將範本網頁存檔並關閉。

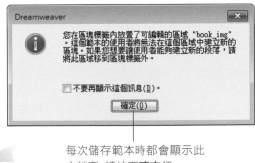

每次儲存範本時都會顯示此
交談窗, 請按下**確定**鈕

# 7-2 套用範本以快速產生新網頁

現在我們已經將 1 個學習主題頁面製作成範本, 接下來就可以套用這個範本,
再製作出 2 個新的學習主題頁面。

## 建立直接套用範本的新網頁

在建立新網頁時即可直接套用範本。請執行『**檔案/開新檔案**』命令, 在**新增文件**
交談窗中如圖設定:

**2** 如果有定義 2 個以上的網站, 請先選擇範本檔案所在的網站

**3** 這裡會列出該網站 Templates 資料夾中所有的範本檔案, 請 選擇你剛剛儲存的 ex07-01

預覽範本畫面

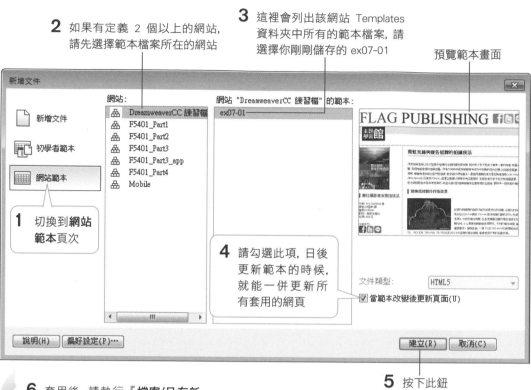

**1** 切換到**網站 範本**頁次

**4** 請勾選此項, 日後 更新範本的時候, 就能一併更新所 有套用的網頁

**5** 按下此鈕

**6** 套用後, 請執行『**檔案/另存新 檔**』命令將此頁存到網站資料 夾中。結果可參考 ch07-01.html

若將滑鼠移至**可編輯區域**以外, 會出現此禁止符號, 無法編輯

右上角會以黃色標籤標 示所套用的範本檔名

設定為**可編輯區域**的地方, 可以自由選取、編輯其中的內容

# 將已套用範本的網頁修改成新網頁

套用範本後, 網頁看起來和範本一模一樣, 我們要將**可編輯區域**的內容換掉, 再另存新檔, 才算完成新的網頁。目前我們已經準備好兩份資料：ex07A.html 與 ex07B.html, 請你開啟它們, 如下替換掉 3 個可編輯區域的內容 (你可接續使用剛剛套用範本的網頁, 或開啟 ex07-02.html 來練習)：

這段文字是書籍簡介, 要複製到 **book_text** 中

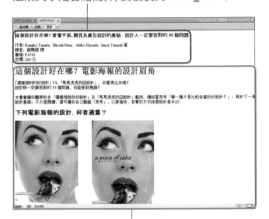

下半部的內容要複製到 **book_content** 中

這段文字是書籍簡介, 要複製到 **book_text** 中

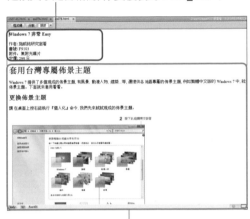

下半部的內容要複製到 **book_content** 中

**step01** 請選取 **book_img** 可編輯區域中的圖片, 如下換成另一張書籍封面圖片：

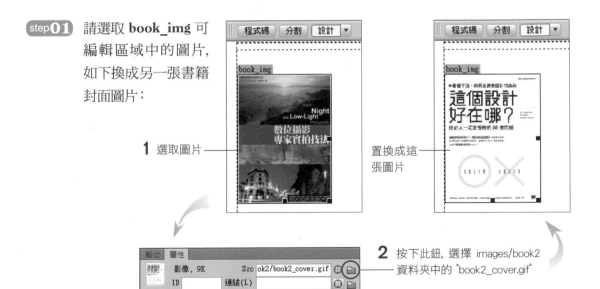

**1** 選取圖片

置換成這張圖片

**2** 按下此鈕, 選擇 images/book2 資料夾中的 "book2_cover.gif"

**step 02**　接著刪除 **book_text** 可編輯區域的內容, 將 ex07A.html 的文字複製過來:

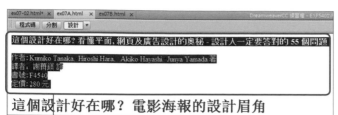 

**1** 複製這段文字

**2** 貼到此區域內, , 由於複製的文字已套用**標題 3** 和**內文**樣式, 貼入後就會自動套用 CSS 設定, 變成綠色標題和灰色內文

**step 03**　再將 ex07A.html 下半部 的 內 容 複 製 到 **book_content** 中, 3 個可編輯區域的內容都置換完畢後, 執行『**檔案/另存新檔**』命令另存網頁, 就完成了。

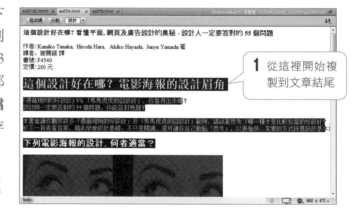

**1** 從這裡開始複製到文章結尾

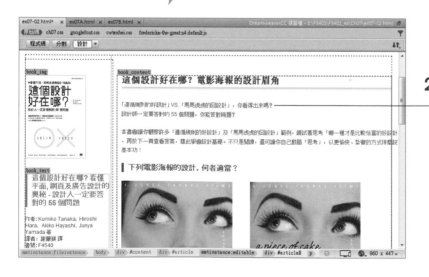

**2** 取代此區域的內容, 然後另存新檔 (結果可參考 ch07-02.html)

**step04** 接下來請自行練習套用範本再建立一個新網頁，如下使用 ex07B.html 的內容置換 3 個可編輯區域的內容，製作出「套用台灣專屬佈景主題」主題學習網頁，成果可參考 ch07-03.html。

**1** 將 **book_img** 中的圖片更換為 images/book3/book3_cover.jpg

**3** 將 **book_content** 的內容換成 ex07B.html 下方的文章內容

**2** 將 **book_text** 中的內容更換為 ex07B.html 上方的書籍簡介

# 7-3 修改範本中被鎖定的區域

套用範本的網頁，**可編輯區域**以外的地方都會被鎖定，以保護共同的版型。若你想要修改被鎖定的區域，第 1 種方法是開啟範本來修改，並同步變更所有已經套用範本的網頁；第 2 種方法則是先將套用範本的網頁轉換為一般網頁，就可以編輯所有的區域，且不會影響其它已套用範本的網頁。底下就分別說明這 2 種做法。

## 修改範本，一次變更所有套用範本的網頁

使用範本來維護網頁非常方便，只要修改範本中被鎖定（沒有設定**可編輯區域**）的地方，所有套用範本的網頁都會自動改好，再也不必一頁一頁打開來修改了。底下我們就來練習將範本中被鎖定的「主題學習館」圖片換掉，看看整個網站會發生什麼變化。

**step01** 請開啟 **Templates** 資料夾, 再雙按之前套用的 ex07-01.dwt, 然後選取「主題學習館」圖片, 如下更換:

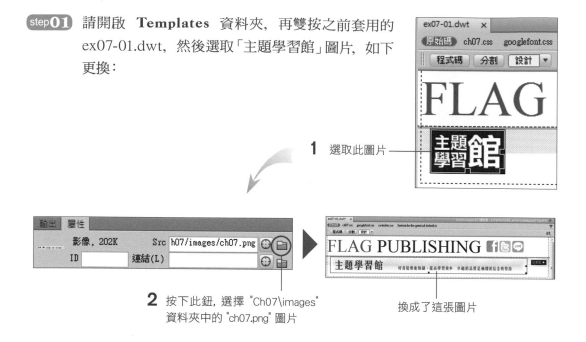

**1** 選取此圖片

**2** 按下此鈕, 選擇 "Ch07\images" 資料夾中的 "ch07.png" 圖片

換成了這張圖片

**step02** 修改完成後, 請執行『**檔案/儲存檔案**』命令將範本存檔, 這時 Dreamweaver 會提示你更新全部已套用此範本的網頁:

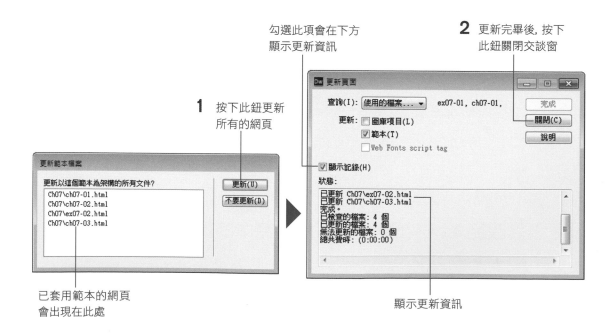

勾選此項會在下方顯示更新資訊

**2** 更新完畢後, 按下此鈕關閉交談窗

**1** 按下此鈕更新所有的網頁

已套用範本的網頁會出現在此處

顯示更新資訊

**step 03** 接著你可以開啟已套用範本的網頁來檢查一下，看看是否有更新成功。

套用 ex07-01.dwt 範本的網頁 (ch07-02.html 和 ch07-03.html) 全都更新了

**TIP** 如果修改範本的結果不如預期，可回到範本檔中按下 Ctrl + Z 鍵 (Windows) / ⌘ + Z (Mac) 回復到之前未修改的狀態，再儲存範本，並更新所有的連結網頁。

## 將套用範本的網頁轉換為一般網頁

當你要將套用範本的網頁另存為其他用途時，若其中有許多區域無法編輯，可就有些麻煩。這時候你可以將這個網頁和範本**分離**，也就是轉換為一般網頁，之後就能任意編輯網頁中所有的區域了。請開啟 ex07-04.html 來練習：

被鎖定的區域　　　　範本標籤

套用範本的網頁，無法編輯被鎖定的區域

**1** 執行『修改/範本/從範本中分離』命令

**2** 原本被鎖定的區域已能任意
編輯,請選取、刪除此圖片

範本標籤消失了

轉換為一
般網頁了

完成的檔案可參
考 ch07-04.html

## 刪除範本

當網站版型更換了, 或是改版完成了, 不再需要範本時, 你就可以利用如下方法刪除範本:

**1** 切換到**資源**面板

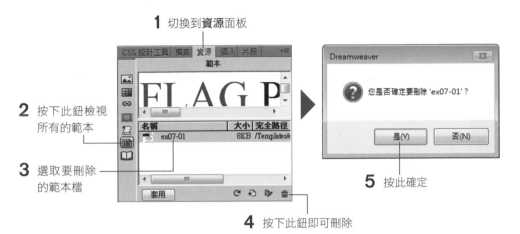

**2** 按下此鈕檢視所有的範本

**3** 選取要刪除的範本檔

**4** 按下此鈕即可刪除

**5** 按此確定

刪除範本後, 若有套用該範本的網頁, 仍會保留被鎖定的區域。這時請再依照上面的方法, 將套用範本的網頁轉換為一般網頁即可。

刪除範本後仍會保留黃色範本標籤

**1.** 直接另存新檔和套用範本做網頁, 工作流程比較如下:

一般網頁:

另存新檔
(.html)

另存新檔
(.html)

另存新檔
(.html)

範本網頁:

另存為範本
(.dwt)

套用範本, 再另存成網頁

**2.** 套用範本的網頁將被劃分為不同區域, 以下為你整理不同區域的修改方法。

| 區域屬性 | 說明 | 修改方法 |
|---|---|---|
| 可編輯區域 | 在範本中有劃分為**可編輯區域**的地方, 套用範本的網頁可直接編輯此區域 | 可直接編輯 |
| 非可編輯區域 (鎖定區域) | 在範本中沒有劃分為**可編輯區域**的地方, 套用範本的網頁會鎖定這些區域, 無法直接編輯 | **方法 1.** 開啟範本來修改, 可同步變更所有套用範本的網頁<br><br>**方法 2.** 執行『**修改/範本/從範本中分離**』命令轉存為一般網頁再編輯 |

## 實用的知識

**1. 當我要將網站上傳到 Internet 時，是否要上傳 Templates 資料夾和其中的範本檔案？**

範本只是輔助我們編輯網頁的工具，和套用的頁面之間沒有超連結關係，因此在上傳到伺服器時，不必上傳 Templates 資料夾和範本檔案。

**2. 若我修改了範本網頁中的 CSS 樣式，會不會影響到套用範本的網頁？**

若你修改範本網頁中鎖定區域套用到的 CSS 樣式，也會連帶更新所有套用範本的網頁喔！下面我們再以修改標題「主題學習館」的 CSS 樣式為例來說明：

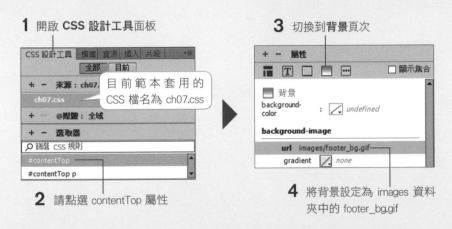

**1** 開啟 **CSS 設計工具**面板

目前範本套用的 CSS 檔名為 ch07.css

**2** 請點選 contentTop 屬性

**3** 切換到**背景**頁次

**4** 將背景設定為 images 資料夾中的 footer_bg.gif

按下**確定**鈕後，「主題學習館」就加上了灰色背景，所有套用範本的網頁都會更新。

套用範本的網頁都同步更新了

Part 3

# 行銷活動網站與 App -
# 寶寶爬行大賽

# 寶寶爬行大賽
# 網站設計解析

預估學習時間 60 分鐘

## 寶寶爬行大賽網站設計理念

網路的傳播速度比傳統的平面雜誌、電視等媒體更即時，而且具有互動性，因此許多廠商都運用網路作為宣傳活動、商品的利器。尤其是有時間限制的短期活動，一定要在時限內盡量提高曝光率，才能達到吸引人氣的目的。

傳統的活動網站往往是為桌上型電腦設計的，不過由於智慧型手機、平板電腦的流行，已有許多人改用行動上網的方式來瀏覽網頁，因此網站的設計也必須因應這種變化。本篇將以「Kissbaby」公司的「寶寶爬行大賽」活動為例，帶你深入了解手機網站的製作過程和設計重點。

「Kissbaby」是一家嬰幼兒用品專賣店，每年都會盛大舉辦「寶寶爬行大賽」活動，希望藉由活動網站來提升企業的知名度。我們分析此活動的目標對象，應該是家有幼兒的新手父母，他們往往沒有時間坐在電腦前面上網，因此決定將本網站打造成適合手機、平板瀏覽的版面。另外，我們還要打造專屬的手機 App，訪客只要下載、安裝後，就能時時刻刻在手機上瀏覽了。

## 以手機、行動裝置為主要對象的網頁版面

KissBaby 的活動網站要傳遞的訊息很簡單，就是活動內容和報名資訊，因此我們把所有的資訊設計在單頁裡，讓訪客一眼就能了解活動全貌。版面規劃如下：

表頭：網站 LOGO

Part3_site\index.html

左區塊：
活動主視覺圖片

頁尾：
版權宣告

右區塊：
活動資訊與報名按鈕

這個網頁看似簡單，其中可是藏有玄機的喔！它可以隨著裝置的不同，自動變更各區塊的大小和位置，如下所示：

在 iPad 橫放時的
顯示畫面，中間
兩區塊自動並排

在 iPhone 上的顯示畫
面，由於螢幕變成狹長
型，中間兩區塊改成
上、下排列而不並排

在電腦螢幕上 (IE 瀏覽器) 的顯示畫面, 中間兩區塊自動並排

以前在規劃一般網頁時, 通常我們會預先限制每個區塊的寬高、位置, 但是當訪客用不同裝置上網時, 由於電腦、手機、平板電腦的螢幕比例都不同, 限制寬、高的區塊在裝置上可能會使網頁變形甚至破圖, 而遠離原本的設計。因此我們必須將網頁設計成可隨裝置自動調整各區塊的大小、位置, 才能在各種版面上正確顯示。本篇我們將會運用 Dreamweaver CC 的新功能 - **Bootstrap**, 快速完成能自動隨裝置調整的網頁架構, 在第 8 堂課將會有詳細的說明。

# 手機 App 的架構規劃

手機 App 只需要用手機觀看，因此只要針對手機的狹長型螢幕設計頁面即可。但由於螢幕狹小，如果在一個網頁裡塞入太多內容，容易讓使用者覺得難以閱讀。因此在範例網站的 KissBaby App 中，我們是設計成簡易的選單結構，每頁只呈現簡單的資訊，使用者透過觸控操作即可切換頁面：

**首頁**：簡單明瞭的觸控選單

**活動資訊**頁面：活動內容說明，以及可以觸控拉曳的 Google 地圖

**活動方式**頁面：以左右兩欄分別說明報名方式與注意事項

**獎品簡介**頁面：說明各獎項內容，使用者可透過觸控來展開、收合各項目

**我要報名**頁面：製作可寄出電子郵件的按鈕

製作 App 時必須撰寫許多程式碼，考量到初學者對程式碼不夠熟悉，本書中我們將帶你透過 Dreamweaver CC 預設的 **jQuery Mobile** 功能來製作，再透過 **Adobe PhoneGap Build** 網站來發佈成 App，這樣的流程簡單快速，即使是初學者也能做出 App。在第 9 堂課將有進一步的說明。

# 重視互動的手機網站與 App：
# 設計不敗的原則

活動網站的設計重點就是在短期內抓住訪客的目光。另外，由於行動裝置螢幕比較小，且不支援某些網頁效果，設計時務必考量這些限制，才能做出符合使用者體驗的設計。以下就整理幾項設計要點，做為你實際製作時的參考。

## 先分析活動網站的目標對象，再決定配色風格

活動網站的目的是宣傳，因此若在製作前能先分析目標對象，再選用適合的色彩，做出來的網站較能引起共鳴。以 Kissbaby 範例網站來說，瀏覽網站的人應該是新手父母，加上主題和 Baby 相關，適合明亮、柔和的顏色，來表現純真爛漫感。此外，為加強活動的趣味性，我們再搭配具歡樂感的圖像，呈現出繽紛、有活力的感覺。

使用明亮、柔和的色彩，讓網頁看起來生動活潑

畫面引用自 Disney World 網站 (網頁版)
http://disneyworld.disney.go.com/

畫面引用自 Disney World 網站 (手機版)
http://m.disneyworld.disney.go.com/

與兒童相關的網站, 大量使用繽紛的色彩與卡通人物

## 以影像吸引目光

活動網站的首頁就像店家的門面, 若只放些無趣的文字, 一定吸引不了訪客, 因此我們可以將網站中重要的訊息做一番加工, 例如將主旨設計成醒目的圖片, 以提升首頁的吸引力, 讓人想一探究竟。

將重要資訊做成圖片 ——

## 符合手機的操作體驗

用手機瀏覽網站時，使用者是用手指觸控操作，而且可以隨時放大、縮小、旋轉畫面，因此我們製作手機網站時，也要考量到這樣的特性。在範例網站中，我們利用 **Bootstrap** 製作的網站，能隨手機的螢幕解析度自動變化成不同的版型；而且將 Google Map 地圖內嵌，方便使用者自行以手指縮放、拉曳到想看的地點。

**實例賞析**

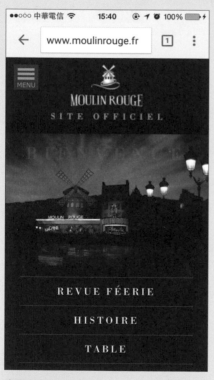 

畫面引用自：http://m.moulinrouge.fr

當手機網站或 App 中需要用到地圖時，通常會用**內嵌 Google Map** 的方式呈現，讓使用者可以自行放大、縮小、拉曳，範例網站及 App 都使用了這種呈現方式

如果資訊過多，我們還可以透過折疊區塊、選單等元件來做整理，盡量避免在一頁中塞滿密密麻麻的文字資料。

範例 App 中用折疊式面板
來呈現獎品，點選各獎項即
可展開，維持清爽的版面

手機網站或 App 的設計往往要反覆測試，因為一旦使用者覺得操作不順暢，可能就不想再打開來看。若你對手機的介面設計毫無概念，建議先多瀏覽其他 App，實際操作看看，說不定能學到更多有創意的作法，進而應用到自己的 App 中。

---

🎁 實例賞析

以下為大家介紹兩個專門收集手機設計範例的網站，豐富你的靈感。

畫面引用自：http://responsive-jp.com/　　畫面引用自：http://www.mobileawesomeness.com/

# Lesson 08

# 打造可隨裝置
# 自動調整的
# Bootstrap 網站

Part3_site/index.html

Part3_site/index.html

## ■ 課前導讀

本堂課將帶大家利用 Dreamweaver CC 的全新功能 – Bootsrtap 來製作活動網站。Bootsrtap 是近年非常流行的網頁技術, 它是一種網頁框架, 會隨裝置螢幕寬度自動調整內容。我們只要在 Dreamweaver 中建立 Bootsrtap 網頁, 它就會自動生成所需的 CSS 檔, 同時還提供豐富的按鈕、標籤等元素可套用, 讓你輕鬆完成美觀的手機網站。除此之外, 本堂課還會使用最新的 Extract 功能, 方便你直接讀取 Photoshop 原始檔 (PSD), 快速挑選需要的圖層來當作網頁元素。你只要用 Photoshop 設計好, 接著就能從零開始建立出手機網站囉!

現在越來越多人都會用手機和平板電腦上網, 如果你想做出符合時代潮流的網頁, 就要認真學習這堂課喔!

## ■ 本堂課學習提要

- 運用 Extract 功能讀入 PSD 檔案、儲存網頁元素
- 建立 Bootstrap 網頁
- 認識 Bootstrap 與格線系統
- 在 Bootstrap 網頁中置入按鈕與組件
- 模擬各種裝置螢幕來瀏覽網站

預估學習時間　120 分鐘

# 8-1 使用 Extract 面板讀入 Photoshop 原始檔

在第一堂課曾提過，網頁設計的傳統做法，是先在 Photoshop 中設計好版面，切割出區塊、按鈕...等小圖片後，另存到網站資料夾中，再以 Dreamweaver 編排成網頁。這套流程隨著軟體演進，到了 CC 版本後有了更方便、更創新的做法，那就是本節要使用的 **Extract** 功能。

透過 **Extract** 面板，就可以直接用 Dreamweaver 讀取你在 Photoshop 中完成的 PSD 檔案，而且能取用檔案內各圖層的內容，儲存到 Adobe Creative Cloud 雲端硬碟，可供所有 Adobe 軟體使用。下面我們就來練習建立 **Bootstrap** 網頁，同時從 **Extract** 面板匯入所需的元件。

**step01** 本堂課將要建立 **Bootstrap** 網頁，因此請在 Dreanweaver 的歡迎畫面按下 **Bootstrap** 鈕，如圖選擇使用 **Extract** 建立頁面：

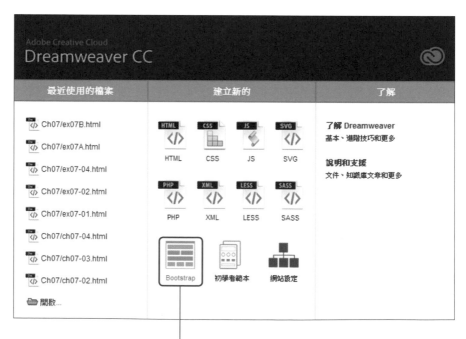

**1** 按下此鈕

自動切換到 **Bootstrap** 頁次

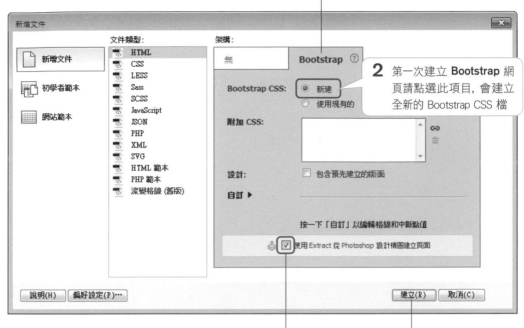

**2** 第一次建立 **Bootstrap** 網頁請點選此項目, 會建立全新的 Bootstrap CSS 檔

**3** 勾選此項目, 即可使用 **Extract** 建立頁面
(建立一般的 HTML5 頁面也會有此項目)

**4** 按下此鈕

 **TIP** 關於 **Bootstrap** 網頁的說明, 請參考 8-2 到 8-5 節。

**step02** 接著會開啟空白的網頁檔, 並自動開啟 **Extract** 面板。我們已在範例檔案 Ch08 資料夾中準備好範例網站的 PSD 檔, 請如下擷取這個檔案中的內容, 另存為網頁所需的元素:

**1** 第一次使用才會顯示此畫面, 請按此鈕上傳 PSD 檔

**2** 選取 Ch08 資料夾中的 kissbaby.psd

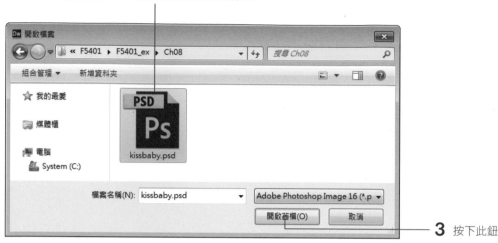

**3** 按下此鈕

**step 03** 接著會將選取的 PSD 檔案上傳到 **Adobe Creative Cloud** 雲端硬碟, 請稍待一下即可上傳完成 (若無法上傳, 請檢查目前的網路連線是否順暢)。

上傳完成時, 螢幕右下角的通知區會出現 **Creative Cloud** 通知 (以 PC 為例)

**TIP** Adobe Creative Cloud 雲端硬碟會和你電腦中的資料夾自動同步, 位置在 **C:\Users\使用者名稱\Creative Cloud Files**, 日後若需要修改, 只要開啟此資料夾新增或刪除檔案即可。

**step 04** 等到檔案上傳完成時, 就會在 **Exetract** 面板中顯示縮圖, 點選即可查看內容:

**1** 點選 PSD 檔的縮圖

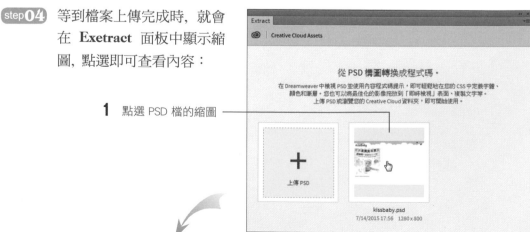

**2** 開啟 PSD 檔後, 預設只會顯示縮圖, 請按此鈕開啟**圖層**面板

**3** 將滑鼠移動到各圖層, 會出現此下載鈕

縮圖區會同步框選目前滑鼠指到的圖層區域

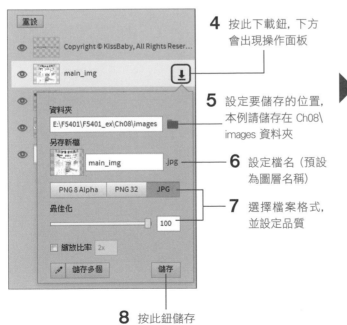

**4** 按此下載鈕, 下方會出現操作面板

**5** 設定要儲存的位置, 本例請儲存在 Ch08\images 資料夾

**6** 設定檔名 (預設為圖層名稱)

**7** 選擇檔案格式, 並設定品質

**8** 按此鈕儲存

完成後, 在**檔案**面板會看到已儲存的檔案

step 05 接著請用同樣的方式，分別儲存另外兩個圖層。請注意透明背景的圖片與其它的設定不同。

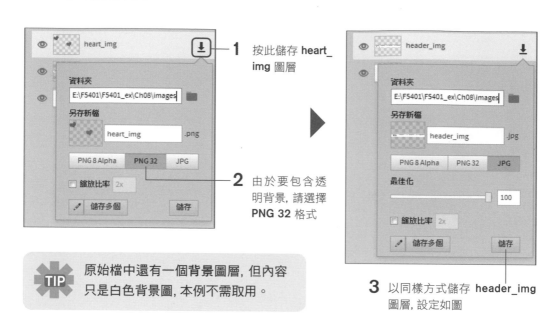

1 按此儲存 heart_img 圖層

2 由於要包含透明背景，請選擇 **PNG 32** 格式

3 以同樣方式儲存 **header_img** 圖層，設定如圖

TIP 原始檔中還有一個背景圖層，但內容只是白色背景圖，本例不需取用。

step 06 在原始檔中有一個圖層是文字圖層，我們希望它在網頁中也顯示為文字，因此不能儲存成圖片。這種狀況請如圖複製它的 CSS 程式碼：

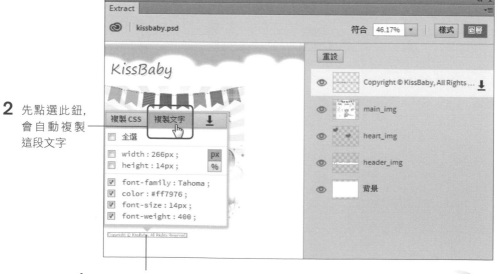

2 先點選此鈕，會自動複製這段文字

1 點選縮圖中的文字，會顯示選單

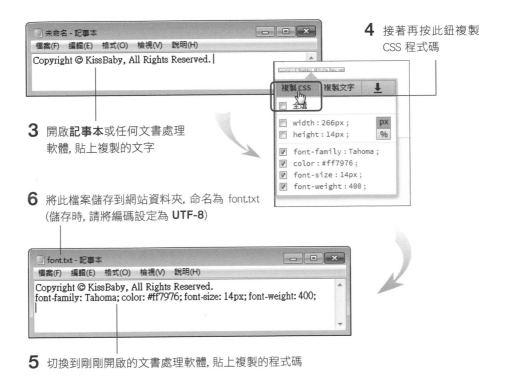

**4** 接著再按此鈕複製
CSS 程式碼

**3** 開啟**記事本**或任何文書處理
軟體, 貼上複製的文字

**6** 將此檔案儲存到網站資料夾, 命名為 font.txt
(儲存時, 請將編碼設定為 **UTF-8**)

**5** 切換到剛剛開啟的文書處理軟體, 貼上複製的程式碼

**step07** 到此已經準備好範例網站所需的所有檔案, 請關閉 **Extract** 面板, 接著儲存目前開啟的空白網頁檔案。下一節我們就會整合這些檔案來編排網頁。

**1** 請將目前的檔案儲存到 Ch08
資料夾中, 命名為 ch08-01.html

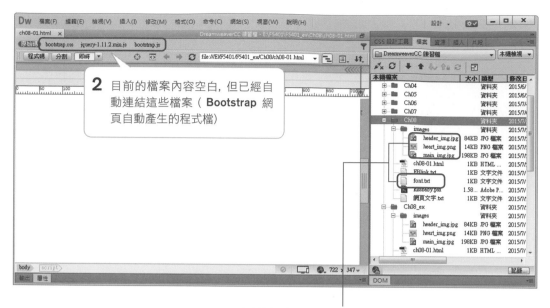

2 目前的檔案內容空白, 但已經自動連結這些檔案 ( **Bootstrap** 網頁自動產生的程式檔)

剛剛儲存到 **Ch08** 資料夾的內容 (完成結果可參考 Ch08_ex 資料夾中的 ch08-01.html)

**TIP** 本堂課我們要練習從零開始建立 Bootstrap 網頁, 請將你自己編輯的檔案陸續儲存到 **Ch08** 資料夾, 當需要參考完成範例時, 則開啟 **Ch08_ex** 中對應的檔案來參考。

# 8-2 認識 Bootstrap 與格線系統

前兩篇的範例網站, 我們都是從頭做起, 自己建立所有的 Div 和 CSS, 本篇就不同了。因為在 **Bootstrap** 網站中, 大部分的樣式都不必再自己撰寫, 只要套用即可。這一節先來認識 **Bootstrap** 的運作原理和使用方式, 觀念清楚了, 下一節才能編排製作。

## 認識格線系統

要解說 **Bootstrap**, 就必須先認識**格線系統** (**Grid System**, 或稱網格系統、冊格系統)。 **格線系統**最早是用在平面設計, 在一張平面稿上畫滿等距的垂直、水平線, 將所有元素依格線排列, 就能產生整齊的版面。

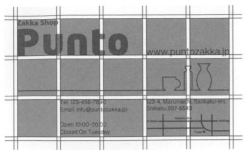

依格線系統編排的版面　　　　　　　　未依格線系統編排的版面

圖片來源：《這個設計好在哪? 看懂平面, 網頁及廣告設計的奧秘 - 設計人一定要答對的 55 個問題》, 旗標出版

將**格線系統**運用到網頁設計上, 則是以水平的 **row** (列)、垂直的 **column** (欄) 將網頁劃分成等距的格線, 再將元素置入欄 (column) 內的空間, 就能做出整齊的網頁版面。而且你不必費神計算需要多少欄和列, 因為已經有許多現成的**網頁框架**可以直接套用, 下圖的 **960 網格系統**就是其中之一。

16 欄的網頁設計範例 (Sony Music)　　　　12 欄的網頁設計範例 (Drupal)

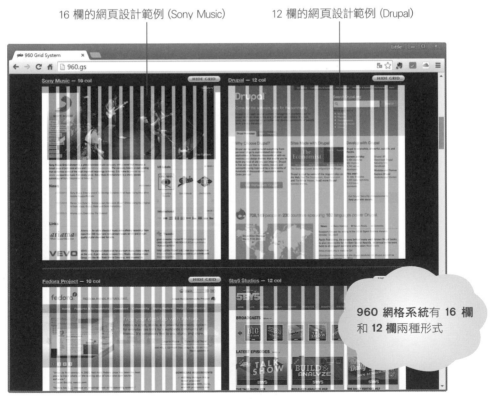

960 網格系統有 **16 欄**和 **12 欄**兩種形式

圖片引用自：http://960.gs/

# Bootstrap 的網頁結構與設計原則

**Bootstrap** 和 **960 網格系統**很類似, 是套用 **12 欄格線系統**的網頁框架, 其基本結構如下:

每一列都會均分成 12 個欄位

依版面的需要, 可以調整每個 Div 要佔多少欄位, 例如「左區塊 4 欄位 + 右區塊 8 欄位」、「左區塊 6 欄位 + 右區塊 6 欄位」…等, 但總和必須為 12 欄位

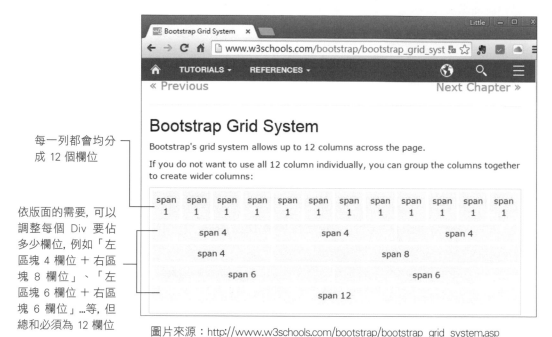

圖片來源:http://www.w3schools.com/bootstrap/bootstrap_grid_system.asp

建立 **Bootstrap** 網頁時, 基本原則是要先建立**容器區塊** (container), 才能在**容器區塊**內加入**列區塊** (row)、**欄區塊** (column) 來組成格線結構。如下圖:

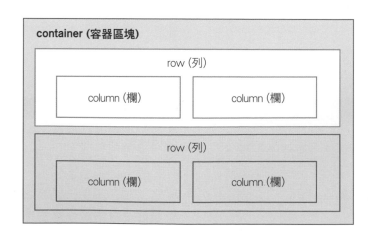

所謂容器、列、欄...等結構，Bootstrap 網頁中都有現成的 **CSS 類別樣式 (class)** 可套用，讓我們直接建立出這些區塊。使用規則可參考下表：

| CSS 類別樣式 (class) | 說明 | 使用規則 |
|---|---|---|
| .container<br>.container-fluid | **容器區塊**：用來包裝所有欄和列，分為下列兩種。<br>● **.container**：固定寬度的容器區塊，當網頁解析度改變，會自動調整寬度和位置。<br>● **.container-fluid**：100% 寬度的容器區塊，無論網頁解析度如何變化，寬度都會延伸填滿整個網頁。 | ● 在 **Bootstrap** 網頁中, 所有的欄和列都必須置放在**容器區塊**中。因此必須先建立固定寬度或 100% 寬度的**容器區塊**，才能在其中加入**列區塊**和**欄區塊**。 |
| .row | **列區塊**：必須置放在**容器區塊**中，可插入欄區塊。 | ● 每一個列區塊寬度會均分為 12 欄，插入的欄區塊總和為 12 欄。 |
| .col-xs-<br>.col-sm-<br>.col-md-<br>.col-lg- | **欄區塊**：用來置入內容。<br>● 欄區塊的類別名稱後面會加上數值，代表此區塊在 12 欄中佔多少欄數，例如 .col-xs-6（6 欄）、.col-sm-12 (12 欄)。 | ● 網頁元素都應該放置在欄區塊內。<br>● 同一列中的欄區塊數值相加必須等於 12。<br>● 例如：要設計桌面適用、左 5 欄、右 7 欄的版面，可建立 .col-md-5 和 .col-md-7 為一列 (總和為 12 欄)。<br>● 又例：若要設計手機適用、均分為 3 欄的版面，可建立 3 個 .col-xs-4 區塊 (總和為 12 欄)。 |

有 4 種代表欄的類別樣式, 適用於不同螢幕寬度：

| 適用裝置 | 樣式名稱 | 適用螢幕寬度 |
|---|---|---|
| **Mobile** (手機螢幕) | .col-xs- | < 768px |
| **Tablet** (平板螢幕) | .col-sm- | 768~991px |
| **Desktop** (電腦桌面或平板大小) | .col-md- | 992~1200px |
| **Large Desktop** (電腦寬螢幕) | .col-lg- | ≥1200px |

看了這些樣式和規則，你是否覺得頭昏腦脹呢？別怕，下一節開始進入 Dreamweaver 操作，你就會發現只要跟著我們設定，許多樣式就會自動產生，其實一點也不難喔！

# 8-3 建構 Bootstrap 網頁版面

上一節提到的容器、欄、列...等基本結構, 在 Dreamweaver CC 中都幫你準備好了, 請開啟你在第一節建立的 ch08-01.html (位於 Ch08 資料夾) 來觀察:

**1** 請切換到**即時檢視**模式

**2** 開啟 **CSS 設計工具**面板, 點選 bootstrap.css 樣式 (預設為唯讀、不可修改)

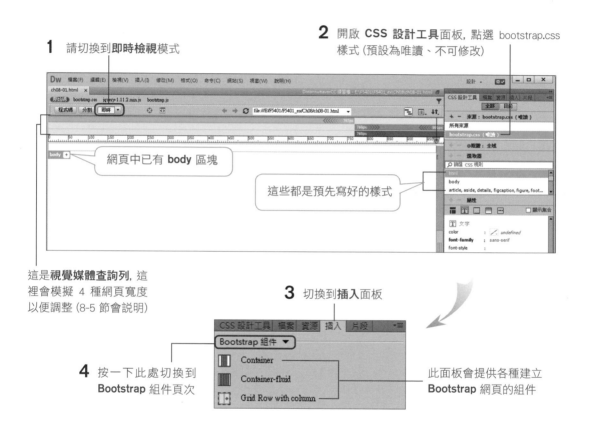

網頁中已有 **body** 區塊

這些都是預先寫好的樣式

這是**視覺媒體查詢列**, 這裡會模擬 4 種網頁寬度以便調整 (8-5 節會說明)

**3** 切換到**插入**面板

**4** 按一下此處切換到 **Bootstrap** 組件頁次

此面板會提供各種建立 **Bootstrap** 網頁的組件

接下來我們就實際應用, 分別建立容器區塊、列區塊、欄區塊來編排網頁。

## 插入 100% 寬度的容器區塊來製作表頭

目前網頁是一片空白, 首先我們要插入一個 100% 寬度的 **.container-fluid** 容器區塊來製作網頁的表頭區域。

**step 01** 請切換到**即時檢視**模式, 並開啟**插入**面板, 如下操作:

**1** 在 **body** 區塊內 (藍色框線中) 按一下

**2** 在**插入**面板的 **Bootstrap 組件**頁次點選此項目

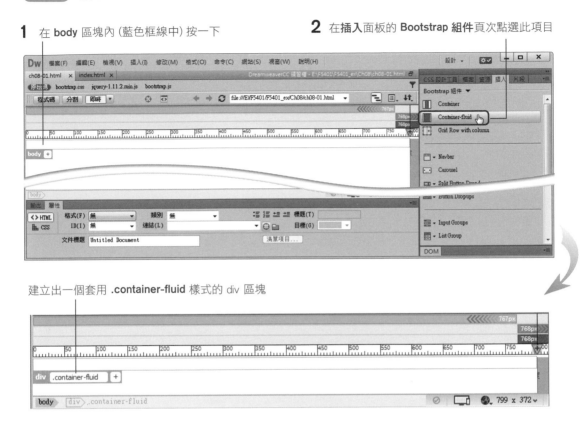

建立出一個套用 **.container-fluid** 樣式的 div 區塊

**step 02** 第 8-23 頁的表格提過規則: 在**容器區塊**中, 必須置入**列區塊**和**欄區塊**, 才能在**欄區塊**內置入內容。所以我們要繼續插入**列**和**欄**, 請在步驟 1 建立的 **.container-fluid** 區塊內按一下, 如下繼續插入區塊:

**2** 請按下**巢狀化**鈕, 會將 **div.row** (列區塊) 插入到**容器區塊**內部

**3** 插入的同時可以設定此列中要包含幾欄, 請輸入 "1"

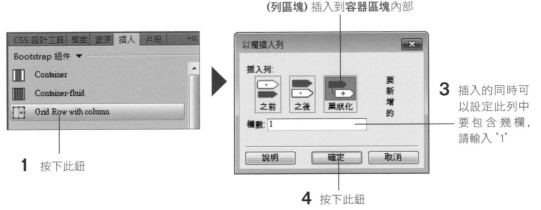

**1** 按下此鈕

**4** 按下此鈕

**step03** 插入完成後，請按一下區塊內部，從**文件視窗**下方的**狀態列**觀察網頁結構，由
外而內依序是：**body** > **div.container-fluid** (容器區塊) > **div.row** (列區塊) >
**div.col-sm-12** (欄區塊)，基本結構就完成了。

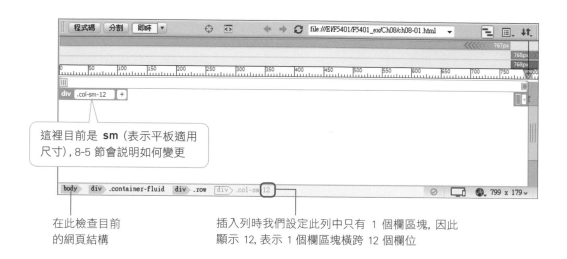

這裡目前是 **sm** (表示平板適用
尺寸)，8-5 節會說明如何變更

在此檢查目前
的網頁結構

插入列時我們設定此列中只有 1 個欄區塊，因此
顯示 12，表示 1 個欄區塊橫跨 12 個欄位

## 自訂 Bootstrap 網頁的 CSS 樣式

接著要修改表頭區塊的樣式。這時會遇到一個問題，就是 **Bootstrap** 網頁套
用的 **bootstrap.css** 是唯讀檔案，因此我們新增一個 CSS 檔來設定，之後兩
個 CSS 檔都會用到。

**1** 切換到 **CSS 設計工具**面板

**4** 將新增的 CSS 檔命名為 style.css

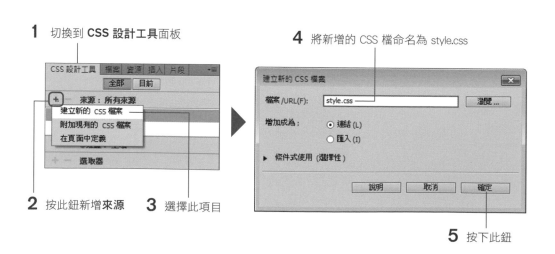

**2** 按此鈕新增**來源**　**3** 選擇此項目

**5** 按下此鈕

**step01** 接著就在新增的 style.css 中設定表頭區塊的樣式。本例我們要加上在第一節儲存的背景圖 (高 124px)：

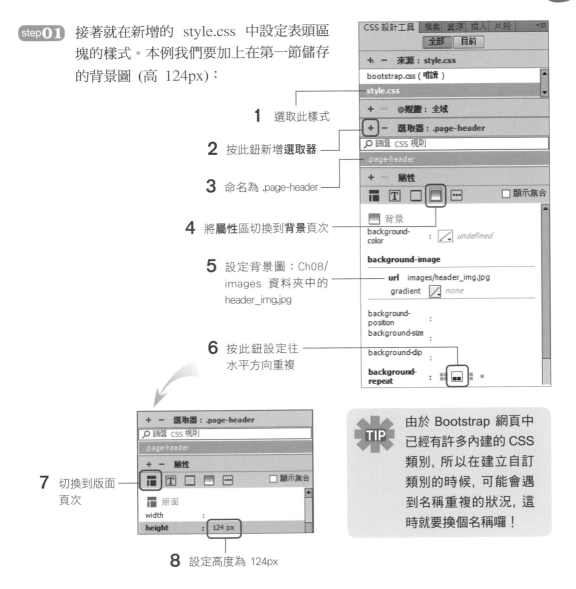

**1** 選取此樣式

**2** 按此鈕新增**選取器**

**3** 命名為 .page-header

**4** 將**屬性**區切換到**背景**頁次

**5** 設定背景圖：Ch08/ images 資料夾中的 header_img.jpg

**6** 按此鈕設定往水平方向重複

**7** 切換到版面頁次

**8** 設定高度為 124px

> **TIP** 由於 Bootstrap 網頁中已經有許多內建的 CSS 類別，所以在建立自訂類別的時候，可能會遇到名稱重複的狀況，這時就要換個名稱囉！

**step02** 到此樣式就建立好了，但網頁上還沒有變化，因為我們還沒將新樣式套用到區塊上。請如圖套用：

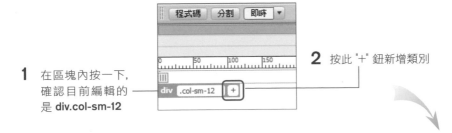

**1** 在區塊內按一下，確認目前編輯的是 **div.col-sm-12**

**2** 按此 "+" 鈕新增類別

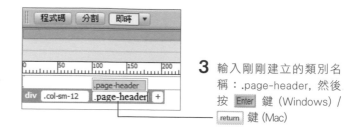

**3** 輸入剛剛建立的類別名稱：.page-header, 然後按 Enter 鍵（Windows）/ return 鍵（Mac）

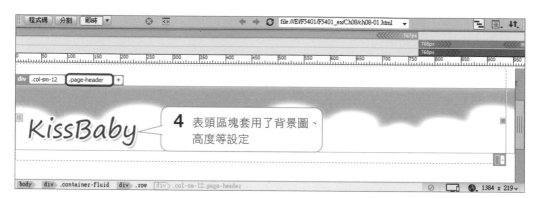

**4** 表頭區塊套用了背景圖、高度等設定

**1** 目前選取 style.css 中的 .page-header

**step03** 套用後, 發現表頭區塊上、下皆有留白空隙, 因此我們再回到 **CSS 設計工具**面板, 將 **margin** 區的上方、下方皆設定為 0px：

**2** 切換到**版面**頁次

**3** 往下捲動至 margin 區, 在這兩個欄位輸入 0px

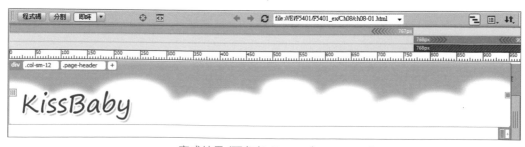

完成結果 (可參考 Ch08_ex/ch08-02.html)

# 插入隨螢幕寬度調整位置的圖片

表頭設計完成後, 請儲存網頁 (同時也要儲存 style.css), 然後按 F12 鍵檢視網頁。本例使用 100% 寬度的 **div.container-fluid** 來製作表頭, 所以無論網頁怎樣變化, 表頭區塊的寬度都會延伸填滿整個網頁, 如下圖所示:

無論網頁如何延伸, 表頭寬度都會填滿整個網頁

為了讓表頭右側多點變化, 我們要在表頭右邊插入一張愛心圖片, 並設定成無論寬度如何, 愛心圖片都會固定在右側。請接續上例, 如下操作:

**2** 執行『**插入/HTML/影像**』命令

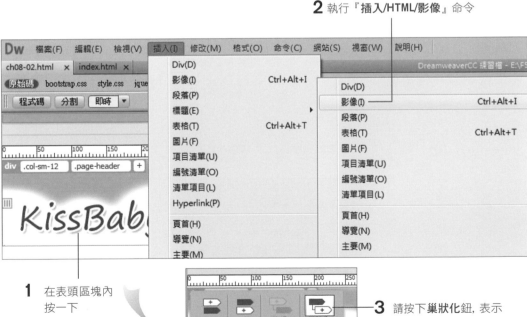

**1** 在表頭區塊內按一下

**3** 請按下**巢狀化**鈕, 表示要插入標籤內部

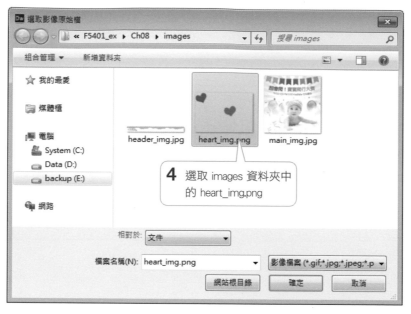

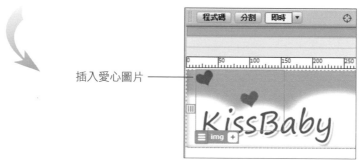

插入愛心圖片

接著再寫一個「靠右對齊」的樣式,套用到愛心圖片上即可。

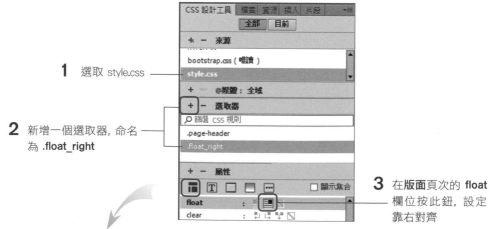

**1** 選取 style.css

**2** 新增一個選取器,命名 為 .float_right

**3** 在**版面**頁次的 **float** 欄位按此鈕,設定 靠右對齊

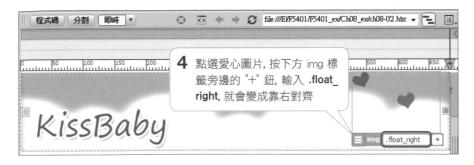

4 點選愛心圖片, 按下方 img 標籤旁邊的 "+" 鈕, 輸入 **.float_right**, 就會變成靠右對齊

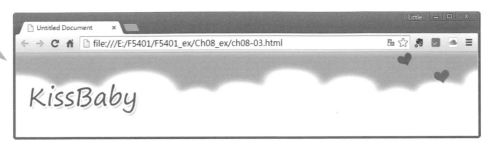

按 F12 鍵儲存並檢視, 無論螢幕寬度如何, 愛心都會保持在區塊右側 (可參考 Ch08_ex/ch08-03.html)

## 插入固定寬度的容器區塊來置放內容

表頭完成了, 接著繼續製作內容。內容區塊有別於隨螢幕延伸的表頭, 我們要使用寬度固定的 **container** 容器區塊來製作。

step01 請在表頭區塊內按一下, 從**狀態列**選取整個容器區塊 **div.container-fluid**, 再從**插入**面板插入 **container** 容器區塊, 位置選擇在此區塊之後:

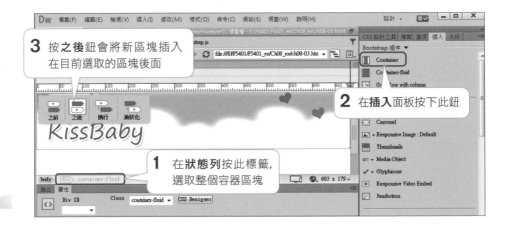

3 按**之後**鈕會將新區塊插入在目前選取的區塊後面

2 在**插入**面板按下此鈕

1 在**狀態列**按此標籤, 選取整個容器區塊

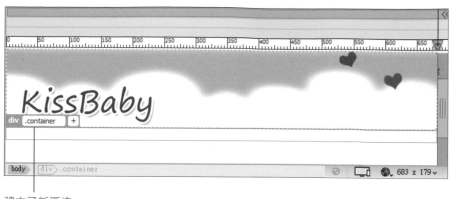

建立了新區塊

step02 依照版面規劃, 在這個內容區塊裡要加入一列、兩欄, 請接著操作:

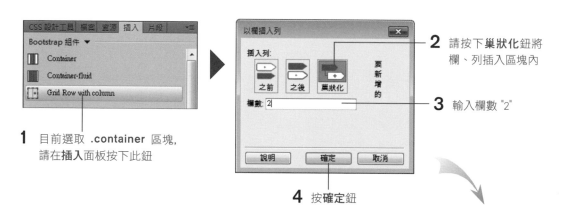

1 目前選取 .container 區塊,
請在插入面板按下此鈕

2 請按下巢狀化鈕將
欄、列插入區塊內

3 輸入欄數 "2"

4 按確定鈕

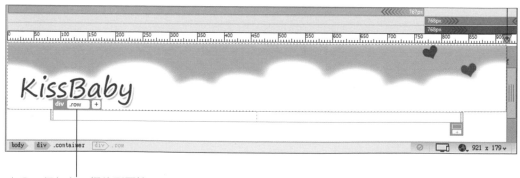

加入一個包含 2 欄的列區塊

**step03** 請在左欄內按一下，你會發現目前套用的類別是 **.col-xs-6**，表示佔 6 個欄位 (此列是將 12 欄位平均分成兩欄，因此左右各佔 6 欄位)，我們先插入網站的主視覺圖片，再來調整欄位大小。

**2** 執行『**插入/影像**』命令，會出現此面板，請按下**巢狀化鈕**

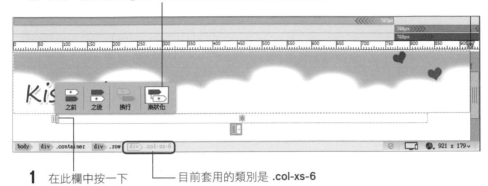

**1** 在此欄中按一下 ──── 目前套用的類別是 **.col-xs-6**

目前插入的圖片寬度超出欄寬

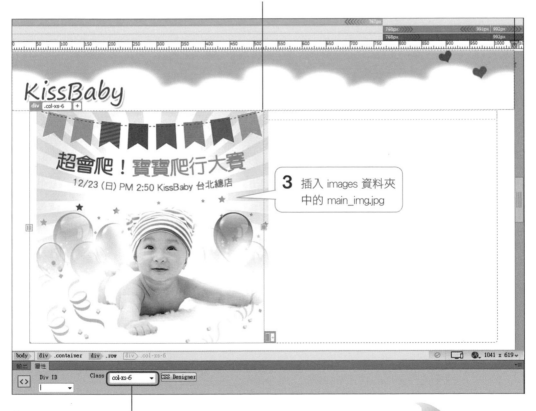

**3** 插入 images 資料夾中的 main_img.jpg

**4** 目前左欄套用 **.col-xs-6**，請在**屬性**面板下拉此處，改選 **.col-xs-7** (調整為 7 個欄位)

將左欄調整為 7 欄位寬

**step 04** 我們將左欄調成 7 個欄位時, 右欄還有 6 個欄位, 相加超過 12 欄, 因此跑到下一列了。接著只要再將右欄改為 5 個欄位 (套用 **.col-xs-5** 類別) 即可恢復原狀。

**2** 按一下類別名稱, 改成 .col-xs-5

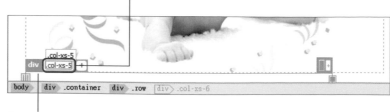

**1** 在跑到下面的右欄區塊裡按一下

右欄回到上方了

**step05** 最後我們再插入一個列來放置最下面的
版權文字, 即可完成基本版面。請從**狀態
列**點選剛剛編輯的列 **(div.row)**, 再按下
**插入**面板的 [ Grid Row with column ] 鈕:

**1** 點選**之後**鈕, 將新的列插在後面

以欄插入列

插入列:
之前　之後　實狀化

要新增的

**2** 輸入欄數:"1"

欄數: 1

**3** 按下**確定**鈕

說明　確定　取消

`body` `div` `.container` `div` `.row`

**step06** 還記得在 8-1 節我們從 **Extract** 面板儲存了版權文字和樣式, 這邊就可以派
上用場。請從**檔案**面板開啟之前儲存的文字檔 font.txt, 如下操作:

```
ch08-03.html* ×  font.txt ×
程式碼　分割　即時　▼
1  Copyright © KissBaby, All Rights Reserved.
2  font-family: Tahoma;
3  color: #ff7976;
4  font-size: 14px;
5  font-weight: 400;
6
```

**1** 請複製這行文字

**2** 切換回編輯中的檔案　　**3** 切換到**分割**檢視模式

由於在**即時檢視模式**不容
易選取到欄，因此切換到**程
式碼檢視模式**來貼

**4** 將版權文字貼在 <div class="col-sm-12"> 標籤後面

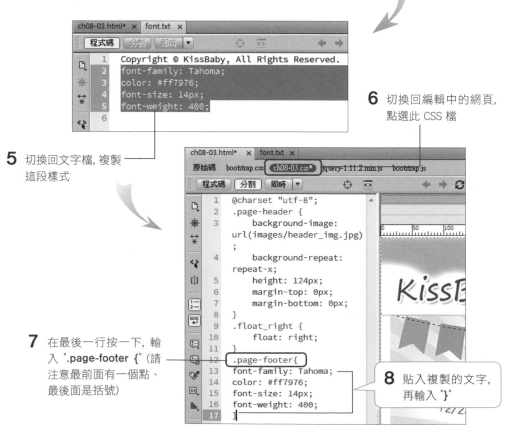

**5** 切換回文字檔，複製
這段樣式

**6** 切換回編輯中的網頁，
點選此 CSS 檔

**7** 在最後一行按一下，輸
入 ".**page-footer** {"（請
注意最前面有一個點、
最後面是括號）

**8** 貼入複製的文字，
再輸入 "}"

**step 07** 上個步驟已經寫好了一組類別樣式 **".page-footer"**，接著就將它套用到版權文字所在的區塊：

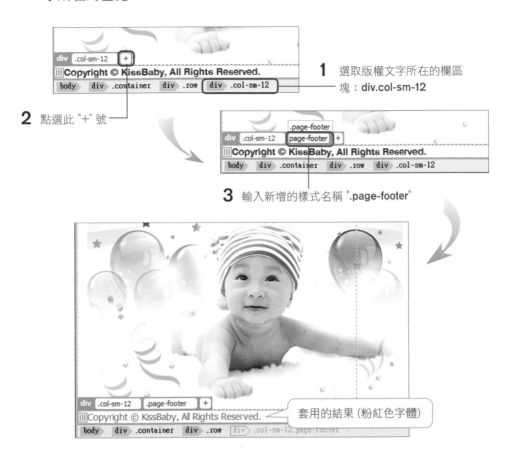

**1** 選取版權文字所在的欄區塊：**div.col-sm-12**

**2** 點選此 "+" 號

**3** 輸入新增的樣式名稱 "**.page-footer**"

套用的結果 (粉紅色字體)

**step 08** 最後可再利用**屬性**面板調整樣式，同時設定**文件標題** (也就是網頁標題)，基本版面就完成了，請儲存此網頁和 CSS 檔 (完成檔可參考 Ch08_ex 資料夾中的 ch08-04.html)。

**1** 維持選取文字的狀態，將**屬性**面板切換到 **CSS** 頁次

**2** 請按此鈕設定為**置中對齊**

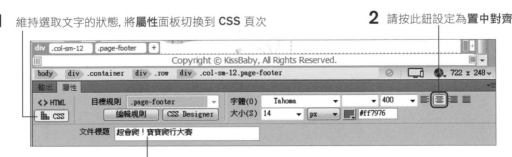

**3** 輸入文件標題：「超會爬！寶寶爬行大賽」

# 8-4 使用 Bootstrap 按鈕與面板組件

**Bootstrap** 網頁的優點之一，就是內建了豐富的樣式，包含面板、標籤、按鈕...等，只要輕鬆套用，就可以在網頁中加入精美的元件。這一節我們就要在網頁中加入標籤面板和按鈕，讓網頁看起來更豐富。

## 插入 Bootstrap 標籤面板 (Panels)

請接續上一節的範例，目前主視覺圖右側的區塊中還沒有內容，我們要在裡面插入兩個**標籤面板** (Panels)，分別放置活動網站的文案，還有活動所在地的 Google 地圖。

**step01** 請點選主視覺圖右側的 **.col-xs-5** 區塊，如下操作：

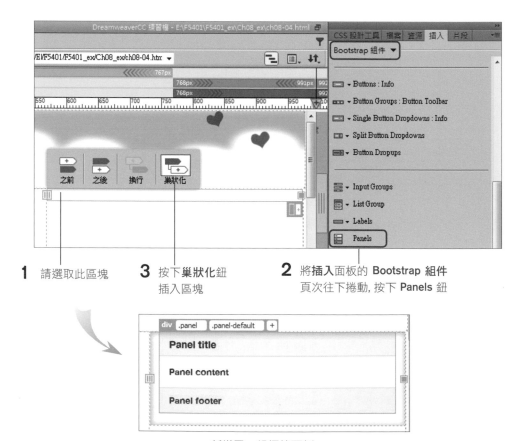

新增了一組標籤面板

**step02** 標籤面板包含 **Panel title** (面板標題)、**Panel content** (面板內容)、**Panel footer** (面板底部) 3 個區塊，我們可以直接修改成活動網站所需的內容。請開啟 Ch08 資料夾中的**網頁文字.txt**，這裡已經準備好網站所需的資料，請如下複製內容、貼入區塊：

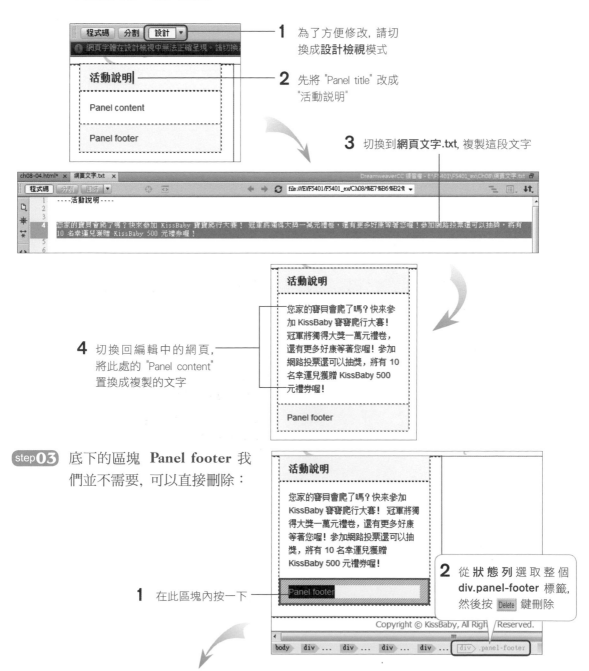

**1** 為了方便修改，請切換成**設計檢視**模式

**2** 先將 "Panel title" 改成 "活動說明"

**3** 切換到**網頁文字.txt**，複製這段文字

**4** 切換回編輯中的網頁，將此處的 "Panel content" 置換成複製的文字

**step03** 底下的區塊 **Panel footer** 我們並不需要，可以直接刪除：

**1** 在此區塊內按一下

**2** 從**狀態列**選取整個 **div.panel-footer** 標籤，然後按 Delete 鍵刪除

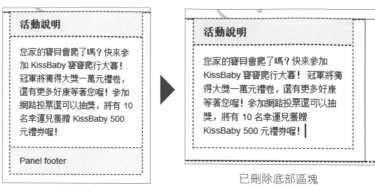

刪除前　　　　　　　　　　　已刪除底部區塊

**step04** 是不是很簡單呢？接著我們還要再建立一個標籤面板來放置地圖，你可以用複製、貼上程式碼的方式加快速度：

**2** 切換到**分割**檢視模式

**3** 已選取整段程式碼, 請在此處按右鍵執行『**複製**』命令

**1** 在標籤面板內按一下, 然後在**狀態列**點選此標籤, 選取整個面板

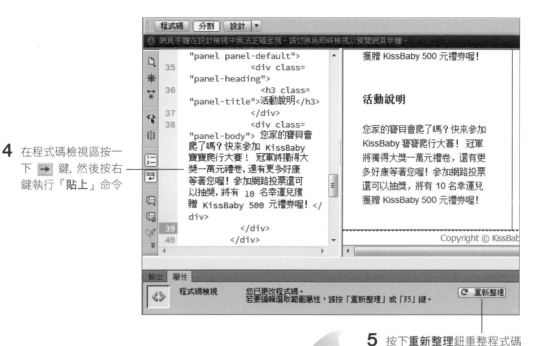

**4** 在程式碼檢視區按一下 ➡ 鍵, 然後按右鍵執行『貼上』命令

**5** 按下**重新整理**鈕重整程式碼

**6** 切換到**即時檢視**模式, 即可看到兩個標籤面板

**step05** 接著再將新標籤面板的內容置換為**網頁文字.txt** 中的內容即可。完成結果可參考 Ch08_ex/ch08-05.html

**1** 切換到**網頁文字.txt**, 複製這段文字

**2** 回到編輯中的網頁, 切換到**分割**檢視模式

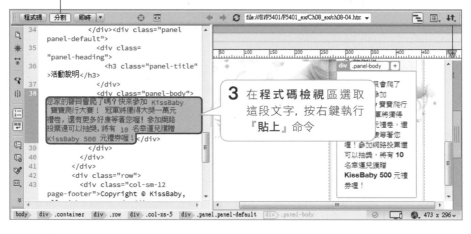

**3** 在**程式碼檢視**區選取這段文字, 按右鍵執行『**貼上**』命令

**4** 貼上複製的文字和程式碼

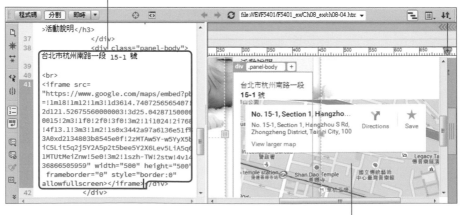

**5** 按下**重新整理**鈕後, 面板中出現地址和地圖

**TIP** 此處的地圖程式碼是取自 **Google Map** 網站, 擷取方法可參考 9-3 節。

## 讓圖片、地圖隨螢幕寬度調整大小

加入面板和地圖後, 會出現一個問題:地圖的大小超過了欄位寬度。除此之外, 目前主視覺圖寬 480px, 若以螢幕較小的手機瀏覽, 只能看到半張圖片。針對這種問題, **Bootstrap** 有提供一個內建的類別:**.img-responsive**, 套用後, 圖片就會隨螢幕寬度自動調整成適合的大小。請接續上例, 實際套用看看。

**1** 切換到**即時檢視**模式

**2** 選取主視覺圖片, 按下標籤旁的 "+" 鈕

**3** 輸入 ".img-responsive"

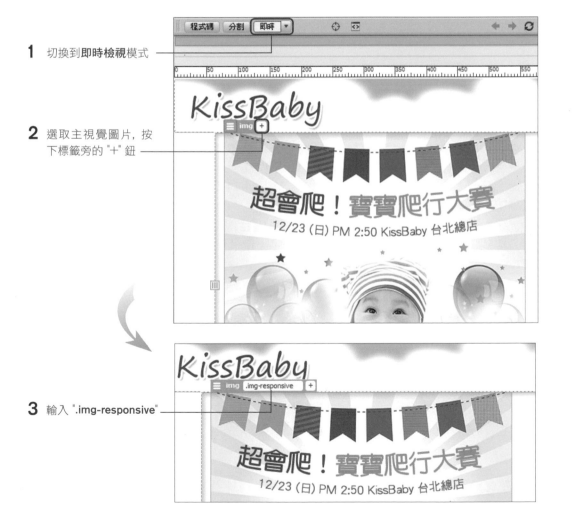

**5** 同樣按下 "+" 鈕, 輸入 ".img-responsive"

**4** 點選地圖所在的 <iframe> 區塊

若無法選取地圖區塊, 可先切換到**分割**模式, 在 <iframe>...</iframe> 之間按一下, 再回到**即時檢視**區

套用後, 主視覺圖和地圖都限縮在區塊範圍內, 且會
自動調整大小 (可參考 Ch08_ex/ch08-06.html)

# 加入 Bootstrap 按鈕 (Buttons)

活動內容大致編排好了, 最後我們要添加兩個按鈕, 以便感興趣的訪客可以報名, 或是將活動分享到社群網站上。按鈕同樣可以利用 **Bootstrap** 內建的組件來製作, 請接續上例, 如下操作:

**step01** 我們要將按鈕插入在**活動地點**區塊之後, 請在該區塊中按一下, 如下操作:

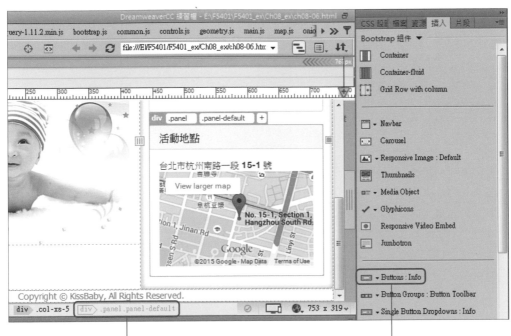

**1** 在**狀態列**按此標籤, 選取整個面板

**2** 在**插入**面板按下 Buttons:Info 鈕, 接著按**之後**鈕

**3** 插入 1 個按鈕

**step 02** 加入按鈕後，雙按上面的文字即可修改，同時可在**屬性**面板加上超連結：

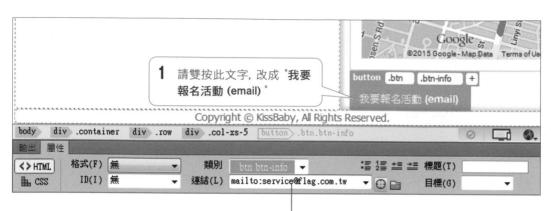

1 請雙按此文字，改成 "我要報名活動 (email)"

2 在**屬性**面板加上超連結（可從**網頁文字.txt**
檔案中拷貝過來）：mailto:service@flag.com.tw

**step 03** 接著再加入一個按鈕，設定分享功能，此網頁的內容就全部完成囉！完成檔可
參考 Ch08_ex/ch08-07.html)。

2 從**網頁文字.txt** 檔案中拷貝分享的程
式碼，貼到**屬性**面板的**連結**欄即可

1 再加入一個按鈕，將文
字改成 "**分享到 FB**"

**TIP** 將網頁分享到 FB 的程式碼寫法，可參考第 6 堂課。

# 8-5 調整網頁在不同尺寸螢幕上顯示的內容

網頁編排完成了，最後一節我們要運用 **Bootstrap** 網站的重點功能：**隨著不同螢幕尺寸顯示不同的內容**。這是什麼意思呢？由於訪客可能會使用各種大小、比例的螢幕來觀看，甚至他可能突然將裝置轉向 (例如從垂直改成水平)，所以網頁不僅要隨著螢幕自動縮放內容，還必須同步移動某些區塊的位置，才能讓畫面更適合瀏覽，這些我們都可以在 Dreamweaver 中預先設計好。

## 利用「視覺媒體查詢列」檢視不同寬度的網頁效果

在 8-2 節為大家介紹過，在 **Bootstrap** 網站中提供 4 種類別樣式，分別適用於不同的螢幕寬度：

| 類別樣式 | 適用寬度 |
|---|---|
| .col-xs- | 手機適用 (<768px) |
| .col-sm- | 平板適用 (768~991px) |
| .col-md- | 電腦或平板適用 (992~1200px) |
| .col-lg- | 電腦寬螢幕畫面用 (>=1200px) |

當我們在編輯 Bootstrap 網頁時，上方的**視覺媒體查詢列**就會標示出 **768px**、**992px**、**1200px**，方便我們依寬度調整版面。你可開啟上一節編輯好的網頁來觀察：

視覺媒體查詢列

768px　992px　1200px

用滑鼠按住此處、往左右拉曳至想看的寬度, 可模擬該寬度下的網頁效果

8-47

只要將區塊套用對應的類別, 就會自動依裝置改變大小。例如同時套用 **.col-sm-6**、**.col-xs-12** 兩個類別區塊, 會在螢幕大於或等於 768px 時變成寬 6 欄位、螢幕小於 768px 時變成寬 12 欄位, 這些類別就是 Bootstrap 網頁隨裝置自動調整的原理。接下來我們就動手調整出電腦、平板、手機適合瀏覽的版面吧!

## 自訂電腦螢幕適用的網頁版面

請如下圖將右側滑桿拉曳至寬度 **1200px**, 這是模擬在電腦螢幕上檢視的效果, 目前左右的寬度比例是 7:5 (沿用我們在 8-3 節設定的欄位數)。

拉曳至 **1200px** 處

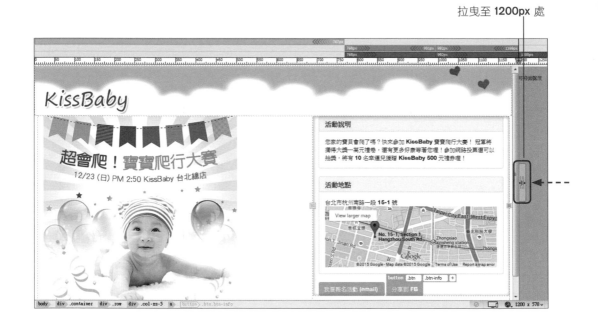

由上圖看來, 在超過 1200px 的螢幕上, 7:5 的比例會使左邊區塊過寬, 使中間出現空白, 若將比例改成 5:7 會比較剛好。在寬螢幕狀態, 可以用 **.col-lg-** (>=1200px) 這組類別來指定比例, 因此請分別將左、右區塊套用的類別改為 **.col-lg-5** 和 **.col-lg-7**:

**3** 點選此處, 改成 .col-lg-5

**1** 點選圖片以便選取左區塊

**2** 選取 **div.col-xs-7** 區塊標籤

**4** 再用同樣方法將右區塊 (**div.col-xs-5**) 改成套用 **.col-lg-7** 類別

左區塊縮小了, 中間的空白消失了

完成 5:7 的版面

## 自訂平板電腦適用的網頁版面

接著將滑桿拉曳到 992px 下，這是模擬一般平板電腦的螢幕寬度，我們發現剛剛設定給寬螢幕的 5:7 比例並不適用，右區塊由於太寬而跑到下一列了。這時候我們要再改變比例，只要用拉曳的方式改變大小，就會自動套用 **.col-md-** 類別 (適用於 992~1200px)：

992 px

**1** 選取此欄

**2** 用滑鼠按住此控點，直接往右拉

5:7 的版面在 992px 的寬度上顯得有點空洞

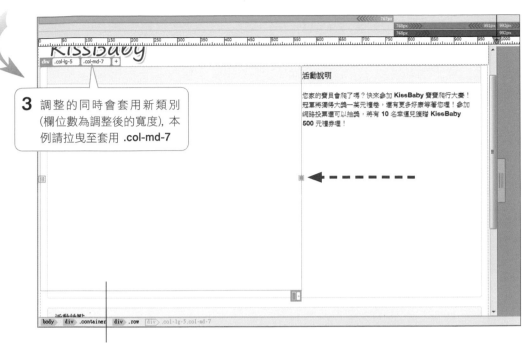

**3** 調整的同時會套用新類別
（欄位數為調整後的寬度），本
例請拉曳至套用 **.col-md-7**

圖片消失了，是因為右區塊還
沒調整好，調整完就會變回來

**4** 將右區塊也縮小至套用 **.col-md-5** 類別
（一列是 12 欄，左區塊佔了 7 欄，右區塊
必須為 5 欄才會變成同一列）

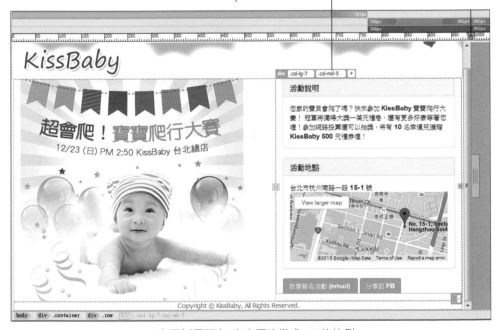

在平板電腦上，左右區塊變成 7:5 的比例

## 自訂手機適用的網頁版面

最後我們再將滑桿移動到 767px 處, 小於 768px 的寬度適用於智慧型手機的螢幕。由於大部分人都是將手機直立、以上下滑動的方式瀏覽手機網頁, 所以我們可將所有區塊寬度改成 12 欄 (也就是橫跨整個頁面), 讓右區塊兩個面板移動到主視覺圖下方, 使用者可在比較窄的手機螢幕上輕鬆瀏覽。

按「＋」鈕將左、右兩區塊都新增 **.col-xs-12** 類別, 變成上、下排列　　　目前位於 767px 處

到此已經調整完畢, 你可以利用**文件視窗**右下角的**視窗大小欄**, 檢視在各種裝置尺寸上的效果, 或按 F12 鍵瀏覽, 直接改變瀏覽器寬度來檢視。完成檔可參考 Ch08_ex/ch08-08.html。

**2** 勾選此項, 模擬 iPhone 6 Plus 的螢幕尺寸 (414×736 px)

**1** 按此處開啟列示窗, 可切換成多種常見裝置的螢幕尺寸來預覽

亦可在儲存檔案後按 F12 鍵預覽, 將螢幕調整成各種寬度來檢視效果

> **TIP** 以上都是模擬畫面, 若想知道實際用裝置瀏覽的效果, 可將網站上傳 (參考第 4 堂課) 後連結到所在網址; 你也可以利用 Dreamweaver CC 的新功能, 將網頁即時傳到裝置上檢視, 詳情請參考本堂課「實用的知識」。

## 重點整理

1. 建立 **Bootstrap** 網頁時，基本原則是要先建立**容器區塊 (container)**，才能在容器區塊內加入**列區塊 (row)**、**欄區塊 (column)** 來組成格線結構，然後在**欄區塊 (column)** 內置入網頁的圖、文等元素。

2. 容器區塊 (container) 包含兩種類別樣式：

   - **.container**：固定寬度的容器區塊，當網頁解析度改變，會自動調整寬度和位置。

   - **.container-fluid**：100% 寬度的容器區塊，無論網頁解析度如何變化，寬度都會延伸填滿整個網頁。

3. **Bootstrap** 網頁有 4 種代表欄的類別樣式，適用於不同螢幕寬度：

| 適用裝置 | 樣式名稱 | 適用螢幕寬度 |
|---|---|---|
| Mobile (手機螢幕) | .col-xs- | < 768px |
| Tablet (平板螢幕) | .col-sm- | 768~991px |
| Desktop (電腦桌面或平板大小) | .col-md- | 992~1200px |
| Large Desktop (電腦寬螢幕) | .col-lg- | ≥1200px |

4. 欄區塊的類別名稱由 3 個部分組成：**.欄-適用螢幕尺寸-所佔欄位數**，例如套用「**.col-xs-6**」類別的欄，表示「當螢幕寬度小於 768 像素時，此欄區塊寬度為 6 個欄位」。

5. **Bootstrap** 網頁套用的 **bootstrap.css** 是唯讀檔案，我們可以另外新增一個自訂的 CSS 檔，同時運用 2 個 CSS 檔來控制外觀。

**利用 Dreamweaver CC 的「裝置預覽」功能檢視網頁：**

要檢視手機網站時，若還沒有準備網站空間，可上傳到 Adobe CC 的空間來測試。請如圖操作：

**2** 過一會兒就會出現測試網址和 QR Code，請用裝置連上此網址或拍攝 QR Code

**1** 在 Dreamweaver 中開啟網頁後，在**文件視窗**右下角按此鈕

檢視上傳的網頁

**3** 連到網址後需先登入 Adobe ID

**4** 按下此鈕

# 09 建立手機網站並封裝成 App

## ■ 課前導讀

要透過手機宣傳活動, 除了製作網站外, 還有一個強有力的行銷手法, 就是製作手機用的 App (應用程式)。訪客只要安裝了你的 App, 就可以隨時在手機上查閱你提供的資訊, 不必再反覆打開瀏覽器來上網搜尋你的網站。換言之, 比起網站, App 更能拉近你與訪客之間的距離。

可是, 說到要做 App, 好像要寫很多困難的程式碼？別怕！針對沒做過 App 的初學者, Dreamweaver CC 提供了 **jQuery Mobile** 功能, 讓你快速做出手機的選單介面；介面完成後, 只要利用 **Adobe PhoneGap Build 服務**, 就能輕鬆地把網站封裝成 App。這一堂課我們就一起來做做看, 你會發現做 App 其實很簡單哦！

## ■ 本堂課學習提要

● 利用內建的 **jQuery Mobile** 功能製作手機選單介面

● 在 App 中加入文字、圖片與 Google 地圖

● 加入 **jQuery Mobile** 網頁元件, 製作 App 中的按鈕和可收合區塊

● 開啟 **jQuery Mobile 色票**面板來套用色彩

● 透過 **Adobe PhoneGap Build** 網站將選單介面發佈為 App

預估學習時間　120 分鐘

# 9-1 建立 jQuery Mobile 頁面

這一節我們就要利用 **jQuery Mobile** 功能快速建立出基本的網頁選單, 儲存到網站資料夾後, 即可完成初步的選單架構。

## 建立 App 專用的網站

將網站封裝為 App 時, 會將網站中所有的檔案都包進去, 所以我們要先建立一個 App 專用的網站。在範例網站資料夾中, 我們已經為你準備好一個練習用的資料夾:**Ch09**, 請先將它複製到你硬碟中的任何位置:

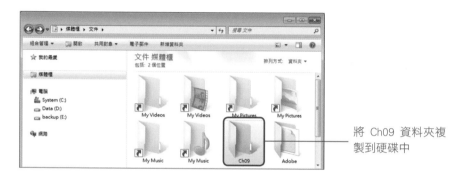

將 Ch09 資料夾複製到硬碟中

接著就進入 Dreamweaver, 將硬碟中的 Ch09 設定為新的網站資料夾:

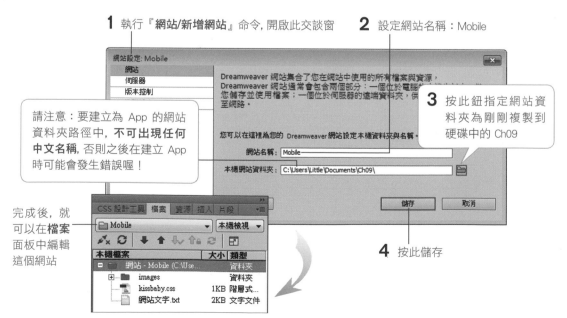

**1** 執行『**網站/新增網站**』命令, 開啟此交談窗

**2** 設定網站名稱:Mobile

**3** 按此鈕指定網站資料夾為剛剛複製到硬碟中的 Ch09

請注意:要建立為 App 的網站資料夾路徑中, **不可出現任何中文名稱**, 否則之後在建立 App 時可能會發生錯誤喔!

完成後, 就可以在**檔案**面板中編輯這個網站

**4** 按此儲存

# 建立 jQuery Mobile 頁面

在 Dreamweaver CC 中建立 **jQuery Mobile** 網站的方法很簡單, 只要先建立一般的 **HTML 5** 網頁, 再插入 **jQuery Mobile 頁面**即可。

**step01** 請執行『**檔案/開新檔案**』命令, 如下操作:

**1** 點選**新增文件** / HTML 類型, 再切換到此頁次

**2** 預設選擇 HTML5

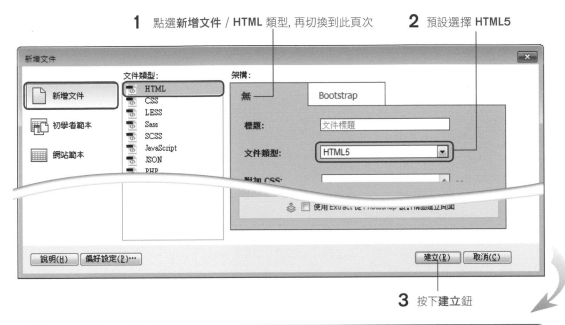

**3** 按下**建立**鈕

**4** 開啟**插入**面板, 下拉此列示窗選擇 **jQuery Mobile**

**5** 按下**頁面**鈕

建立了空白網頁

**step 02** 接著會出現 **jQuery Mobile 檔案**交談窗, 這裡可以選擇要把 **jQuery Mobile** 相關的檔案建立在**遠端**或是**區域** (本機), 以及相關 CSS 檔的儲存位置。

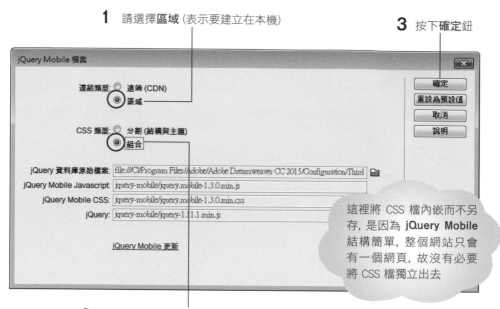

**1** 請選擇**區域** (表示要建立在本機)

**3** 按下**確定**鈕

這裡將 CSS 檔內嵌而不另存, 是因為 **jQuery Mobile** 結構簡單, 整個網站只會有一個網頁, 故沒有必要將 CSS 檔獨立出去

**2** 點選**組合**, 表示要將 CSS 檔內嵌在網頁中 (若選**分割**, 會儲存成獨立的 CSS 檔)

**step 03** 接著會出現**頁面**交談窗, 讓你依需求來建立 App 中的每一頁。在 jQuery Mobile 網站中, 每個頁面的預設 ID 是 **page**, 因此請將 App 裡面的第 1 頁、第 2 頁...依序設定為 page1、page2... ; 你也可以自定每一頁是否需要**頁首** (header 區塊) 和**頁尾** (footer 區塊)。依我們規劃的 App 結構 (請參考 8-7 頁), 請如圖設定 :

**1** 目前在 App 的首頁 (第 1 頁), 因此請設定為 **page1**

**3** 按下**確定**鈕

**2** 勾選這 2 個項目

自動產生 **jQuery Mobile** 相關的 CSS 與程式檔

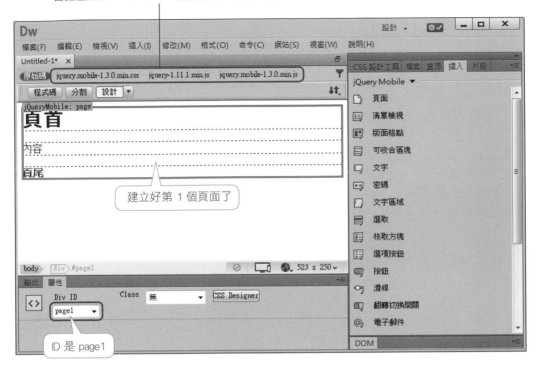

建立好第 1 個頁面了

ID 是 page1

**step04** 你可能會覺得網頁中只看到一個區塊,哪裡像 App 的頁面呢?這時就要切換到**即時檢視**模式,就可以看到頁首、內容、頁尾皆套用了預設的格式,之後只要修改這些區塊的內容,就可以完成一個自訂的 App 頁面。

切換到**即時檢視**模式

頁首、內容、頁尾皆套用了預設的格式,點選即可看到樣式名稱

**step05** 本例需要 5 個頁面, 因此再請你依相同方式建立 4 個頁面, 並如下命名:

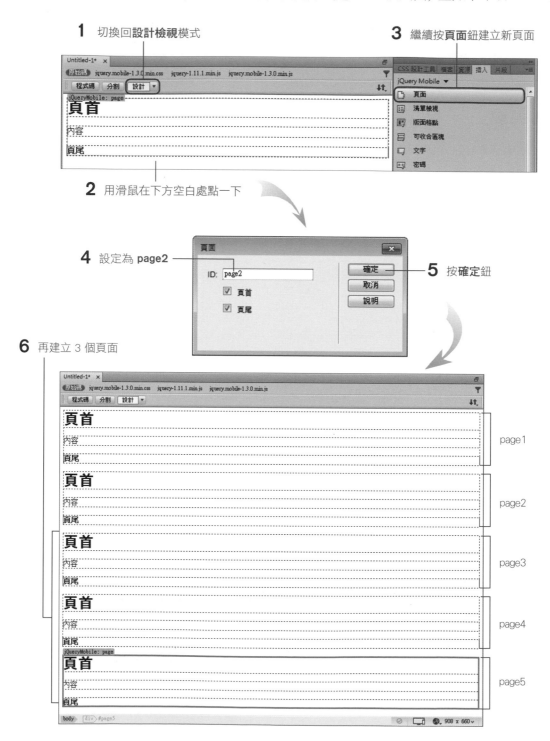

**1** 切換回**設計檢視**模式

**3** 繼續按**頁面**鈕建立新頁面

**2** 用滑鼠在下方空白處點一下

**4** 設定為 page2

**5** 按確定鈕

**6** 再建立 3 個頁面

**step 06** 完成後即可儲存檔案, 請將檔名命名為 index.html。此時若你切換到**即時檢視**模式, 預設只會顯示 page1 中的內容, 而且無法切換頁面, 沒關係, 接下來我們就要製作連結選單。

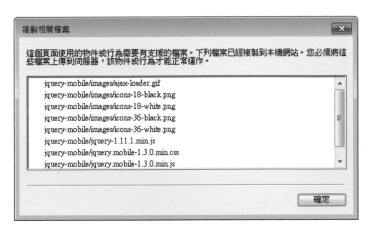

儲存檔案時會跳出此視窗, 提醒你會
一併儲存相關檔案, 按**確定**鈕即可

若切換到**即時檢視**模式,
也只會看到 page1 的內容

檔名為 index.html

將檔案儲存到目前編輯的 **Mobile** 網站

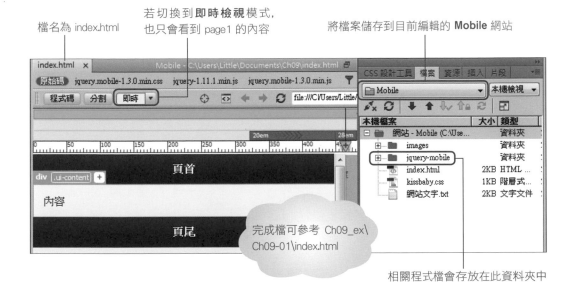

完成檔可參考 Ch09_ex\
Ch09-01\index.html

相關程式檔會存放在此資料夾中

**TIP** 本章各階段的完成檔皆儲存於 Ch09_ex 資料夾中的各個範例資料夾, 檔名皆為 index.html, 你可隨時依書上說明開啟對應的資料夾來參考。

# 製作 jQuery Mobile 首頁連結選單

目前已經建立 page1~5 的頁面，但是預設只會顯示 **page1**，因為在手機上，使用者是以手指左右滑動來切換。這樣一來，若要切換到 page5，就要滑動很多次，操作並不方便，因此通常會在首頁加入可跳至其他頁面的選單，我們可以用**插入**面板的**清單檢視**功能來製作。

**step01** 我們要在首頁 (page1) 中間的**內容**區塊裡插入跳頁選單，請切換到**設計檢視**模式，選取「內容」兩字，按 `Delete` 鍵刪除，然後從**插入**面板插入**清單檢視**：

**1** 刪除 **page1** 區塊裡的「內容」2
字，刪除後游標仍位於區塊內

**2** 按下**插入**面板 jQuery Mobile
頁次的**清單檢視**鈕

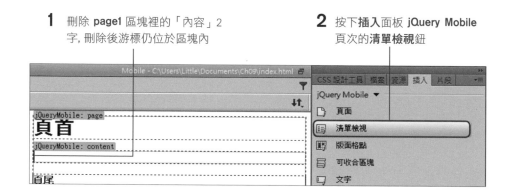

**step02** 接著會出現**清單檢視**交談窗供你設定內容。請參考 9-2 頁的完成圖，選單中只要放置「活動資訊」、「活動方式」、「獎品簡介」、「我要報名」等文字，並不需要排順序，因此請如圖設定**無順序**、**4** 個項目，然後按**確定**鈕。

**1** 下拉選擇這
兩個項目

**2** 按確定鈕

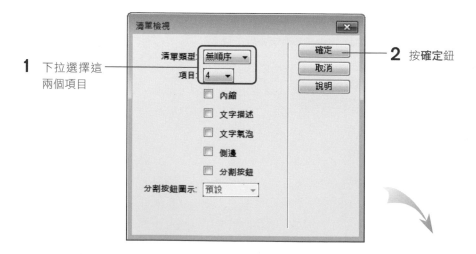

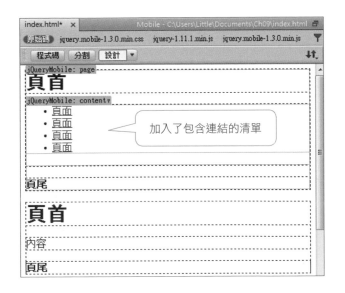

step**03** 接著再利用**屬性**面板替每個項目設定跳到各頁的超連結, 例如要連到第 2 頁, 寫法是 **#page2**:

**1** 選取第 1 個**頁面**連結

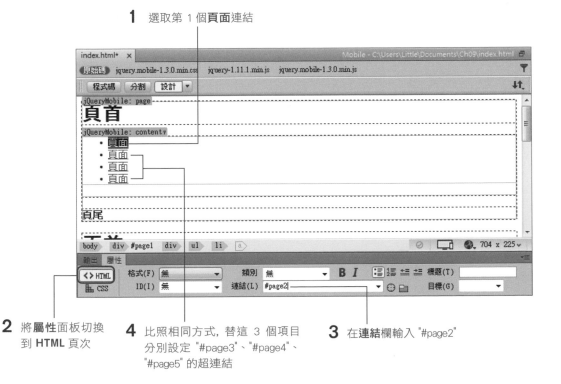

**2** 將**屬性**面板切換
到 HTML 頁次

**4** 比照相同方式, 替這 3 個項目
分別設定 "#page3"、"#page4"、
"#page5" 的超連結

**3** 在**連結**欄輸入 "#page2"

step 04　到此就完成這個階段的設定，你可切換到**即時檢視**模式來檢查，若將滑鼠移到
　　　　各選單上，會變成小手狀，點按就會跳至指定頁面，不過由於各頁面內容相同，
　　　　目前看不出差異。下一節我們就會分別為每頁製作個別的內容。

切換到**即時檢視**模式

清單檢視元件會
自動套用成預設
的灰色選單樣式

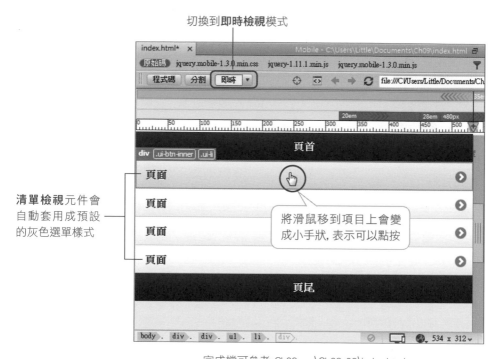

完成檔可參考 Ch09_ex\Ch09-02\index.html

# 9-2　在 jQuery Mobile 網頁中加入文字與圖片

這一節我們就要在每個頁面加入文字、圖片等內容，將預設的選單改造成我
們自訂的 KissBaby App。在 jQuery Mobile 網頁中，大多數的元件都可以
從**插入**面板的 **jQuery Mobile** 頁次中取用，不必花太多時間自己設計，也可
以做出完成度很高的頁面哦！

## 修改各頁面的表頭、頁尾文字

整個網站所需的文字已經準備好了，首先就來製作首頁 (第一頁) 的內容。

**step 01** 請接續上一節製作的範例，開啟網站資料夾中的 **網站文字.txt** 這個檔案，先修改 index.html 中第一個區塊的文字。

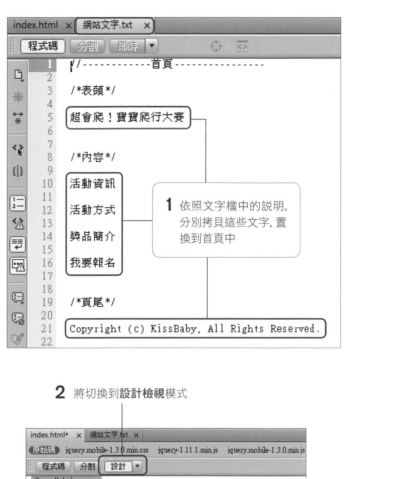

**2** 將切換到 **設計檢視** 模式

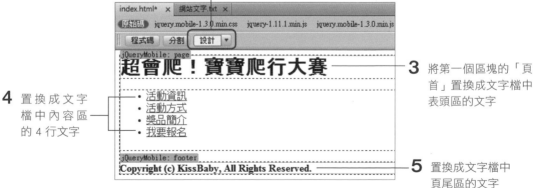

**4** 置換成文字檔中內容區的 4 行文字

**3** 將第一個區塊的「頁首」置換成文字檔中表頭區的文字

**5** 置換成文字檔中頁尾區的文字

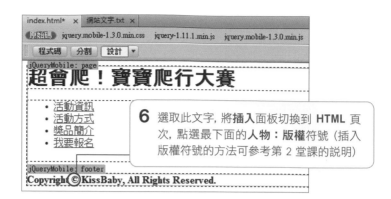

**6** 選取此文字, 將**插入**面板切換到 **HTML** 頁次, 點選最下面的**人物：版權**符號 (插入版權符號的方法可參考第 2 堂課的說明)

**step 02** 改好第一頁後, 再往下捲動畫面, 如圖修改其他 4 頁的文字：

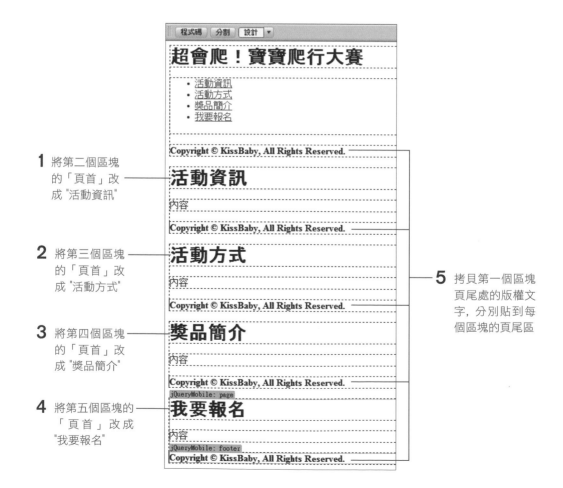

**1** 將第二個區塊的「頁首」改成 "活動資訊"

**2** 將第三個區塊的「頁首」改成 "活動方式"

**3** 將第四個區塊的「頁首」改成 "獎品簡介"

**4** 將第五個區塊的「頁首」改成 "我要報名"

**5** 拷貝第一個區塊頁尾處的版權文字, 分別貼到每個區塊的頁尾區

**6** 切換到**即時檢視**模式
來看目前的效果

## 加入圖片

目前頁面中只有灰階的選單和黑色文字，看起來很單調，接著我們要在各頁面
加入色彩繽紛的圖片。

**step01** 首先要在首頁加入網站的主視覺圖片。請切換到**設計檢視**模式，再按**分割**鈕，
如下操作：

**1** 選取首頁標題所在的區塊

**2** 按一下 → 鍵，讓插入點
位於 </div> 標籤後面

**3** 將**插入**面板切換到
HTML 頁次，按此鈕
插入 images 資料夾
中的 mainimg.jpg 圖片

插入表頭的圖片

**step 02** 接著再如法炮製，置換掉以下 4 個區塊的首頁圖片：

**1** 在**活動資訊**區塊後面插入 images 資料夾中的 title01.jpg 圖片

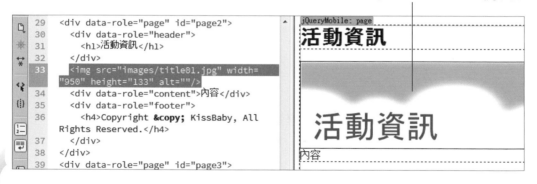

**2** 在**活動方式**區塊後面插入 images 資料夾中的 title02.jpg 圖片

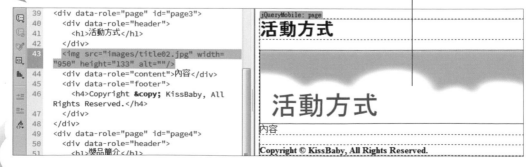

**3** 在**獎品簡介**區塊後面插入 images 資料夾中的 title03.jpg 圖片

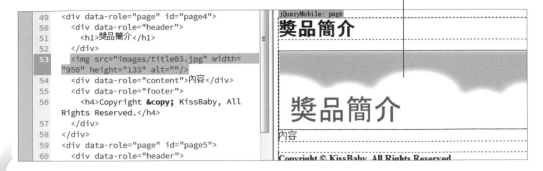

**4** 在**我要報名**區塊後面插入 images 資料夾中的 title04.jpg 圖片

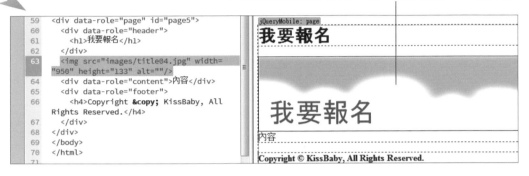

**step 03** 請切換到**即時檢視**模式來看看完成的效果。完成檔可參考 F5401_ex\Ch09_ex\Ch09-03\index.html。

目前的首頁選單，可按下任一個項目檢視其他頁次

**TIP** 表頭圖片的右側被裁切了，9-5 節會說明如何調整。

# 9-3 製作「活動資訊」頁並加入 Google 地圖

這一節我們要製作「活動資訊」這個頁面的內容，其中包含活動相關的訊息，以及說明地點的 Google 地圖。

**step 01** 首先請切換到上一節開啟過的**網站文字.txt** 這個檔案，如圖複製**活動資訊**頁的文字，貼到 index.html 中：

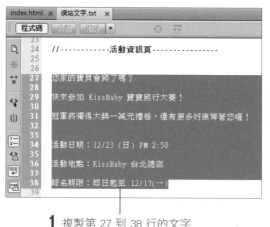

**1** 複製第 27 到 38 行的文字

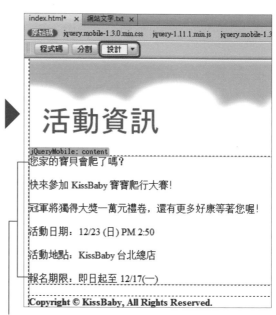

**2** 切換成**設計檢視**模式，選取內容區塊中的 "內容" 2 字，貼上複製的文字

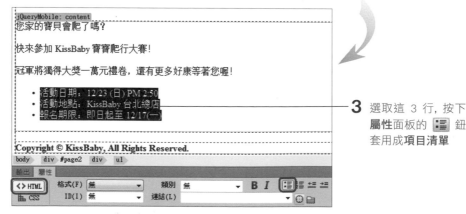

**3** 選取這 3 行，按下**屬性**面板的 鈕套用成**項目清單**

step02 接著就要來製作內嵌地圖的部分，請開啟瀏覽器連到 **Google 地圖**網站 (https://maps.google.com.tw/)，如圖輸入你要引用地圖的位置：

**2** 按下此鈕開啟右側交談窗　　　**1** 輸入要查詢的地址後, 按下此鈕即可看到地圖

**3** 點選此項目

**4** 跳出視窗後, 切換
到**嵌入地圖**頁次

**5** 複製此連結後,
即可關閉此頁

**6** 回到 index.html, 請切換到**設計檢視**模式, 將插入點置於 </ul> 後面

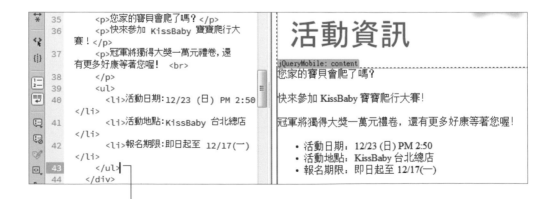

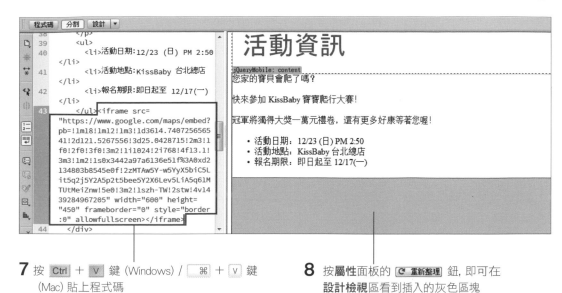

**7** 按 Ctrl + V 鍵 (Windows) / ⌘ + V 鍵 (Mac) 貼上程式碼

**8** 按屬性面板的 ↻ 重新整理 鈕, 即可在 設計檢視區看到插入的灰色區塊

**step03** 最後切換成**即時檢視**模式, 即可測試嵌入 Google 地圖的效果 (可參考 F5401_ex\Ch09_ex\Ch09-04\index.html)。

按下此鈕

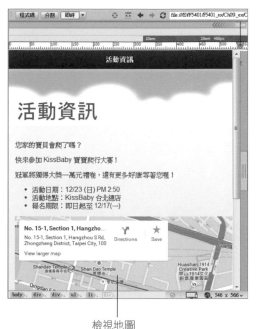

檢視地圖

# 9-4 利用表格與可收合區塊來呈現文字

這一節我們要繼續完成**活動方式**和**獎品簡介**這兩頁。由於需要放進頁面的文字很多，為了避免在手機上瀏覽大量的文字，我們將會搭配**版面格點**(表格)和**可收合區塊**等元件，讓文字內容變得清楚又易於閱讀。

## 利用 jQuery Mobile 版面格點製作兩欄式表格

之前在第 5 堂課有介紹過用表格來整理文字的技巧，相信你一定不陌生，而在 jQuery Mobile 網頁中，則是用**版面格點**元件來取代表格的功能，它的好處是可以隨手機畫面調整大小，比表格更具有彈性。請接續之前編輯的 index.html，如下加入：

step01 請切換到**設計檢視**模式，將網頁往下捲動到**活動方式**區塊，刪除 "內容" 2 字，然後將**插入**面板切換到 **jQuery Mobile** 頁次，插入**版面格點**元件：

**1** 選取此文字並按 Delete 鍵刪除

**2** 點選此項目

**4** 按下**確定**鈕

**3** 設定為 1 列、2 欄

插入的**版面格點**元件

**step02** 現在已經置入一個 2 欄式的表格，接著請再開啟**網頁文字.txt**，如圖將文字拷貝、貼入表格：

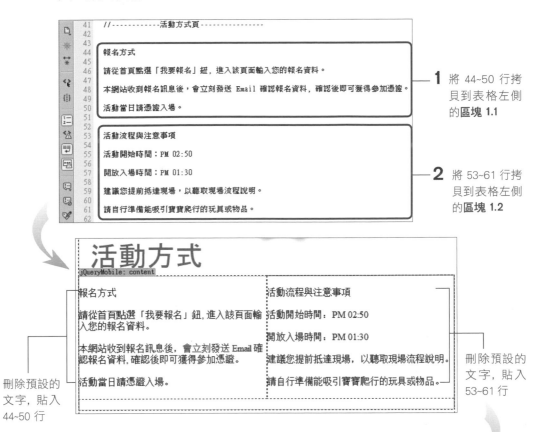

**1** 將 44~50 行拷貝到表格左側的**區塊 1.1**

**2** 將 53~61 行拷貝到表格左側的**區塊 1.2**

刪除預設的文字，貼入 44~50 行

刪除預設的文字，貼入 53~61 行

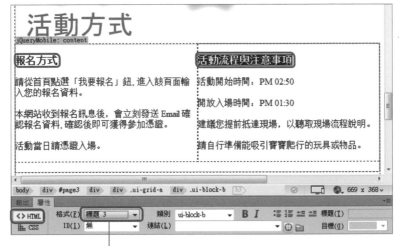

**3** 貼好文字後，請選取第一行的文字，在屬性面板的 HTML 頁次套用**標題 3** 的樣式

## 加入 jQuery Mobile 可收合區塊

請再往下捲動網頁，接著要編輯**獎品簡介**區塊。本活動共提供 3 個獎項：「報名獎」、「投票獎」、「活動獎」，每種獎項各有一段獎品說明。這裡要使用**可收合區塊**元件來製作，讓使用者進入此頁時只看到 3 個獎項，點選獎項後才會看到獎品，這樣可以讓版面更清爽乾淨。

**step01** 請接續編輯 index.html，往下捲動到**獎品簡介**區塊後，刪除其中的 "內容" 2 字，然後點選**插入**面板 **jQuery Mobile** 頁次的**可收合區塊**項目：

**1** 刪除 "內容" 文字後，插入點位於此區塊中　　　　　　　　　　**2** 點選此項目

**3** 加入了以藍色框線包圍
起來的**可收合區塊**

**step 02** 在可收合區塊中, 標示為「**頁首**」的才會顯示在網頁上; 而標示為「**內容**」的區塊, 預設會收合起來, 直到使用者點選才會展開。因此, 我們要把文字檔中的「報名獎」、「投票獎」、「活動獎」這 3 段文字拷貝到「**頁首**」區, 獎品說明則拷貝到「**內容**」區, 如下所示:

**1** 將原本的「**頁首**」置換為這些文字

**2** 將原本的「**內容**」置換為這些文字

**step 03** 最後切換到**即時檢視**模式, 即可測試收合和展開區塊的效果 (可參考 F5401_ex\Ch09_ex\Ch09-05\index.html)。

**1** 切換成**即時檢視**後, 請點選**獎品簡介**鈕進入此頁

**2** 所有內容收合成 3 個選項, 請點按任一項目

**3** 展開此區塊後, 再按一下此項目即可收合

# 製作電子郵件報名頁面

最後是「我要報名」這個頁面，由於此網頁之後會做成 App，所以當你需要請使用者寄信溝通時，最直接的方式是製作**電子郵件連結鈕**，按下後會開啟手機的郵件程式來寄信。請接續上例操作：

**step 01** 請切換成**設計檢視**模式，將最下面的文字換成**網站文字.txt** 中的文字：

**1** 切換到文字檔，拷貝最後一段文字

**2** 將網頁往下捲動到「我要報名」區塊

**3** 選取此區塊中的「內容」兩個字，貼上剛剛複製的文字，再按一下 `Enter` 鍵（Windows）/ `return` 鍵（Mac）換行，使游標停在下一行

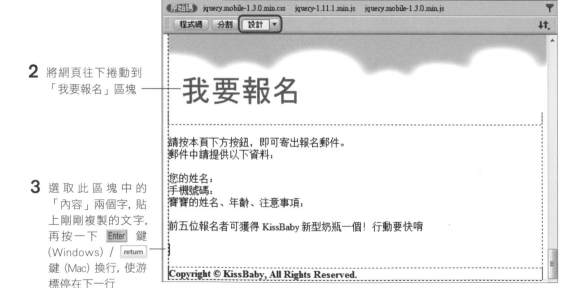

**step02** 接著再加入**插入**面板 **jQuery Mobile** 頁次提供的**按鈕**：

**2** 下拉選擇**按鈕**項目

**3** 按下**確定**鈕

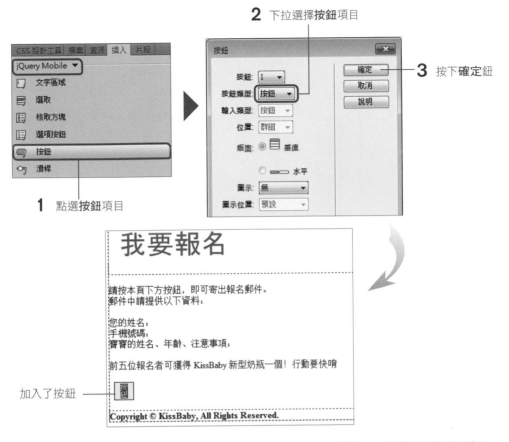

**1** 點選**按鈕**項目

加入了按鈕 ─

**step03** 按鈕上只顯示「按鈕」二字，我們要改成「寄出報名郵件」，讓使用者更了解用途。不過在**設計檢視**模式中無法修改文字，請切換到**分割**模式來修改：

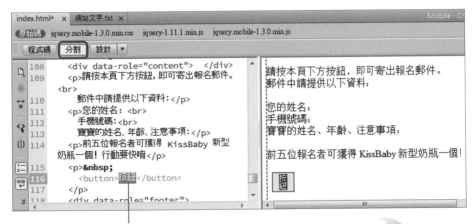

**1** 在**程式碼檢視**區選取「按鈕」二字

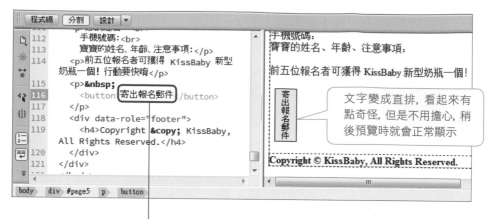

**2** 改成「寄出報名郵件」，然後按下**屬性**面板的**重新整理**鈕

step**04** 最後為按鈕加上可寄信的 **mailto...**連結即可。

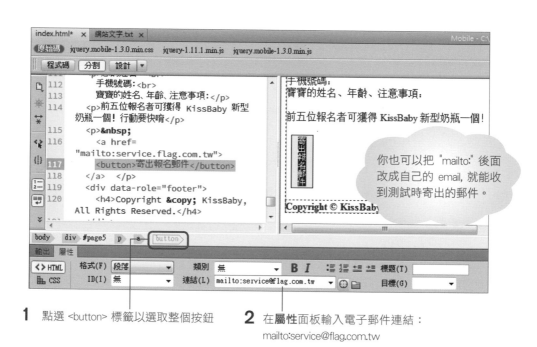

**1** 點選 <button> 標籤以選取整個按鈕

**2** 在**屬性**面板輸入電子郵件連結：
mailto:service@flag.com.tw

step**05** 到此 App 的內容就設定好了，你可存檔後按 F12 鍵，以瀏覽器測試按下每個按鈕的效果。完成檔可參考 F5401_ex\Ch09_ex\Ch09-06\index.html。

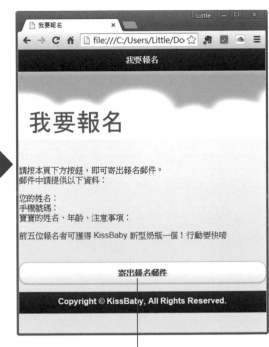

**1** 點選**我要報名**項目

**2** 按此鈕就會開啟電子郵件程式（若在電腦上測試, 就會開啟電腦上預設的郵件程式）

# 9-5 以 jQuery Mobile 色票美化手機網站

手機的介面已經設計得差不多了, 可是看起來還是有點陽春, 例如標題圖片右邊被切掉、選單也是預設的灰黑色系, 實在不符合 KissBaby 網站的風格。這一節我們就要動手美化它, 透過 **jQuery Mobile 色票**面板即可快速改變選單外觀, 再搭配 **CSS** 的設定來修改細部。

## 開啟 jQuery Mobile 色票面板快速套用外觀

請執行『**視窗/ jQuery Mobile 色票**』命令開啟 **jQuery Mobile 色票**面板, 在這個面板中有幾組色票, 只要點按這些色票, 就可以套用到選單上囉！底下就一起來練習。

**step01** 為了馬上看到套用後的視覺效果，請切換到**即時檢視**模式，如下套用色票：

**1** 請按一下黑色的表頭區　　　　　　預設是選取最左邊的色票，表示不套用任何主題

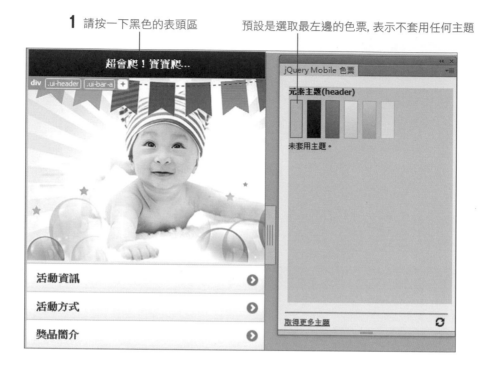

表頭套用灰色漸層了！

**2** 本例我們要將表頭變更為灰色，請
　　按一下灰色漸層色票 (Theme：d)

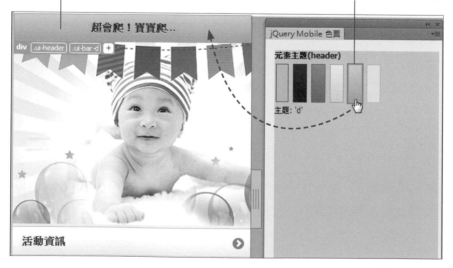

**3** 點選黑色頁尾區域, 再點選此色塊
(Theme：c), 將頁尾變成白色

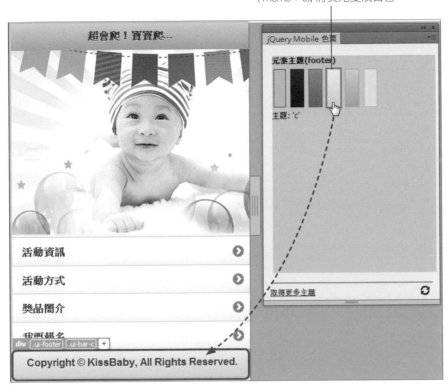

step**02** 接著點選首頁的**活動資訊**鈕進入該頁, 繼續套用色票：

**1** 將表頭套用灰色漸層色票

表頭、內容區皆套用此色票

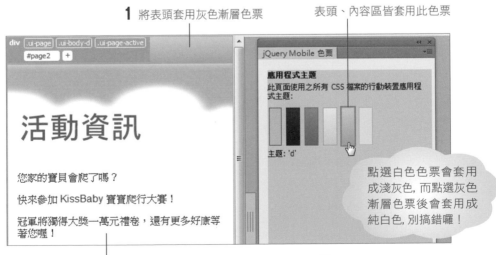

點選白色色票會套用
成淺灰色, 而點選灰色
漸層色票後會套用成
純白色, 別搞錯囉！

**2** 將內容區塊也套用灰色漸層色票 (Theme：d) (內容區塊
不容易點選, 建議你先選取標題圖片再按色票)

頁尾區套用此色票

**4** 設定好後,請按視窗上方的**上一步**鈕 ← 回到首頁

**3** 將頁尾區塊套用白色色票 (Theme:c)

**step03** 回到首頁後,再繼續切換到**活動方式**、**獎品簡介**和**我要報名**頁次套用色票:

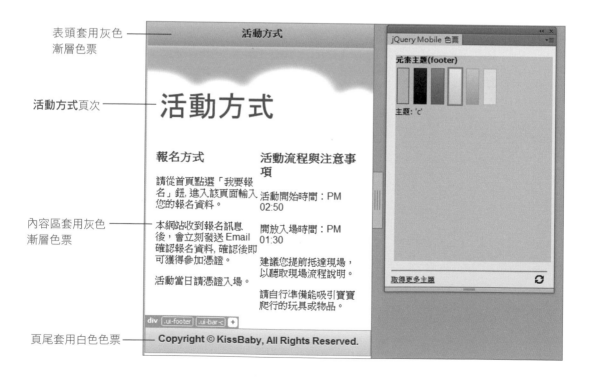

表頭套用灰色漸層色票

活動方式頁次

內容區套用灰色漸層色票

頁尾套用白色色票

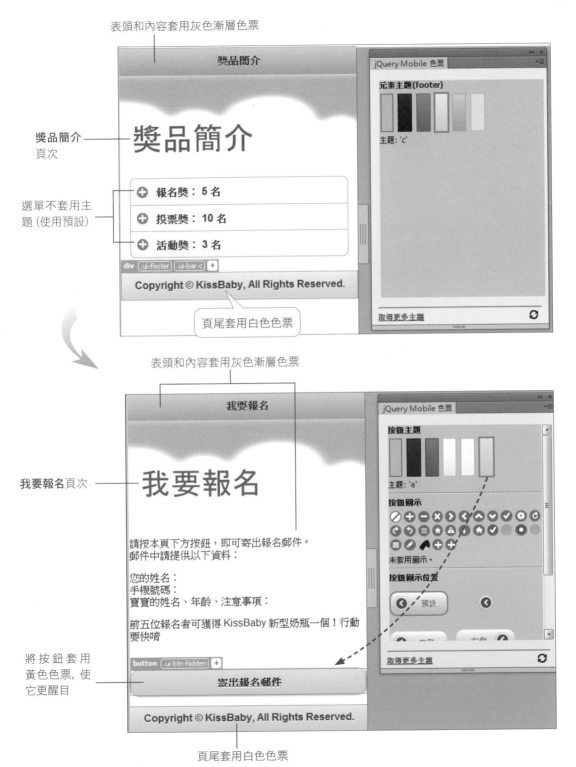

表頭和內容套用灰色漸層色票

**獎品簡介**
頁次

選單不套用主題 (使用預設)

頁尾套用白色色票

表頭和內容套用灰色漸層色票

**我要報名**頁次

將按鈕套用黃色色票, 使它更醒目

頁尾套用白色色票

# 設定 CSS 樣式來修改細部外觀

套用 **jQuery Mobile** 色票雖然方便，不過無法修改選單的細部樣式，例如文字色彩、大小、圖片尺寸…等。以本例來說，標題圖片被裁掉的問題還沒有解決，其他如內容、表尾的文字等都需要再調整。

目前圖片的大小並不符合區塊，因此在較小的手機介面上會被裁掉右邊

這些問題我們都可以用 CSS 來解決。請開啟 **CSS 設計工具**面板，即可看到目前網頁選單所套用的 CSS 樣式：

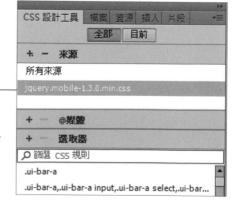

jQuery Mobile 網頁預設會套用此 CSS 樣式，儲存在 **jquery-mobile** 資料夾中

你可直接在面板中開啟各 CSS 樣式來修改, 不過一一尋找各區塊對應的樣式很費力, 其實我們也可以直接建立新的 CSS 樣式來套用。舉例來說, 要修改標題圖片裁切的問題, 請按下 **CSS 設計工具**面板**選取器**區的 **+** 鈕, 如下新增樣式並套用:

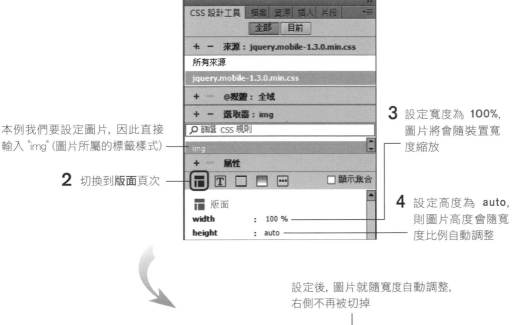

**1** 本例我們要設定圖片, 因此直接輸入 "img" (圖片所屬的標籤樣式)

**2** 切換到**版面**頁次

**3** 設定寬度為 100%, 圖片將會隨裝置寬度縮放

**4** 設定高度為 auto, 則圖片高度會隨寬度比例自動調整

設定後, 圖片就隨寬度自動調整, 右側不再被切掉

由於我們修改了 <img> 標籤，因此連其他頁面的標題圖片也一併改好了。接下來還有幾個地方要修正，它們也都有對應的 HTML 標籤，如下表所示：

| 要控制的標籤 | 修改的內容 | 控制範圍 |
|---|---|---|
| <p> | font-size: 14px;　color: #333; | 整體內容的文字大小 (灰色 14px) |
| <li> | font-size: 14px;　color: #28A2A2;<br>list-style-image: url(images/heart.png);<br>margin-bottom: 10px; | 「活動資訊」頁次的項目樣式 (藍綠色 10px、項目符號換成愛心圖示、調整項目行距) |
| <h3> | font-size: 14px;　color: #E75051; | 「活動方式」頁次兩個標題的樣式 (紅色縮小字) |
| <h4> | color: #E75051;font-size: 10px;<br>font-weight: normal; | 頁尾版權文字的樣式 (紅色 10px、不加粗) |

你可自行建立這些樣式，或直接匯入範例網站中的 kissbaby.css 檔案：

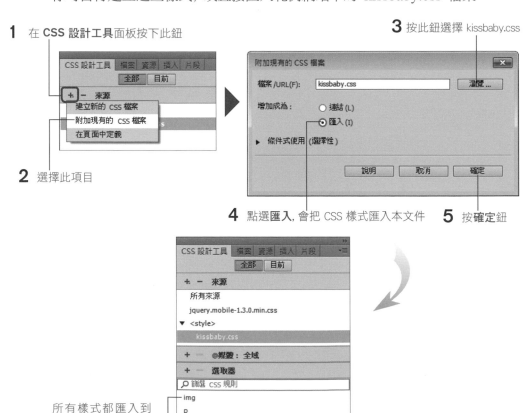

**1** 在 **CSS 設計工具**面板按下此鈕

**2** 選擇此項目

**3** 按此鈕選擇 kissbaby.css

**4** 點選匯入，會把 CSS 樣式匯入本文件

**5** 按確定鈕

所有樣式都匯入到 **CSS 設計工具**面板

匯入樣式後, 即可直接看到網頁中的變化。你也可以再選取一些元素來套用這些樣式。請切換成**設計檢視**模式, 並往下捲動至**獎品簡介**頁面, 如下設定:

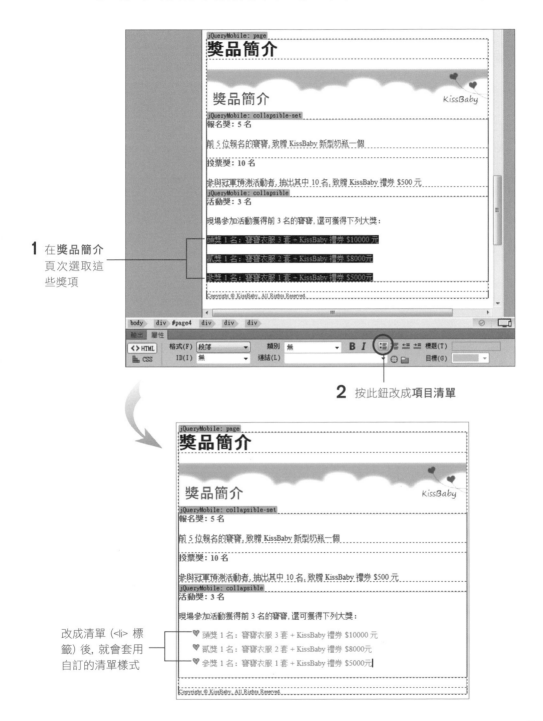

**1** 在**獎品簡介**頁次選取這些獎項

**2** 按此鈕改成**項目清單**

改成清單 (<li> 標籤) 後, 就會套用自訂的清單樣式

最後請將**活動方式**頁面的項目也套用成清單樣式，就完成了。本階段完成檔可參考 F5401_ex\Ch09_ex\Ch09-07\index.html。

App 已設計完成

# 9-6 測試與發佈 App

App 終於設計好了, 你一定迫不及待地想試試看安裝的效果吧！在 Dreamweaver CC 中提供了幾種便利的功能, 讓你可以用手邊的裝置來安裝、測試 App。

## 利用「裝置預覽」功能在智慧型手機上測試 App

在上一堂課的「實用的知識」曾提過, 可以隨時用 Dreamweaver 文件視窗右下角的**裝置預覽**功能來檢視網頁, App 也可以用相同作法測試。請接續上例, 如下操作：

**2** 出現 QR 碼和網址後, 請用手機的掃描軟體拍攝 QR 碼, 或開啟手機的瀏覽器連上右側網址

**1** 在**文件視窗**右下角按此鈕

這是用 iPhone 測試的畫面

**3** (在手機上) 登入 **Adobe ID** 後, 即可檢視上傳的結果

## 連到 Adobe PhoneGap Build 網站製作 App 安裝檔

「**裝置預覽**」功能只是將 App 檔案上傳到測試網站去瀏覽, 若想實際用手機操作看看, 只要將整個網站資料夾壓縮成一個 .zip 檔, 上傳到 **Adobe PhoneGap Build** 網站, 輕輕鬆鬆就能將網站變成 App 囉！

**step01** 請將整個網站資料夾壓縮成 **.zip** 壓縮檔, 這裡有一點要特別注意, 在壓縮前, 請先刪掉網站資料夾中的 "網站文字.txt", 一方面是因為 App 中不需要該文字檔, 另一方面是中文檔名可能導致轉檔時出錯。壓縮好後, 請如圖上傳:

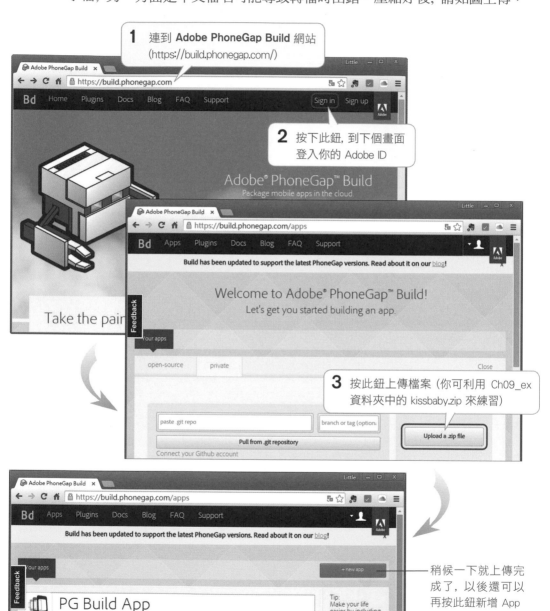

**1** 連到 **Adobe PhoneGap Build** 網站 (https://build.phonegap.com/)

**2** 按下此鈕, 到下個畫面登入你的 Adobe ID

**3** 按此鈕上傳檔案 (你可利用 Ch09_ex 資料夾中的 kissbaby.zip 來練習)

稍候一下就上傳完成了, 以後還可以再按此鈕新增 App

**4** 按下此鈕取得安裝檔連結

**step02** 檔案上傳後，即可看到 iOS、Android、Windows 等手機系統用的安裝頁面。 本例我們用 Android 系統來示範安裝方式：

**1** 切換至  此頁次

可在此切換顯示 iOS、Android、Windows 等不同系統用的安裝方式

**2** 進入 Android 頁次即可下載 Android 系統手機專用的 .apk 安裝檔

> **TIP** 若要用 iPhone 安裝 PhoneGap App，必須先付費註冊 Apple 公司的 iOS 開發者帳號，才能獲得安裝憑證，因此我們用 Android 系統手機來測試。

**step03** 下載 .apk 安裝檔後，請將它傳送到你的 Android 系統手機，依一般程序安裝即可，接著就能在手機上測試和操作 App 了。

在 Android 系統手機上安裝 .apk 檔（你可利用 Ch09_ex 資料夾中的 .apk 檔來練習）

在 Android 系統手機上安裝和測試

## 重點整理

**1.** 在 Dreamweaver CC 中建立 **jQuery Mobile** 網站的方法很簡單, 只要先建立一般的 **HTML 5** 網頁, 再插入 **jQuery Mobile** 頁面即可。

**2.** 插入 **jQuery Mobile 頁面**時, 每個頁面的預設 ID 是 **page**, 因此請將 App 裡面的第 1 頁、第 2 頁...依序設定為 page1、page2...;你也可以自定每一頁是否需要**頁首** (header 區塊) 和**頁尾** (footer 區塊)。

**3.** 剛開始建立 **jQuery Mobile 頁面**後, 若切換到**即時檢視**模式, 預設只會顯示 **page1** 中的內容, 無法切換頁面。要解決這種問題, 就要在首頁 (**page1**) 加入可跳至其他頁面的選單, 我們可以用**插入**面板的**清單檢視**功能來製作。

**4.** 將網站封裝為 App 時, 會將網站中所有的檔案都包進去, 所以我們必須先建立一個 App 專用的網站, 並且注意所有的檔案、資料夾、網站資料夾、路徑名稱…等處, 都不能有中文名稱。

**5.** jQuery Mobile 網站是把所有的**頁面 (page)** 都建立在同一個 html 網頁中, 請一定要將這個網頁命名為 "index.html" (首頁的指定名稱), 以免後續要建立成 App 時找不到檔案。

**6.** 製作 jQuery Mobile 網頁時, 大多數元件都可以從**插入**面板的 **jQuery Mobile** 頁次中取用, 例如**版面格點** (表格)、**可收合區塊**、**按鈕**等, 不必花太多時間自己設計, 也可以做出完成度很高的頁面。

**7.** 執行『**視窗/ jQuery Mobile 色票**』命令開啟 **jQuery Mobile 色票**面板, 在這個面板中有幾組色票, 只要點按這些色塊就可以套用到 **jQuery Mobile** 選單上。

**8.** 由於 **PhoneGap** 功能無法支援中文檔名, 發佈 App 前一定要反覆確認網站中所有的檔案、資料夾、網站資料夾、路徑名稱…都沒有使用中文名稱。

## 測試 App 時，為什麼地圖的畫面無法顯示出來？

在 9-3 節加入 Google 地圖時，該地圖其實有限制寬度 (600px)，這會導致在螢幕較小的手機上顯示錯誤。如果想適用於各種螢幕尺寸的手機，你可選取地圖，在**程式碼檢視**畫面將寬度 (**width**) 改為 100% 即可。完成的檔案可參考 F5401_ex\Ch09\Ch09-08\index.html。

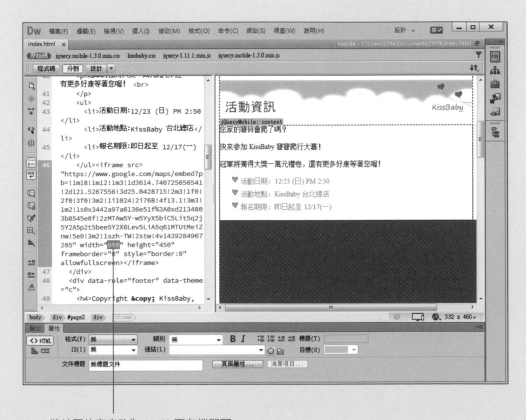

將地圖的寬度改為 100% 再存檔即可

*Part* $4$

# 以相片為主軸的網站 -
# 旅遊攝影網站

# 旅遊攝影網站
# 設計解析

預估學習時間 60 分鐘

## 旅遊攝影網站的設計理念

PhotoTour 是一家專門規劃旅遊攝影團的旅行社，網站的主要目的是希望以漂亮的相片吸引喜歡攝影的消費者參加行程，並藉由網頁的說明，讓顧客了解 PhotoTour 與一般旅行社的不同，不僅有專業的旅遊嚮導，還有攝影師全程指導教學。

因此，我們在旅遊攝影網站中將以相片為主軸，搭配適量的文字資訊，使訪客能輕鬆地瀏覽網頁，也能得到行程的最新資訊。為了用攝影作品吸引顧客，在挑選、編排放到網頁上的相片時，都必須多下點工夫才行。

除了旅遊網站之外，美食報導、商品展示等網站，通常也會搭配大量圖片來製作網頁，也都適用本篇介紹的設計原則。

## 網站的架構與版面規劃

我們先來看看整個網站的架構，以及構想的版面，讓之後的製作過程能有個依據，不至於亂了方向。

### 旅遊攝影網站架構

旅遊攝影網站共有**首頁**、**旅遊攝影團隊**、**旅遊攝影行程**，以及**旅遊攝影作品** 4 個頁面，預計完成的網站架構如下：

首頁：index.html

旅遊攝影團隊：about.html　　　旅遊攝影行程：tour.html　　　旅遊攝影作品：photo.html

## 首頁、旅遊攝影團隊、行程及作品頁的版面規劃

在這個網站中，固定顯示的是表頭及表尾，切換到每個頁面時，只更動廣告輪播圖及主欄位的內容。你可以在 IE 開啟 Part4_site 資料夾下的 index.html，如下圖對照我們規劃的版面：

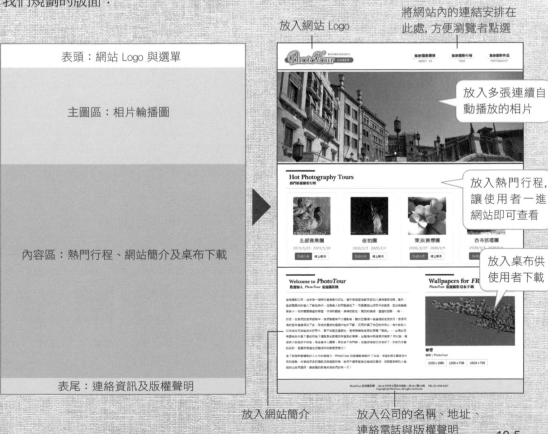

放入網站 Logo

將網站內的連結安排在此處，方便瀏覽者點選

表頭：網站 Logo 與選單

主圖區：相片輪播圖

放入多張連續自動播放的相片

放入熱門行程，讓使用者一進網站即可查看

內容區：熱門行程、網站簡介及桌布下載

放入桌布供使用者下載

表尾：連絡資訊及版權聲明

放入網站簡介

放入公司的名稱、地址、連絡電話與版權聲明

再來看看**旅遊攝影團隊**頁面及**旅遊攝影行程**頁面的版面規劃：

引人注意的招呼語，並提供可關閉此訊息區塊的按鈕

點按即可展開或收合的**折疊式面板**

放入可切換顯示的**標籤式面板**

放入依類別分組的下拉式選單

放入可選取日期的日曆

**旅遊攝影作品**頁面，我們運用多個 Div 標籤製作出相片縮圖版面，再利用**行為**面板設定點按縮圖可置換大圖與說明文字的效果。請點選表頭選單中的**旅遊攝影作品**鈕，再如下圖對照我們規劃的版面：

以 Div 標籤建立　　可根據點按的縮圖產生對應
相片縮圖版面　　　的相片大圖及說明文字

# 以展示相片為主軸的網站：設計不敗的原則

相片是網頁裡常用的元素之一，尤其是製作以展示相片為主的網站時，精美的相片更是必要的素材。在將相片放入網頁、編排版面時，若能掌握版面與配色的技巧，可讓網頁呈現的效果更上層樓。以下就為你說明範例網站的設計原則。

## 用大尺寸的主圖賦予視覺震撼

當網頁中的文字過多，容易讓人覺得枯燥，為了提升觀賞興致，我們可利用大尺寸或大量的圖片來呈現版面。以範例網站為例，我們想要營造美不勝收的旅遊氛圍，因此決定在版面中最明顯的位置安排大尺寸的圖片，強化視覺衝擊。

少了主圖，無法充分感受攝影追求的視覺畫面

放入大尺寸相片，藉由生動鮮明的畫面引人駐足

### 實例賞析

畫面引用自 http://www.muji.com/tw/

大幅廣告 Banner、以圖為主的版面漸趨普遍

畫面引用自 https://www.skm.com.tw/

幾乎滿版的廣告輪播圖，想不注意都很難

## 整齊排列的相片

**攝影作品**頁面中置入了許多大小均等的方形相片，並在相片四周留白（指留有空間的部份，所以不一定是白色哦！），使畫面呈現出一種精緻、典雅的氣氛。這樣的版面不僅可用來展示相片，還能清楚列示各種商品，因此也常用於購物網站。

適當的留白，呈現典雅的氣氛，很適合用來展示相片

## 實例賞析

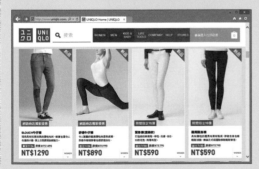

畫面引用自 http://www.uniqlo.com/tw/

購物網站常以均等的相片來陳列商品

畫面引用自 http://www.flickr.com

如果常逛攝影網站，對這樣的版面一定不陌生

# 10 利用 Div 與 CSS 設計
相片縮圖展示頁面

Part4_site\photo.html

## ■ 課前導讀

在網頁上展示相片的方式有很多, 最常見的就是編排成相片縮圖版面, 讓訪客自由點選想放大觀看的相片, 本篇的旅遊攝影網站也將使用 Div 與 CSS 來設計這樣的相片展示頁面。另外也將利用**行為**面板的**調換影像**與**訊息文字**功能, 製作點按縮圖會在特定區域置換相片大圖與相關文字的效果。

## ■ 本堂課學習提要

- 利用多個 Div 標籤排列成相片縮圖展示頁面
- 利用 CSS 調整相片展示頁的視覺版面
- 設定點按縮圖會在特定區域置換相片大圖與相關文字

預估學習時間 120 分鐘

# 10-1 建立可重複使用的 Div 標籤

將相同大小的相片整齊排列，當數量多時，就會讓人覺得豐富、好看，這一節我們就要製作這樣的版面。做法是先建立一個放置縮圖的 Div 標籤，將它複製出許多個後，再利用 CSS 樣式讓這些 Div 標籤自動排列整齊，並美化背景，這樣就能做出工整的相片展示區。

Part4_site\photo.html

要製作這樣的版面，你可能會想到用表格來排版，但用表格排好相片位置後，若要再調整相片順序，會比較費時；而使用 Div 標籤來排列相片的好處，就在於其彈性的編排方式，你可以在任一個 Div 標籤前後再插入 Div 標籤，其他 Div 標籤便會自動調整位置，這樣是非常有效率的做法喔！

# 建立一個準備重複使用的 Div 標籤

請先開啟練習檔案 ex10-01.html，檔案中我們已經事先安排好一個叫做
「photoS」的 Div 標籤，要用來放置所有攝影作品的縮圖。而用來控制
「photoS」 Div 標籤的 CSS 樣式也已根據版型設定了部份屬性，你可按一
下 **CSS 樣式**面板中的 **#photoS** 樣式來檢視其屬性設定：

**1** 切換成**即時檢視**模式　　　　　　　　　　　　**2** 輸入名稱快速篩選樣式

設定了欄寬、靠左浮動與文字屬性

 **TIP** 本範例在**設計檢視**模式下，元素的位置會有跑位現象，必須開啟網頁或是
用即時檢視模式預覽，才能看到正確的顯示結果。為了讓你能以「所見
即所得」的方式練習，底下步驟大部分會在**即時檢視**模式下操作。

目前在「photoS」Div 標籤區塊中，我們已事先插入一個配置標題圖片的
「topictitle」Div 標籤區塊，接下來要在「topictitle」Div 標籤區塊之後插
入新的 Div 標籤區塊，用來置放相片縮圖。請如下操作：

**step01** 請先如下在編輯區選取「topictitle」Div 標籤區塊：

於此區塊內空白處按一下左鈕

此處可檢視選取之元素的名稱

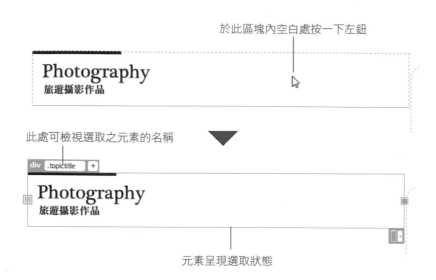

元素呈現選取狀態

**step02** 按下**插入**面板 **HTML** 頁次的 〔〕 Div 鈕，然後如下插入一個名為「photolist」的 Div 標籤區塊：

**1** 按下**之後**鈕

**2** 按下「+」鈕替標籤區塊命名

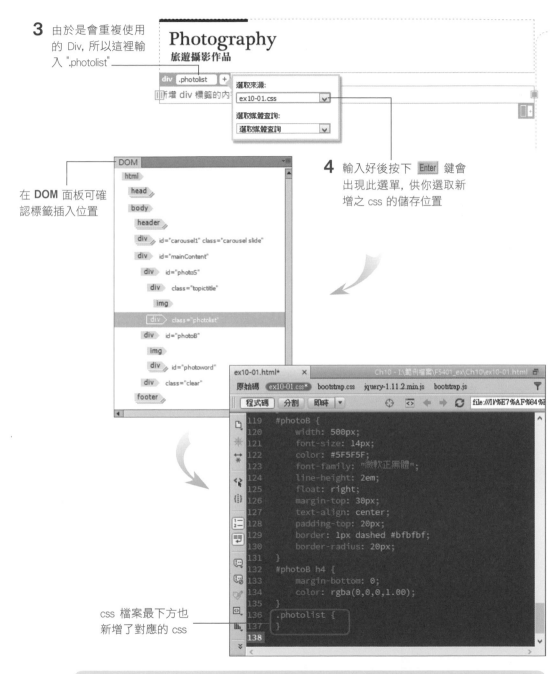

**3** 由於是會重複使用的 Div, 所以這裡輸入 ".photolist"

Photography
旅遊攝影作品

div .photolist +

新增 div 標籤的內

選取來源:
ex10-01.css

選取媒體查詢:
選取媒體查詢

在 **DOM** 面板可確認標籤插入位置

DOM
html
head
body
header
div id="carousel1" class="carousel slide"
div id="mainContent"
div id="photoS"
div class="topictitle"
img
div class="photolist"
div id="photoB"
img
div id="photoword"
div class="clear"
footer

**4** 輸入好後按下 Enter 鍵會出現此選單, 供你選取新增之 css 的儲存位置

ex10-01.html*    ×                    Ch10 - I:\範例檔案\F5401_ex\Ch10\ex10-01.html
原始碼 ex10-01.css*  bootstrap.css  jquery-1.11.2.min.js  bootstrap.js

程式碼  分割  即時     ⊕  ⊘  ←  →  ⟳  file://I:\%E7%AF%84%

```
119  #photoB {
120      width: 500px;
121      font-size: 14px;
122      color: #5F5F5F;
123      font-family: "微軟正黑體";
124      line-height: 2em;
125      float: right;
126      margin-top: 30px;
127      text-align: center;
128      padding-top: 20px;
129      border: 1px dashed #bfbfbf;
130      border-radius: 20px;
131  }
132  #photoB h4 {
133      margin-bottom: 0;
134      color: rgba(0,0,0,1.00);
135  }
136  .photolist {
137  }
138
```

css 檔案最下方也新增了對應的 css

**TIP** 本例為了方便觀察程式碼, 我們將程式碼編輯區的配色改成深色底 + 淺色文字, 修改方法是執行『**檢視/偏好設定/程式碼色彩標示**』命令, 拉下最上方的主題選單套用不同主題。本例套用的是 **RecognEyes** 主題。

**step03** 接著請切換至**設計檢視**模式, 刪除 Div 中的文字, 再按下**插入**面板 **HTML** 頁
次的 [🖼 Image] 鈕, 插入 Ch10\images\photos 資料夾中的 "001s.jpg" 圖片:

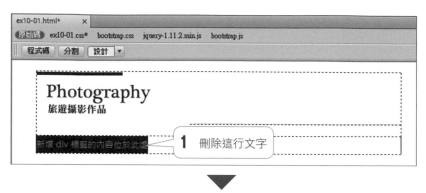

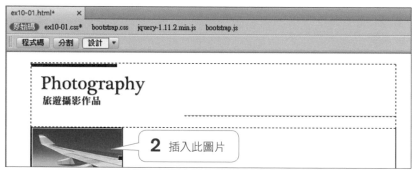

**step04** 插入圖片後按一下 [→] 鍵取消選取圖片, 再按下 [Enter] 鍵 (Windows) / [return]
鍵 (Mac) 換行並如下操作, 就完成一個相片縮圖區塊了。

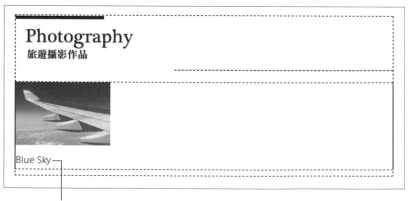

輸入相片標題 "Blue Sky"

## 複製多個 Div 標籤

本範例預計展示 9 張相片，因此接著要將剛才建立的 Div 標籤再複製 8 次。底下我們將利用 **DOM** 面板，有效且快速地進行複製。請切換成**即時檢視**模式，然後如下操作：

**step01** 首先請如下選取並複製剛剛建立的「photolist」Div 標籤：

**2** 按右鈕執行『**複製**』命令

於此確認是否正確選取「photolist」Div 標籤區塊

**1** 在 **DOM** 面板點選此標籤

**3** 再按右鈕執行『**貼上**』命令

複製出新的一組「photolist」Div 標籤區塊

**step02** 繼續按右鈕執行『**貼上**』命令，反覆貼上 8 次，再切換至**程式碼檢視**模式如圖修改圖片檔名 ("002s.jpg"、"003s.jpg"..., "009s.jpg") 及說明文字：

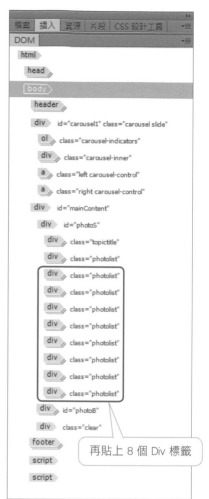

更改圖片檔名及說明文字

再貼上 8 個 Div 標籤

**step 03** 完成後切換回**即時檢視**模式, 即可看到初步的相片縮圖展示版面:

此階段的完成結果可參考 ch10-01.html

# 10-2 利用 CSS 調整 Div 區塊的視覺呈現

目前縮圖區塊是由上到下排列, 看起來既浪費空間又不美觀, 因此接下來我們要改變「photolist」Div 區塊的大小、浮動方式、位置及背景圖, 讓每張相片加上精美的邊框, 還會自動排排站好。

## 讓縮圖區塊水平並排

首先要讓相片變成「一列並排多張」的版型。要達到這樣的效果, 只要替 Div 標籤設定 **float** 屬性即可。請接續上例或開啟練習檔案 ex10-02.html, 切換至 **CSS 設計工具**面板, 如下操作:

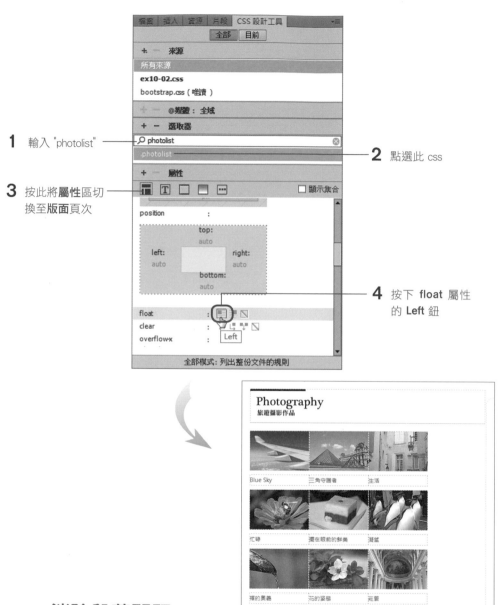

**1** 輸入 "photolist"

**2** 點選此 css

**3** 按此將**屬性**區切換至**版面**頁次

**4** 按下 **float** 屬性的 **Left** 鈕

## 消除段落間距

編輯網頁內容時，若按下 Enter 鍵 (Windows) / return 鍵 (Mac)，Dreamweaver 便會產生段落標籤 <p>，而不同段落間會自動產生空白的間距。以本例來說，我們在插入相片時，先按下 Enter 鍵 (Windows) / return 鍵 (Mac) 再輸入說明文字 (可參考 P.10-16 的步驟 04)，因此圖片與說明文字之間、以及每排縮圖之間都會產生空白間距：

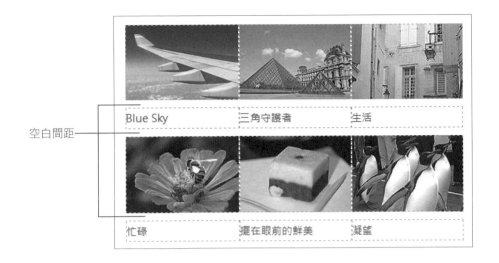

空白間距 —

此外，若使用不同瀏覽器來看，段落間距也不盡相同，為求在所有瀏覽器中呈現一致的畫面，底下要先消除段落間距。請接續上例，如下操作：

**step01** 請切換至 **CSS 設計工具**面板，首先要新增一個用來控制「photolist」Div 標籤內段落的 CSS 樣式：

**1** 選取縮圖區任一段落文字

**2** 按下**選取器**區的 + 鈕

**3** 新增的選取器會自動
根據選取元素之層級
標籤命名, 按下 Enter
鍵即可完成新增

**step02** 接著將**屬性**區切換到**版面**頁次, 將 **margin** 屬性設為 "0", 即可消除段落間距:

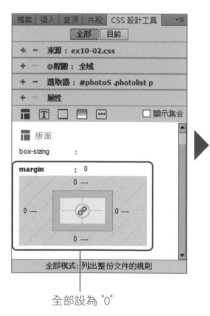

全部設為 "0"

段落間距消失了

## 替相片加相框 (背景圖)

光是排列縮圖還不夠, 為了增加相片縮圖的精緻度, 我們特別設計一張背景圖, 可以替相片縮圖加上如同拍立得相片的相框, 並加上陰影和紙膠帶的效果, 就像隨手貼在牆上一樣, 整個網頁也更有質感了!

相片縮圖　　　　　　背景圖:photo_bg.gif,　　　　縮圖加上相框背景圖
　　　　　　　　　　尺寸為 175px × 165px

> **TIP** 本堂課最前面提過, 所有的縮圖區塊是包在寬度 590px 的「photoS」Div 標籤中, 而預計一列放 3 個縮圖區塊, 所以一個縮圖區塊佔的寬度約為 590px 除以 3, 約 197px 左右;另外也必須考慮到每個縮圖區塊之間的距離, 最後就根據上述考量, 決定出縮圖及底圖的寬度。

**step01** 這裡我們接續剛才的範例來進行設定。請在 **CSS 設計工具**面板的**選取器**區選取 **.photolist**, 再將**屬性**區切換至**背景**頁次, 如下設定背景圖:

**1** 按下此處選擇 Ch10\images 資料夾下的 "photo_bg.gif"

**2** 設定為 **no-repeat**, 讓背景圖不重複

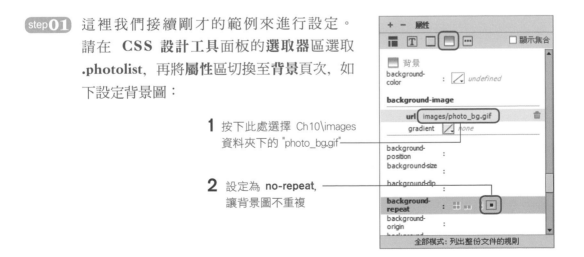

**step 02** 接著切換至**版面**頁次, 依背景圖大小 (175px x 165px) 來調整區塊尺寸。另外, 為了讓縮圖區域之間保持距離, 也一併設定 **margin** 屬性:

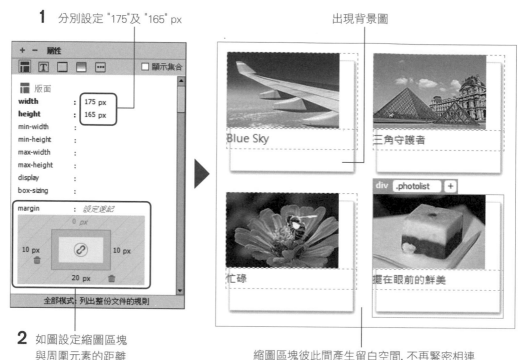

1 分別設定 "175" 及 "165" px

出現背景圖

2 如圖設定縮圖區塊與周圍元素的距離

縮圖區塊彼此間產生留白空間, 不再緊密相連

## 調整縮圖及文字的位置

目前所有的相片縮圖還緊緊貼在縮圖區塊的上邊界, 且遮蔽了背景圖, 看起來很不協調, 因此接下來要利用 **padding** 屬性來調整相片縮圖、文字與區塊邊界的距離, 來改善上述缺點。

**step 01** 請再次於 **CSS 設計工具**面板的**選取器**區選取 **.photolist** , 然後將**屬性**區切換至**版面**頁次, 如圖設定 **padding** 屬性:

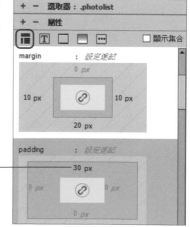

於此輸入 "30" px

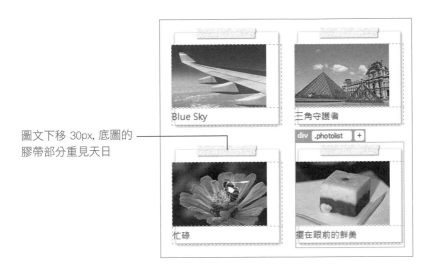

圖文下移 30px, 底圖的
膠帶部分重見天日

**step02** 接著將**屬性**區切換至**文字**頁次, 如下設定 **text-align** 屬性, 讓圖文置中對齊,
相片縮圖區塊就完成了:

1 切換到**文字**頁次

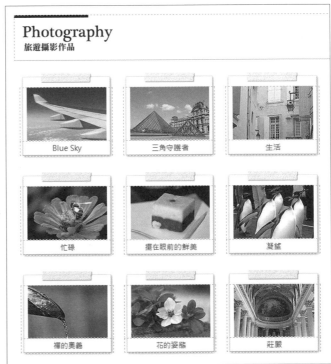

底圖完整呈現, 縮圖與文字也工整對齊
此階段的完成結果可參考 ch10-02.html

# 10-3 運用行為製作「調換圖片與文字」的效果

以縮圖版面來排列相片, 目的是在有限的空間裡展示大量的相片, 但若想要好好欣賞每張相片, 縮圖的尺寸就不夠看了。考量到使用者可能想要看到大張圖片, 我們在縮圖旁邊安排了展示相片大圖及說明文字用的區域, 接著要在縮圖上製作「按下時可在特定區域調換圖片及文字」的效果。你可先在瀏覽器中開啟 ch10-03.html, 體驗一下這種效果:

按下此相片縮圖

此區的圖文改變了

## 按下圖片可調換影像

請接續上例或開啟練習檔案 ex10-03.html, 我們已經事先安排好一組相片大圖及文字,首先將利用**行為**面板製作調換圖片的效果。另外, 由於在**即時檢視**模式無法執行**行為**命令, 因此請先切換至**設計檢視**模式, 再如下操作:

**step01** 首先要替大圖設定 **ID** 名稱，方便稍後設定**行為**時快速選取：

**1** 選取大圖

**2** 按右鈕執行『ID』命令

ID...
原始檔案(S)...
對齊(A)
CSS 樣式(C)

範本(T)

程式碼導覽器(C)...
用標籤圍繞(W)...
移除標籤(V) <img>

建立連結(L)
移除連結(R)
開啟連結網頁(K)

從原始檔更新(U)
重設大小(Z)
重設為原始大小
最佳化(O)...
建立影像(G)
編輯程式(T)
原稿編輯方式(T)
加入至最愛的影像(F)

下載(G)
上傳(P)
指出在網站中位置(L)

剪下(C)
複製(P)
貼上(T)

設計備註(G)...
屬性(I)

Blue Sky
攝影 / PhotoTou

更改屬性 ✕

ID: BigPhoto

確定
取消

**3** 輸入自訂名稱，本例請輸入
"BigPhoto"，然後按**確定**鈕

DOM

head
body
header
div id="carousel1" class="carousel slide"
div id="mainContent"
div id="photoS"
div id="photoB"
img id="BigPhoto"
div id="photoword"
div class="clear"
footer
script
script

在 **DOM** 面板可確認
ID 名稱的設定結果

**step 02** 接著請選取左上角的相片縮圖，執行『**視窗/行為**』命令開啟**行為**面板，再按下 ➕ 鈕執行『**調換影像**』命令：

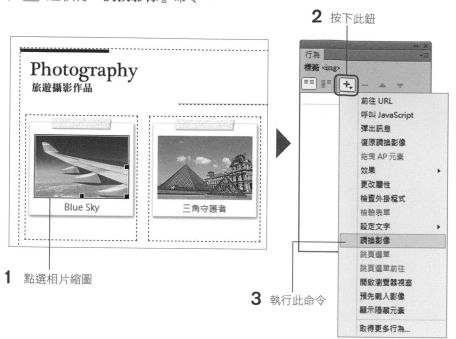

**2** 按下此鈕

**1** 點選相片縮圖

**3** 執行此命令

**step 03** 再來請繼續在開啟的**調換影像**交談窗如下設定：

**5** 設定為 **onClick**, 表示「點按」此圖片時, 就會啟動此行為

若沒有在步驟 1 先替大圖設定 ID 名稱, 就會像這樣顯示 "unnamed", 無從挑選

**4** 按下**確定**鈕

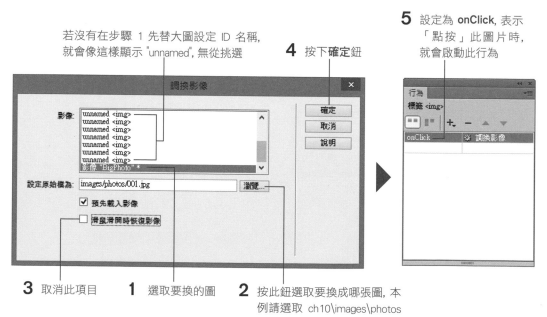

**3** 取消此項目

**1** 選取要換的圖

**2** 按此鈕選取要換成哪張圖, 本例請選取 ch10\images\photos 資料夾下的 "001.jpg"

**step 04** 請再比照上述步驟, 替其他 8 張縮圖也設定**調換影像**行為:

**1** 一樣選取 "BigPhoto"

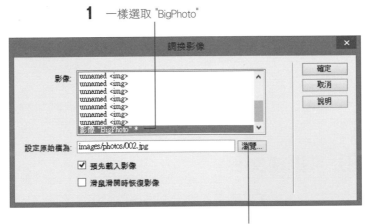

**2** 根據選取之縮圖, 分別選取 ch10\images\photos
資料夾下的 "002.jpg" ～ "009.jpg"

**step 05** 最後, 由於本例的相片大圖有直、橫等不同尺寸, 因此請執行『**視窗/屬性**』命令開啟**屬性**面板, 如下刪除預設大圖的寬、高屬性, 以免置換後的圖片變形:

**1** 選取此圖

**2** 清空這兩個欄位的數值

**修改與移除已設定的行為**

當你想要修改已設定的行為時, 只要雙按行
為面板中對應的行為名稱, 即可開啟設定交
談窗讓你修改內容; 若想移除行為, 請按下
行為面板的 🔲 鈕即可。

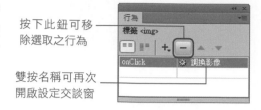

按下此鈕可移
除選取之行為

雙按名稱可再次
開啟設定交談窗

# 按下圖片可調換文字

設定好**調換影像**後, 接著要繼續利用**行為**面板的**設定文字**事件, 讓大圖下方的
文字也會跟著置換。首先來確認一下本例預先設計好的置換文字區塊, 了解
基本結構後, 稍後在設定時才不會一頭霧水:

套用 <h4> 標題樣式　　　　　　　套用 <p> 段落樣式

事先將欲置換的文字放在「photoword」Div 標籤中

**step01** 請選取第一張相片縮圖, 接著在
**行為**面板按下 ➕ 鈕, 執行『**設
定文字/設定容器文字**』命令:

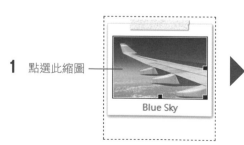

1　點選此縮圖

2　按下此鈕

3　執行此命令

**step02** 接著會開啟**設定容器文字**交談窗, 其中的**容器**列示窗可設定文字替換的目標位置, **新的 HTML** 欄位則是輸入置換後的文字 (HTML 程式碼), 單一行文字可直接輸入, 若要換行則須輸入換行標籤 (<br/>), 或是標題 (<h1>、<h2>、…)、段落 (<p>) 等標籤:

**1** 下拉選取此 Div (Div 標籤必須是獨一無二的 "id" 類型, 若是可重複使用的 "class" 類型則不會出現在選單中)

**3** 按下**確定**鈕

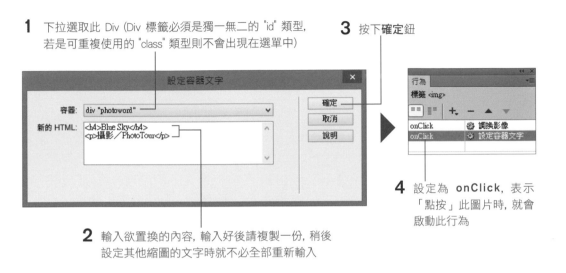

**4** 設定為 **onClick**, 表示「點按」此圖片時, 就會啟動此行為

**2** 輸入欲置換的內容, 輸入好後請複製一份, 稍後設定其他縮圖的文字時就不必全部重新輸入

**step03** 最後請再比照上述步驟, 替其他 8 張縮圖也加上**設定容器文字**行為。設定好後請按下 F12 鍵在瀏覽器預覽測試網頁 (完成結果可參考 ch10-03.html):

**1** 一樣選取 "photoword"

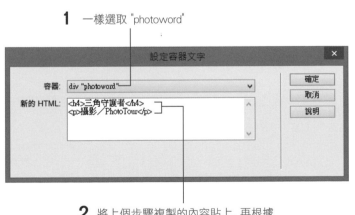

**2** 將上個步驟複製的內容貼上, 再根據選取之縮圖修改相片名稱與攝影者

1. 以下為你整理本堂課所介紹的行為, 其使用時機、行為名稱, 以及該設定的動作:

| 目的 | 行為名稱 | 動作 |
|------|---------|------|
| 按下縮圖會在指定區域變換大圖 | 調換影像 | onClick |
| 按下縮圖會在指定區域變換文字 | 設定文字/設定容器文字 | onClick |

2. 想要利用 Div 標籤及 CSS 製作相片縮圖版型, 可依照下列流程進行設定:

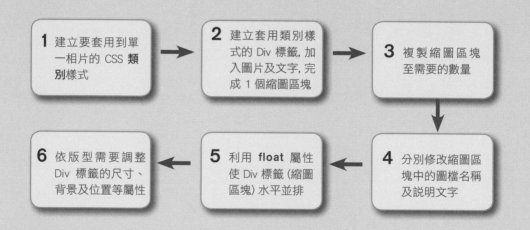

3. **即時檢視**模式無法執行**行為**命令, 必須切換至**設計檢視**模式。

4. 要當作**調換影像**行為置換區的影像, 必須先設定 **ID 名稱**以利識別。

5. 要當作**設定容器文字**行為置換區的 Div 標籤, 必須是獨一無二的 "id" 類型, 若是可重複使用的 "class" 類型則無法選取。

實用的知識

**本例在製作調換圖片與文字時，是設定按下時動作，若希望滑鼠滑過時就會變換圖文，請問該怎麼做呢？**

只要在**行為**面板將 **onClick** 變更為 **onMouseOver** 即可。你可開啟練習檔案 ex10-04.html 來操作：

1 選取任一縮圖　　　2 下拉選擇 onMouseOver

再比照相同方法替其他縮圖變更設定，即可完成滑鼠滑過時變換圖文的效果，完成結果可參考 ch10-04.html。

# 11 利用 Bootstrap 組件設計網頁

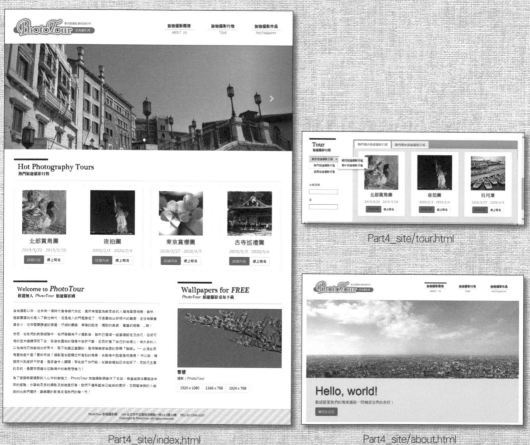

Part4_site/tour.html

Part4_site/index.html

Part4_site/about.html

## ■ 課前導讀

上一篇已經體驗過用 **Bootstrap** 建立隨裝置自動調整的網頁, 其實 **Bootsrap** 的功能可不只如此, 一般的網頁也可以利用精美的 **Bootsrap 組件**做出各種特效。本章將繼續利用更多的 **Bootsrap 組件**, 快速做出簡潔俐落的網頁。在旅遊攝影網站的**首頁 (index.html)** 中, 我們將利用 **Carousel** 組件來製作常見的圖片輪播效果, 用 **Thumbnails** 組件製作熱門行程區域；另外在首頁的桌布下載區及**旅遊攝影行程 (tour.html)** 頁面, 則利用 **Button Groups** 製作按鈕選單及下拉式選單；在**旅遊攝影 團隊 (about.html)** 則是以 **Jumbotron** 製作超大型訊息區跟訪客「Say Hello」, 讓訪客充分感受到團隊的熱情。

## ■ 本堂課學習提要

- 用 Bootstrap Carousel 製作圖片輪播效果
- 用 Bootstrap Thumbnails 製作圖文區塊
- 用 Bootstrap Button Groups 製作下拉式選單
- 用 Bootstrap Jumbotron 製作大型訊息區

預估學習時間 120 分鐘

# 11-1 使用 Bootstrap Carousel 製作圖片輪播效果

圖片輪播是當今網站常見的設計手法，不僅能充分利用有限的版面，而且會自動變換圖片的動態效果也非常吸引人。本範例的旅遊攝影網站，為了留住訪客的目光，也設計了大型橫幅相片的輪播效果：

每隔一段時間會自動換圖。若按左右兩邊的箭頭，或相片下方的 3 個圓形按鈕，亦可手動切換相片

## 插入圖片輪播組件

請開啟 Ch11 資料夾下的 ex11-01.html，依以下的步驟置入圖片輪播組件：

step01 請先切換至**即時檢視**模式，然後選取「header」區塊，稍後我們要將圖片輪播組件插入此區塊之下：

選取「header」區塊

**step02** 接著按下**插入**面板 **Bootstrap 組件**頁次的 Carousel 鈕, 然後如下操作, 即可在「header」區塊下方插入圖片輪播組件:

**1** 按下**之後**鈕

自動產生並連結與圖片輪播組件相關的 css 與 js 檔案

**2** 加入了圖片輪播組件, 在**即時檢視**模式下可直接預視動態效果

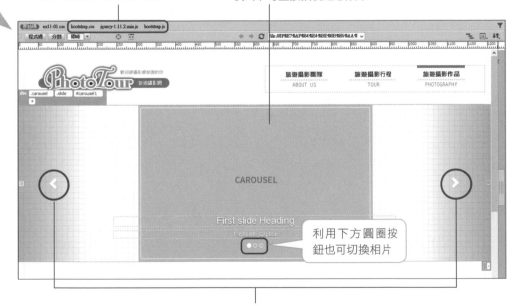

利用下方圓圈按鈕也可切換相片

按下左右兩邊的箭頭可切換相片

## 編輯圖片輪播組件

預設的圖片輪播組件已經可以正常運作, 再來要將圖片與圖說文字變更為符合需求的內容, 並將寬度變更為符合本範例版面的設定。

### 調整圖片輪播組件的寬度

圖片輪播組件預設的寬度是 100%, 為了讓範例網站的整體版面更協調, 我們要將寬度變更為與本範例相符的 1180px。

**step01** 與圖片輪播組件相關的樣式設定, 預設是寫在 **bootstrap.css** 中, 而此檔案是 **唯讀**狀態, 因此請先如下變更為可寫入狀態, 才能修改組件外觀屬性:

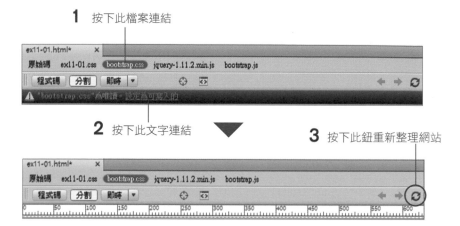

**1** 按下此檔案連結

**2** 按下此文字連結

**3** 按下此鈕重新整理網站

> **TIP** 請務必按下 ⟳ 鈕重新整理, 否則 CSS 設計工具面板中的 **bootstrap.css** 仍舊會顯示為唯讀狀態而無法編輯。

**step02** 接著請開啟 **DOM** 面板並如下操作, 選定控制圖片輪播群組的 CSS 樣式:

**1** 點選此 Div 層級

**2** 切換至 **CSS 設計工具**面板

**3** 按下**目前**鈕

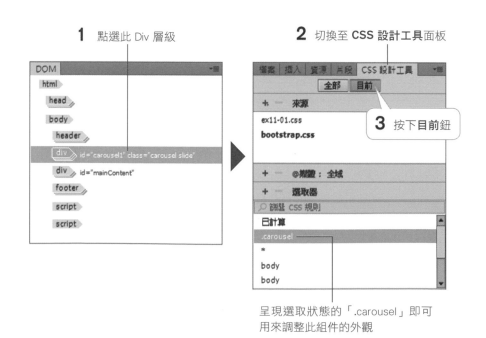

呈現選取狀態的「.carousel」即可
用來調整此組件的外觀

**step03** 再來請將 **CSS 設計工具**面板的**屬性**區切換至**版面**頁次，然後如下設定，即可讓圖片輪播組件變更為寬 1180px、置中的狀態：

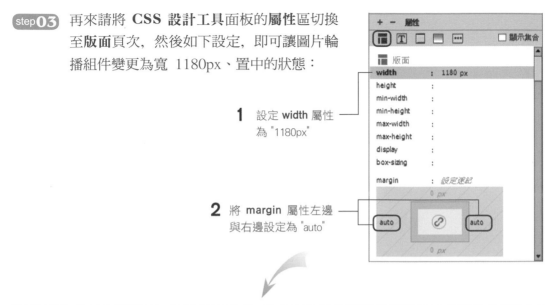

**1** 設定 width 屬性為 "1180px"

**2** 將 margin 屬性左邊與右邊設定為 "auto"

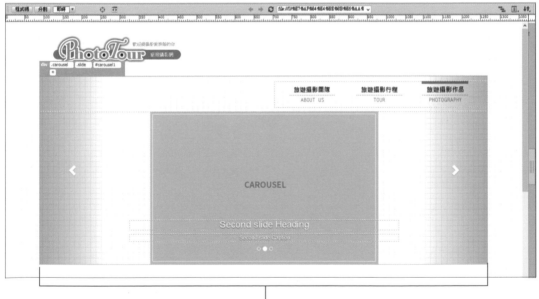

寬度為 1180px 且置中對齊

## 變更圖片輪播組件的圖片

調整好輪播區的尺寸後，接下來要置換最重要的相片。請切換至**即時檢視**模式，如下操作：

**step01** 首先要置換第一張相片。請確認目前相片標題是「First slide Heading」，再如下選取欲置換的相片：

**2** 按下此鈕展開**快速屬性檢視窗**

**3** 按下此鈕選取 Ch11\images 資料夾下的 "carousel_pic1.jpg"

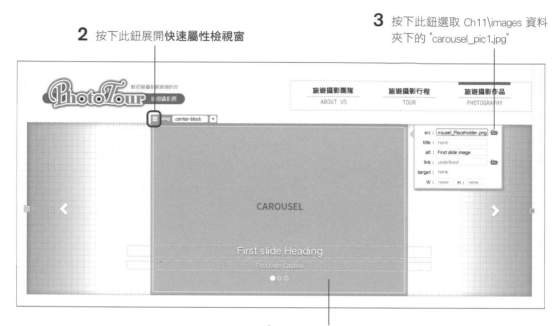

**1** 點選此灰色預設圖片

若圖片已輪播至其他張圖, 可按此切換至第 1 張圖檢視置換結果

**step02** 接著請如下切換至第 2 張圖, 再比照上述方法置換相片:

**3** 按下此鈕

**4** 選取 Ch11\images 資料夾
下的 "carousel_pic2.jpg"

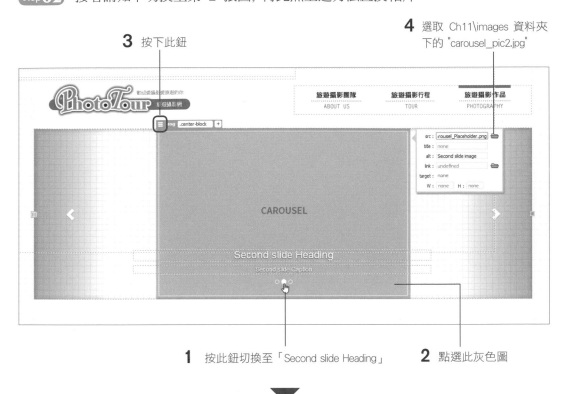

**1** 按此鈕切換至「Second slide Heading」

**2** 點選此灰色圖

step03 比照上述的操作步驟，再切換至第 3 張圖，置換成 Ch11\images 資料夾下的 "carousel_pic3.jpg"，圖片就置換完成了：

第 3 張相片的置換結果

## 修改圖片輪播組件的圖說文字

**Bootstrap Carousel** 組件除了可置放圖片外，還提供了文字區域，讓我們可以替相片加上描述文字：

相片標題文字

相片描述文字

若要增減文字，建議切換至 **分割** 檢視模式，直接在程式碼中修改。本範例我們不需要任何文字，所以請如下刪除：

**1** 按此鈕切換至 **分割** 模式　　　**2** 在標題文字區塊中任意處按一下

**3** 程式碼會自動跳至相關位置，請將圖中紅圈處選取並刪除

本例為保留日後增添文字的空間，故仍保留 `<h3>` 和 `<p>` 標籤；若確定不會用到文字，可連標籤都刪除

到此相片輪播效果就完成了，你可按下 F12 鍵在瀏覽器中預覽。完成結果可參考 ch11-01.html。

### 變更圖片輪播文字的外觀屬性

預設的標題文字套用的是 <h3>，描述文字則是 <p>，如果需要變更圖片輪播文字的外觀屬性，請如下先新增 CSS 樣式，否則若直接修改，網頁中其他的 <h3> 及 <p> 也會跟著變更外觀，這點還請格外留意：

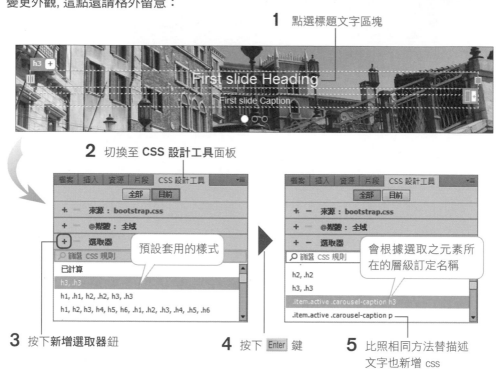

**1** 點選標題文字區塊

First slide Heading

First slide Caption

**2** 切換至 CSS 設計工具面板

預設套用的樣式

**3** 按下新增選取器鈕

會根據選取之元素所在的層級訂定名稱

**4** 按下 Enter 鍵

**5** 比照相同方法替描述文字也新增 css

# 11-2 使用 Bootstrap Thumbnails 製作圖文區塊

本範例的首頁加入視覺強烈的相片輪播圖後，吸睛力大幅提升！不過既然是旅遊攝影網站，重要的旅遊行程資訊當然也是不可或缺，因此接下來要利用 **Bootstrap Thumbnails** 組件製作熱門行程相關的圖文區塊，讓訪客一進首頁就可以看到網站提供的行程資訊。

在相片輪播圖下方安排熱門行程資訊, 豐富首頁的資訊量

請開啟 ex11-02.html, 我們已經在網頁中安排了「#topic1」這個 Div 標籤, 其中已置入了一組包含標題圖片的「.topictitle」Div 標籤, 繼續要來製作熱門行程區的內容:

**step01** 請切換至**即時檢視**模式, 首先要在「.topictitle」Div 標籤下方插入縮圖組件:

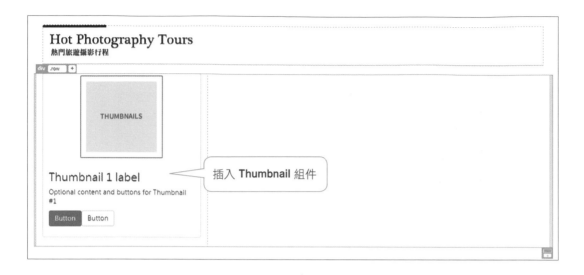

**Hot Photography Tours**
熱門旅遊攝影行程

THUMBNAILS

Thumbnail 1 label

Optional content and buttons for Thumbnail #1

Button  Button

插入 **Thumbnail** 組件

**step 02** 接著請比照下圖變更圖片，再雙按文字區域與按鈕，即可用一般編輯網頁的方式修改內容：

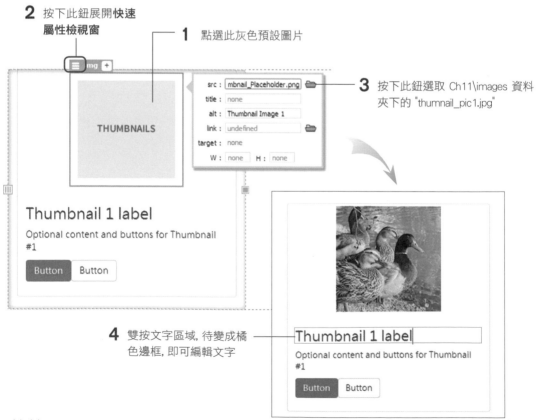

**2** 按下此鈕展開**快速屬性檢視窗**

**1** 點選此灰色預設圖片

src： mbnail_Placeholder.png
title： none
alt： Thumbnail Image 1
link： undefined
target： none
W： none　H： none

**3** 按下此鈕選取 Ch11\images 資料夾下的 "thumnail_pic1.jpg"

THUMBNAILS

Thumbnail 1 label

Optional content and buttons for Thumbnail #1

Button  Button

**4** 雙按文字區域, 待變成橘色邊框, 即可編輯文字

Thumbnail 1 label

Optional content and buttons for Thumbnail #1

Button  Button

**5** 本例將文字改成行程主題
與出發日期等內容

**step03** 目前只有縮圖是置中排列, 我們希望縮圖與文字都置中對齊, 可如下設定:

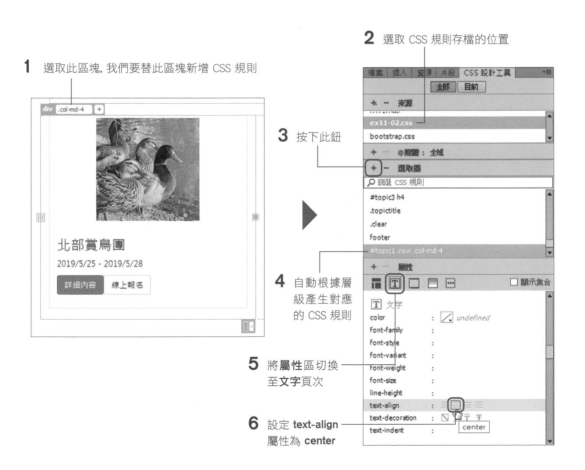

**1** 選取此區塊, 我們要替此區塊新增 CSS 規則

**2** 選取 CSS 規則存檔的位置

**3** 按下此鈕

**4** 自動根據層級產生對應的 CSS 規則

**5** 將**屬性**區切換至**文字**頁次

**6** 設定 **text-align** 屬性為 **center**

若要針對標題、文字或按鈕來變更屬性, 只要比照
上述方法先新增**選取器**, 再從中修改**屬性**設定即可

**step 04** 目前只有 1 個熱門行程, 本例需要置放 4 個。從上個步驟可知縮圖區塊是
包含在「.col-md-4」Div 標籤中, 因此請開啟 **DOM** 面板, 如下複製即可:

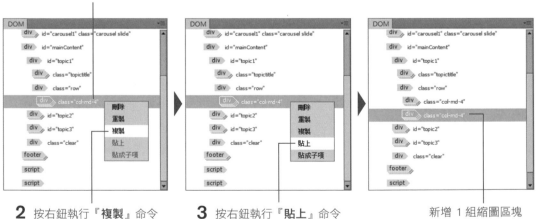

**1** 選取此區塊

**2** 按右鈕執行『**複製**』命令　　　**3** 按右鈕執行『**貼上**』命令　　　新增 1 組縮圖區塊

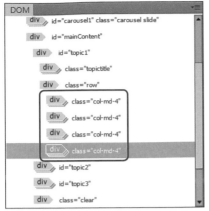

**4** 重複按右鈕執行 2 次『**貼上**』命令, 完成共 4 組的縮圖區塊

**step05** 我們希望 4 個縮圖區塊可以放在同一排, 因此請選取步驟 3 新增的 CSS 規則, 如圖修改 **width** 屬性, 最後再修改各區塊的內容, 就完成了:

**1** 選取此 CSS 規則

**2** 切換至**版面**頁次

**3** 輸入 "25%" (100% 除 4)

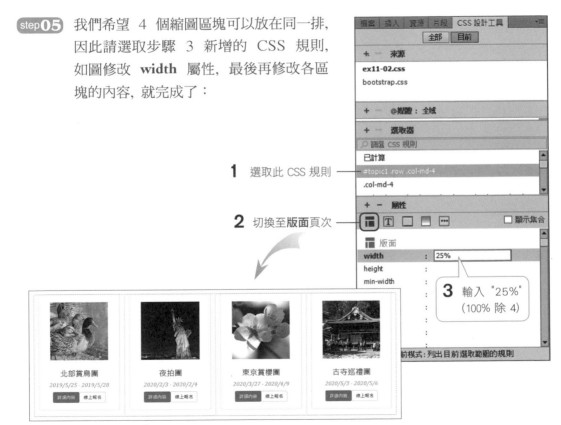

**4** 比照上述方法修改圖片與文字

你可按下 F12 鍵在瀏覽器中預覽, 完成結果可參考 ch11-02.html。

# 11-3 使用 Bootstrap Button Groups 製作選單

接著要在首頁的桌布下載區及**旅遊攝影行程 (tour.html)** 頁面，利用 **Button Groups** 製作按鈕選單及下拉式選單。

## 製作基本按鈕選單

如果要讓訪客經常來網站看看，放上吸引人的「好康」是個很有效的方法，例如提供小遊戲給網友下載、設計有獎徵答活動等等。以旅遊攝影網站來說，最吸引人的莫過於賞心悅目的相片了，因此我們根據目前電腦螢幕解析度最常用的 3 種尺寸，將相片做成桌布供訪客自由下載，喜歡的人自然會三不五時來網站看看有沒有新的桌布可以下載。

請開啟 ex11-03.html，如下製作首頁桌布下載區的下載按鈕：

**step 01** 請切換至**即時檢視**模式，首先要在「攝影者」下方插入按鈕群組：

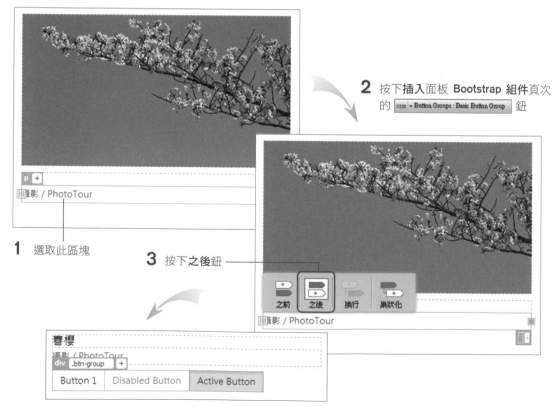

**2** 按下**插入**面板 Bootstrap 組件頁次的 [▼ Button Groups : Basic Button Group] 鈕

**1** 選取此區塊

**3** 按下**之後**鈕

**step02** 插入的按鈕預設會分別呈現「可作用」、「不可作用」及「作用中」的狀態，供我們自行依需求修改。本例將提供 3 種下載尺寸，故請如下將 3 顆按鈕全部變成「可作用」狀態：

**2** 按下此鈕切換成**分割**檢視模式　　　　　　　　　　　**1** 點選「可作用」按鈕

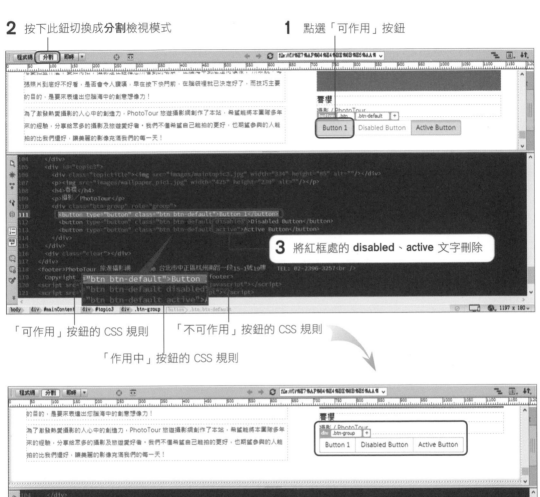

「可作用」按鈕的 CSS 規則　　　「不可作用」按鈕的 CSS 規則

「作用中」按鈕的 CSS 規則

按鈕全部變成「可作用」狀態

**TIP** 「不可作用」狀態的按鈕沒辦法修改文字。

**step03** 將文字變更為 "1920×1080"、"1366×768" 及 "1024×768" 即可：

| 春櫻 |
| --- |
| 攝影 / PhotoTour |

| 1920 x 1080 | 1366 x 768 | 1024 x 768 |
| --- | --- | --- |

## 替按鈕設定超連結

剛剛插入的按鈕群組, 由於不是一般的圖片或文字元素, 所以無法直接設定超連結。請切換至**設計檢視**模式, 底下將示範如何用**行為**面板設定超連結：

**step01** 首先要替第 1 顆按鈕設定可下載檔案的超連結。我們已預先將 1920×1080 的桌布壓縮成 zip 檔, 請執行『**視窗/行為**』命令開啟**行為**面板後, 如下設定：

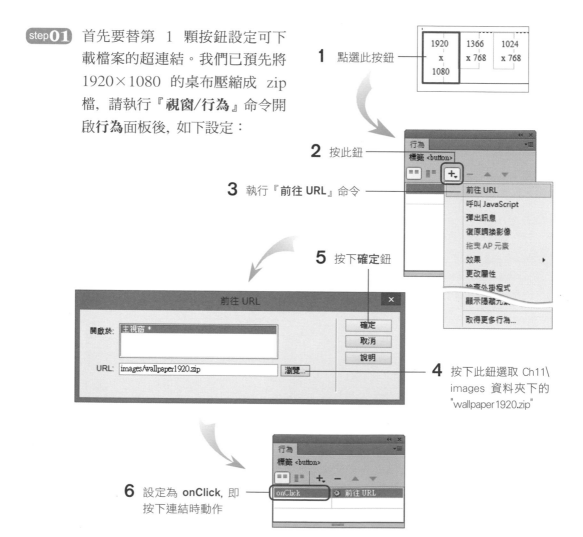

**1** 點選此按鈕

**2** 按此鈕

**3** 執行『**前往 URL**』命令

前往 URL
呼叫 JavaScript
彈出訊息
復原調換影像
拖曳 AP 元素
效果
更改屬性
檢查外掛程式
顯示隱藏元素
取得更多行為...

**5** 按下**確定**鈕

前往 URL

開啟於: 主視窗 *

URL: images/wallpaper1920.zip   瀏覽...

確定　取消　說明

**4** 按下此鈕選取 Ch11\images 資料夾下的 "wallpaper1920.zip"

**6** 設定為 **onClick**, 即按下連結時動作

onClick　前往 URL

**step02** 繼續要替第 2 顆按鈕設定可直接開啟圖片的超連結。方法與步驟 1 相同,差別在於選取的是未壓縮的 jpg 檔:

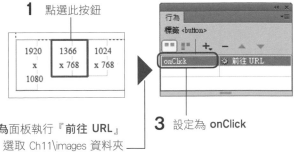

**1** 點選此按鈕

**2** 在**行為**面板執行『**前往 URL**』命令, 選取 Ch11\images 資料夾下的 "wallpaper1366.jpg"

**3** 設定為 **onClick**

**step03** 最後要替第 3 顆按鈕設定可開啟新瀏覽視窗的超連結:

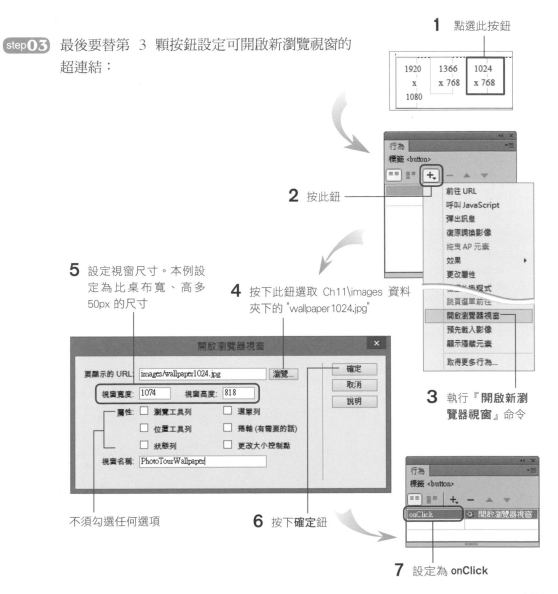

**1** 點選此按鈕

**2** 按此鈕

前往 URL
呼叫 JavaScript
彈出訊息
復原調換影像
拖曳 AP 元素
效果
更改屬性
跳頁選單前往
開啟瀏覽器視窗
預先載入影像
顯示隱藏元素
取得更多行為...

**5** 設定視窗尺寸。本例設定為比桌布寬、高多 50px 的尺寸

**4** 按下此鈕選取 Ch11\images 資料夾下的 "wallpaper1024.jpg"

**3** 執行『**開啟新瀏覽器視窗**』命令

開啟瀏覽器視窗

要顯示的 URL: images/wallpaper1024.jpg  瀏覽...

視窗寬度: 1074   視窗高度: 818

屬性: ☐ 瀏覽工具列   ☐ 選單列
☐ 位置工具列   ☐ 捲軸 (有需要的話)
☐ 狀態列   ☐ 更改大小控制點

視窗名稱: PhotoTourWallpaper

確定
取消
說明

不須勾選任何選項

**6** 按下**確定**鈕

**7** 設定為 **onClick**

設定好後, 即可按下 F12 鍵在瀏覽器測試連結效果囉 (底下以 Firefox 瀏覽器測試) :

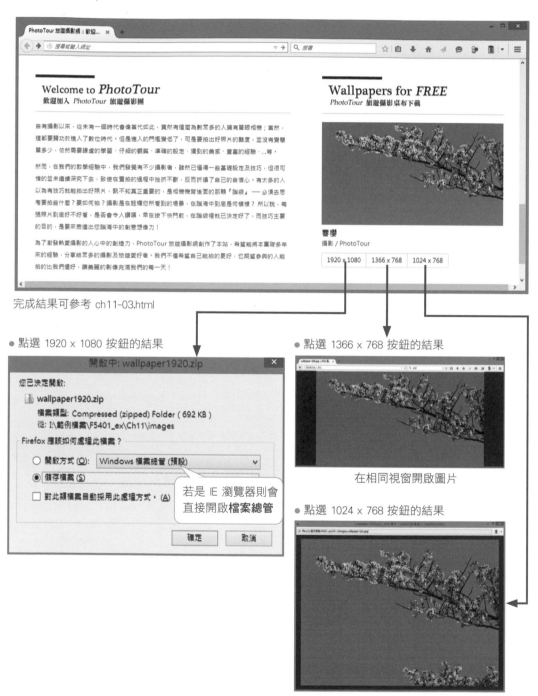

完成結果可參考 ch11-03.html

● 點選 1920 x 1080 按鈕的結果

● 點選 1366 x 768 按鈕的結果

在相同視窗開啟圖片

若是 IE 瀏覽器則會直接開啟**檔案總管**

● 點選 1024 x 768 按鈕的結果

根據自行設定的瀏覽器尺寸,
在新視窗開啟圖片

# 製作下拉式選單

在**旅遊攝影行程 (tour.html)** 頁面中，彙整了站內提供的旅遊攝影行程，為了讓訪客能夠針對特定需求檢視行程，因此製作了歸納多種分類的下拉式選單，讓訪客可輕鬆找到有興趣的行程類別。

展開次選單

按下有箭頭圖示的按鈕

## 插入下拉式按鈕組件

請開啟 ex11-04.html，我們已經在網頁中安排了「#tourbox1」這個 Div 標籤，其中已置入了一張包含標題圖片的「.topictitle1」Div 標籤，請切換至**即時檢視**模式，首先要在「.topictitle1」Div 標籤下方插入下拉式按鈕組件：

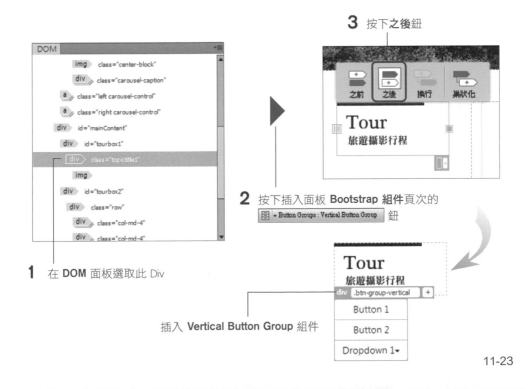

**3** 按下**之後**鈕

**2** 按下插入面板 Bootstrap 組件頁次的 圖 ▾ Button Groups : Vertical Button Group 鈕

**1** 在 **DOM** 面板選取此 Div

插入 **Vertical Button Group** 組件

11-23

## 編輯下拉式按鈕組件

接著要將選單修改成符合網站需求的內容，請繼續如下操作：

修改後

修改前

**step01** 預設可下拉的按鈕位於最下方，本例希望可下拉按鈕位於最上方，此時可如下在 **DOM** 面板調整位置：

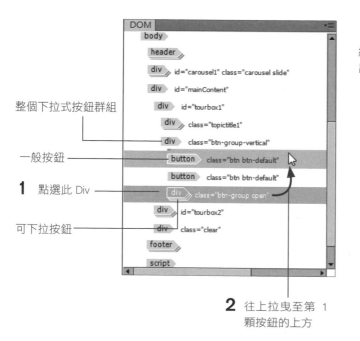

整個下拉式按鈕群組

一般按鈕

**1** 點選此 Div

可下拉按鈕

**2** 往上拉曳至第 1
顆按鈕的上方

編輯區也會同時
出現調整提示線

移至最上方

**step02** 可下拉按鈕已如願移至最上方，但是問題來了，一展開會徹底遮住其他按鈕，因此接下來要調整次選單的位置，讓它往右展開：

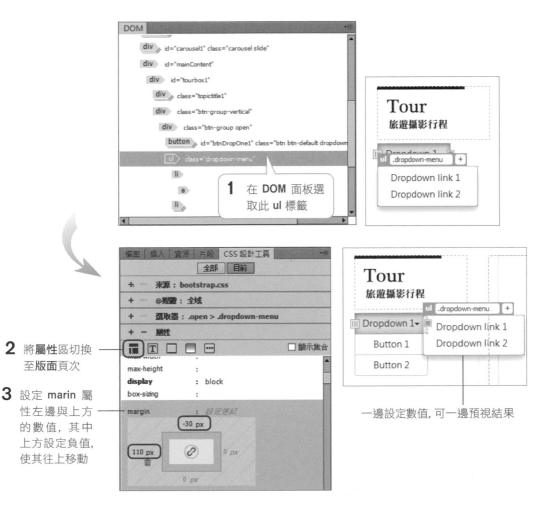

**1** 在 DOM 面板選取此 ul 標籤

**2** 將**屬性**區切換至**版面**頁次

**3** 設定 marin 屬性左邊與上方的數值，其中上方設定負值，使其往上移動

一邊設定數值，可一邊預視結果

**step03**　調整好按鈕呈現方式後，再切換至**程式碼**檢視模式，一一修改按鈕文字即可：

```
<div class="btn-group-vertical" role="group" aria-label="Vertical button group">
  <div class="btn-group" role="group">
    <button id="btnDropOne1" type="button" class="btn btn-default dropdown-toggle" data-toggle="dropdown" aria-expanded="false" 最新
旅遊攝影行程 span class="caret"></span></button>
    <ul class="dropdown-menu" role="menu" aria-labelledby="btnDropOne1">
      <li><a href="#" 國內旅遊攝影行程 /a></li>
      <li><a href="#" 國外旅遊攝影行程 /a></li>
    </ul>
  </div>
  <button type="button" class="btn btn-default" 熱門旅遊攝影行程 /button>
  <button type="button" class="btn btn-default" 經典旅遊攝影行程 /button>
</div>
```

**step04**　修改文字後，按鈕寬度會隨之改變，此時請再比照 **step02** 的方法重新調整次選單的位置。調整好後，你可按下 F12 鍵在瀏覽器中預覽，完成結果可參考 ch11-04.html。

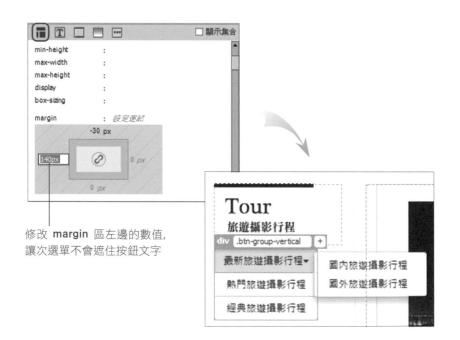

修改 margin 區左邊的數值，
讓次選單不會遮住按鈕文字

# 11-4 使用 Bootstrap Jumbotron 製作大型訊息區

在**旅遊攝影團隊 (about.html)** 頁面，我們要在主圖下方置入大型訊息區，藉由碩大的文字讓訪客立即接收到網站欲傳達的訊息。

以城市全景圖搭配簡單有朝氣的招呼語, 希望讓訪客感受到團隊的積極與熱情

### 插入大型訊息組件

請開啟練習檔案 ex11-05.html，我們已經在主圖下方安排了「#about」Div 標籤，請切換至**即時檢視**模式，如下在此 Div 區塊中插入組件：

**1** 選取此區塊

**2** 按下**插入**面板 Bootstrap 組
件頁次的  鈕

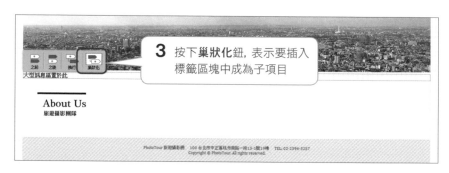

**3** 按下**巢狀化**鈕，表示要插入
標籤區塊中成為子項目

插入 Jumbotron 組件

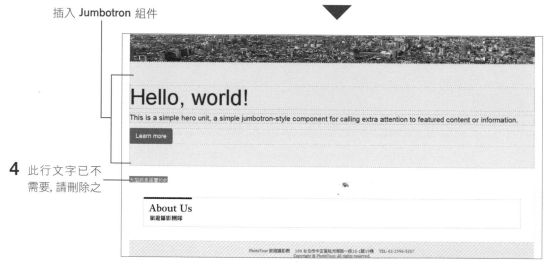

**4** 此行文字已不
需要，請刪除之

## 編輯大型訊息組件

預設的訊息內容太貼邊，而且整個區塊與下方的內容區塊中間有一段空隙，整
體視覺不太協調，接下來要改善這兩個問題。

**1** 點選此區塊

**2** 按下**目前**鈕選定對應的 CSS 規則

**3** 修改 margin 屬性的下方數值為 "0px", 消除與下方區塊的空隙

**4** 修改 padding 屬性的左邊數值, 讓內容元素往右移動位置

訊息內容不再貼邊

空隙消失了

最後再修改文字與按鈕的內容即可, 完成結果可參考 ch11-05.html。

## 重點整理

1. 以下為你整理本堂課所介紹的 Bootstrap 組件, 其名稱及用途:

| Bootstrap 名稱 | 使用時機 |
|---|---|
| Carousel | 製作圖片輪播效果 |
| Thumbnails | 製作圖文區塊 |
| Basic Button Group | 製作按鈕群組 |
| Vertical Button Group | 製作下拉式選單 |
| Bootstrap Jumbotron | 製作大型訊息區 |

2. Bootstrap 組件相關的樣式設定, 預設是寫在 **bootstrap.css** 中, 此檔案預設是**唯讀**狀態, 必須先變更為可寫入狀態才能修改;修改好後若 **CSS 設計**面板中的 **bootstrap.css** 仍舊顯示為**唯讀**狀態, 請按下 F5 鍵重新整理即可。

3. **Bootstrap Button Groups** 按鈕組件, 並非一般的圖片或文字元素, 因此無法直接設定超連結。我們可利用**行為**面板的**前往 URL** 或**開啟瀏覽器視窗**事件來設定超連結。

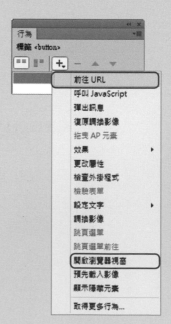

## 實用的知識

**Boostrap Carousel 圖片輪播組件預設是 3 組, 可以增加或減少輪播數量嗎 ?**

當然可以, 請開啟練習檔案 ex11-06.html 來實作看看吧 :

**2** 相片有幾張, 此圓形切換鈕程式
碼也須複製出對等數量

**1** 複製相片相關的程式碼, 即可新增相片

這一組是相片下
方的圓形切換鈕

這一組是相片

這一組是左右兩
邊的箭頭切換鈕

```
<div id="carousel1" class="carousel slide" data-ride="carousel">
  <ol class="carousel-indicators">
    <li data-target="#carousel1" data-slide-to="0" class="active"></li>
    <li data-target="#carousel1" data-slide-to="1"></li>
    <li data-target="#carousel1" data-slide-to="2"></li>
  </ol>
  <div class="carousel-inner" role="listbox">
    <div class="item active"><img src="images/carousel_pic1.jpg" alt="First slide image" class="center-block"> </div>
    <div class="item"><img src="images/carousel_pic2.jpg" alt="Second slide image" class="center-block"> </div>
    <div class="item"><img src="images/carousel_pic3.jpg" alt="Third slide image" class="center-block"> </div>
  </div>
  <a class="left carousel-control" href="#carousel1" role="button" data-slide="prev"><span class="glyphicon
glyphicon-chevron-left" aria-hidden="true"></span><span class="sr-only">Previous</span></a><a class="right
carousel-control" href="#carousel1" role="button" data-slide="next"><span class="glyphicon glyphicon-chevron-right"
aria-hidden="true"></span><span class="sr-only">Next</span></a></div>
```

**3** 修改此屬性的數字, 表示按下此圓形鈕
會切換至第幾張相片 (初始值是 "0")

```
<div id="carousel1" class="carousel slide" data-ride="carousel">
  <ol class="carousel-indicators">
    <li data-target="#carousel1" data-slide-to="0" class="active"></li>
    <li data-target="#carousel1" data-slide-to="1"></li>
    <li data-target="#carousel1" data-slide-to="2"></li>
    <li data-target="#carousel1" data-slide-to="3"></li>
    <li data-target="#carousel1" data-slide-to="4"></li>
  </ol>
  <div class="carousel-inner" role="listbox">
    <div class="item active"><img src="images/carousel_pic1.jpg" alt="First slide image" class="center-block"> </div>
    <div class="item"><img src="images/carousel_pic2.jpg" alt="Second slide image" class="center-block"> </div>
    <div class="item"><img src="images/carousel_pic3.jpg" alt="Third slide image" class="center-block"> </div>
    <div class="item"><img src="images/carousel_pic4.jpg" alt="Fourth slide image" class="center-block"> </div>
    <div class="item"><img src="images/carousel_pic5.jpg" alt="Fifth slide image" class="center-block"> </div>
  </div>
```

**4** 修改相片連結

本例複製出 2 組新的相片與圓形按鈕, 共計 5 組
(完成檔可參考 ch11-06.html)

第 4 組相片

第 5 組相片

*Lesson*

# 12

# 利用 jQuery 效果 與 jQuery UI 組件 設計網頁

Part4_site/about.html

Part4_site/tour.html

## ■ 課前導讀

上一堂課我們已經做好「PhotoTour 旅遊攝影網」的首頁及各頁版型, 本堂課將進一步利用 **jQuery UI According** 來製作折疊式面板, 用來交互顯示**旅遊攝影團隊 (about.html)** 頁面的團隊陣容；另外在提供重要資訊的**旅遊攝影行程 (tour.html)** 頁面, 則是以 **jQuery UI Tab** 製作方便切換內容的標籤面板, 提供熱門的國內、國外旅遊攝影行程, 並利用 **jQuery UI Datapicker** 來製作可供訪客點選日期的彈出式日曆。

## ■ 本堂課學習提要

- 用 jQuery 效果製作可隱藏的區塊
- 用 jQuery UI According 製作折疊式面板
- 用 jQuery UI Tab 製作標籤式面板
- 用 jQuery UI Datapicker 製作日期選取器

預估學習時間 | 120 分鐘

# 12-1 使用 jQuery 效果增添動態變化

若想讓特定網頁元素以動態方式消失或顯示時，可利用 **jQuery 效果**來達成目的，只要經過選取目標、設定選項、確認動作 3 個步驟，就可以完成套用。請任意開啟一個網頁，先切換至**設計檢視**模式，然後按下**行為**面板的 <kbd>+,</kbd> 鈕，其中的『**效果**』命令中就會列出 Dreamweaver 提供的所有 **jQuery 效果**：

Dreamweaver 的 **jQuery 效果**

下表說明這些 **jQuery 效果**，提供你製作網頁時的參考：

| | |
|---|---|
| Blind | 設定網頁元素以類似拉上或拉下百葉窗的方式消失/顯示。 |
| Bounce | 設定網頁元素以彈跳方式消失/顯示。 |
| Clip | 設定網頁元素從中心往水平/垂直方向消失/顯示。 |
| Drop | 設定網頁元素以指定方向消失/顯示。 |
| Fade | 設定網頁元素以淡出/淡入的方式消失/顯示。 |
| Fold | 設定網頁元素往垂直/水平方向展開/收合。若**水平**欄設定為 true，則可在**大小**欄指定水平展開/收合時的寬度。 |
| Highlight | 設定網頁元素在消失/顯示時判隨閃爍的背景色，藉此達到提示作用。 |
| Puff | 設定網頁元素以放射狀縮放的方式消失/顯示。 |
| Pulsate | 設定網頁元素以規律的閃爍方式消失/顯示。 |
| Scale | 設定網頁元素的放大/縮小效果，可自訂放大 (或縮小) 的起始、結束比例，以及放大 (或縮小) 的位置 (左上角或中央)。 |
| Shake | 設定網頁元素的震動效果。與 **Bounce** 類似，差別在與不可指定消失/顯示效果。 |
| Slide | 設定網頁元素以指定方向滑動的方式消失/顯示。效果與 **Drop** 類似，差別在 **Slide** 可指定移動距離。 |

請開啟 Ch12 資料夾下的 ex12-01.html, 底下就來實際用 **Fade** 效果, 製作當按下**旅遊攝影團隊 (about.html)** 的「關閉此訊息」鈕時, 會以淡出的方式隱藏整個大型訊息區域:

**step01** 請切換至**設計檢視**模式，先選取大型訊息區域按鈕的文字，再於**行為**面板按下 ➕ 鈕，執行『**效果/Fade**』命令：

**1** 選取此文字

**2** 執行此命令

**step02** 接著如下設定 **Fade** 交談窗的內容：

**1** 本例要設定按下按鈕會隱藏整個大型訊息區，故請下拉選擇訊息區所在的「about」Div 標籤

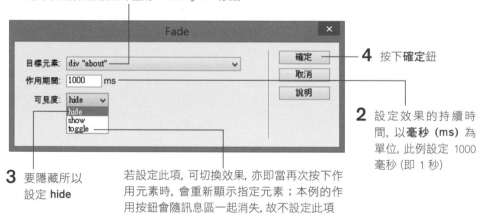

**4** 按下**確定**鈕

**2** 設定效果的持續時間，以**毫秒 (ms)** 為單位，此例設定 1000 毫秒 (即 1 秒)

**3** 要隱藏所以設定 **hide**

若設定此項，可切換效果，亦即當再次按下作用元素時，會重新顯示指定元素；本例的作用按鈕會隨訊息區一起消失，故不設定此項

**step03** 回到**行為**面板後，將 **Fade** 欄位左方的**動作**欄位下拉設定為 **onClick**，表示當按下按鈕時，就會啟動剛才設定的行為：

**step04** 設定完成後, 即可切換至**即時檢視**模式測試效果; 若按下 F12 鍵開啟瀏覽器 預覽, 會出現如下的交談窗提示必須先儲存相關程式檔案, 請按**確定**鈕即可。 完成檔可參考 ch12-01.html。

存檔後, 在網站資料夾中會自動新增 1 個 jQueryAssets 資料夾, 用來集中存放 jQuery 效果會用到的程式檔案

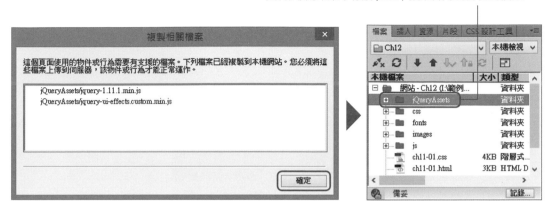

## 12-2 使用 jQuery UI According 製作折疊式面板

本堂課將使用的 **jQuery UI** 組件, 與之前介紹過的 **Bootstrap** 組件很類似, 都是由 HTML、Javascript 與 CSS 撰寫而成, 但是 jQuery UI 提供了更 直覺的修改方式, 透過**屬性**面板即可直接調整組件的內容、顯示順序等。

請開啟**插入**面板, 再切換至 **jQuery UI** 頁 次, 即可看到 Dreamweaver 提供的各項 jQuery UI 組件:

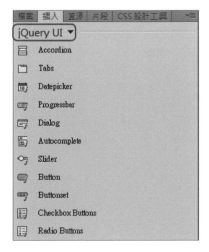

在範例網站的**旅遊攝影團隊 (about.hmtl)**頁面，我們就運用了**jQuery UI According** 組件，讓攝影指導陣容可以用滑動的方式收合或展開，訪客不用繼續捲動頁面，只要按一下滑鼠就可以檢視旅遊嚮導陣容，使用起來更加方便。

目前展開內容

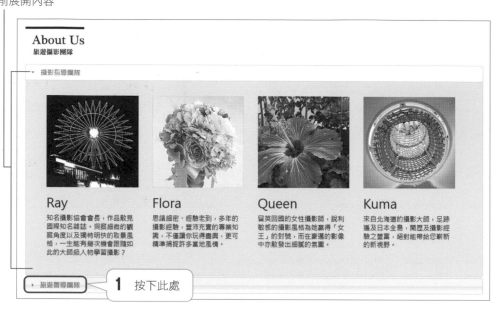

1 按下此處

展開此區　　　　　此區已收合

## 建立折疊式面板

請開啟練習檔案 ex12-02.html，我們已經在網頁中安排了「#aboutus」這個 Div 標籤，其中已置入了一組包含標題圖片的「.topictitle1」Div 標籤，請切換至**即時檢視**模式，首先要在「.topictitle1」Div 標籤下方插入折疊式面板：

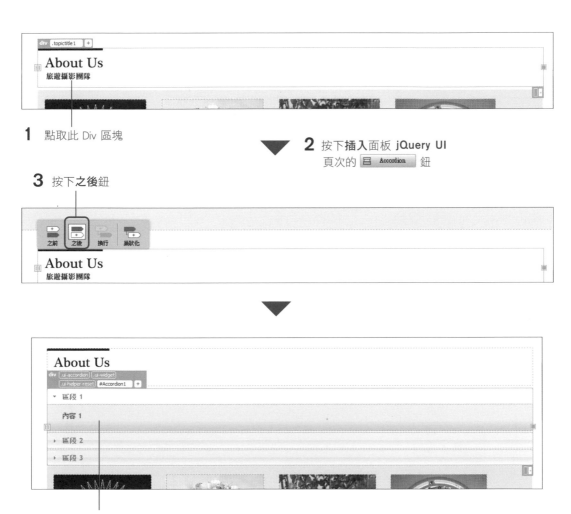

**1** 點取此 Div 區塊

**2** 按下**插入**面板 jQuery UI 頁次的 Accordion 鈕

**3** 按下**之後**鈕

插入 **jQuery UI Accordion** 組件

設定完成後，請按下 F12 鍵開啟瀏覽器測試效果，開啟前會出現如下的交談窗，提示你必須先儲存相關程式檔案，請按下**確定**鈕即可：

會將相關檔案儲存在上一節 jQuery 效果存檔時相同的 **jQueryAssets** 資料夾中

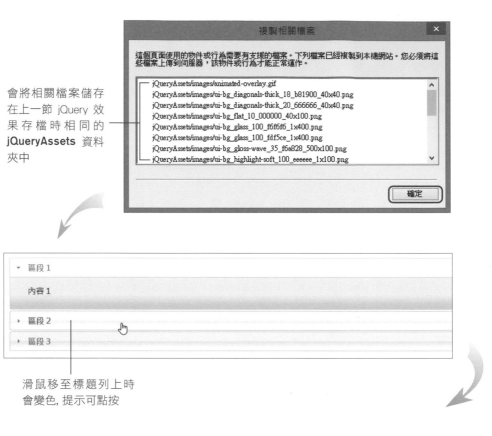

滑鼠移至標題列上時會變色，提示可點按

按下標題列即可展開該區塊內容、收合其他部分當你開啟瀏覽器測試時，若只有點按折疊式面板的話，面板展開/收合功能暫時不會出現異狀，但是當你按下大型訊息區的關閉鈕時（上一節有設定 jQuery 淡出效果），會發現按鈕無法正常動作，而此時再度點按折疊式面板，也會驚覺本來正常動作的面板也失常了：

# Hello, world!

歡迎跟著我們的專業團隊一同捕捉世界的美好！

關閉此訊息 ← 點此按鈕無法收合訊息區塊

**About Us**
旅遊攝影團隊

▸ 區段 1

▸ 區段 2

內容 2

▾ 區段 3 ──

點按折疊式面板的標題列，無法展開/收合對應的內容區

這是因為一般而言，**JavaScript 的執行順序是從上到下**，因此請繼續如下調整 JavaScript 檔案的載入順序，即可解決上述問題：

將折疊式面板的 JavaScript 檔案，拉曳至 jQuery 效果的 JavaScript 檔案之上

控制折疊式面板的 JavaScript 檔案

控制 jQuery 效果的 JavaScript 檔案

存檔後再開啟瀏覽器測試, 就會發現兩個功能都能正常運作囉!

## 修改折疊式面板的設定與內容

請執行『**視窗/屬性**』命令開啟**屬性**面板。jQuery UI 提供的組件插入後, 只要先選取起來, 即可在**屬性**面板做一些基本設定。底下先來說明 **Accordion** 組件的基本設定選項:

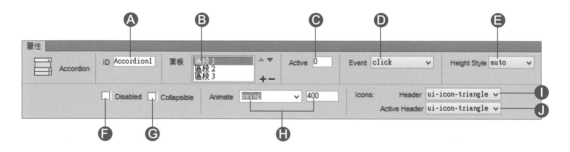

Ⓐ 設定面板 ID 名稱

Ⓑ 設定區段數量與順序

Ⓒ 設定預設要先展開哪個區段 (初始值是 "0")

Ⓓ 設定要按下或是滑鼠滑過時啟動事件

Ⓔ 設定區段高度調整方式

    auto:自動調整高度

    fill:填滿

    content:調整至符合該區段內容的高度

Ⓕ 勾選可停用面板展開/收合效果

Ⓖ 勾選可使所有區段完全收合至僅剩標題列的狀態

Ⓗ 設定展開/收合時的動態效果與速率 (單位為**毫秒**)

Ⓘ 設定標題列收合時的項目圖示

Ⓙ 設定標題列展開時的項目圖示

jQuery UI「Animate」屬性的動態效果實測

jQuery UI 的 **Animate** 屬性提供許多選項，有興趣者可連結至 **jQuery UI** 網站相關頁面 (http://api.jqueryui.com/easings/)，不僅以簡單明瞭的曲線示意圖呈現各個設定值的加減速方式，還提供了線上測試功能，挑選後按下 **Start The Race** 鈕就會直接動給你看喔：

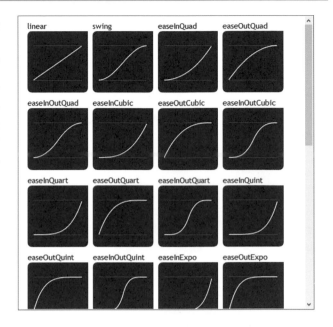

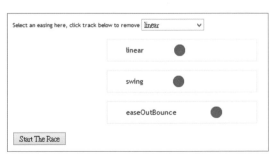

畫面引用自 http://api.jqueryui.com/easings/

了解設定方式後，底下就來實際調整面板區段與內容。為方便選取與編輯文字，請切換至**設計檢視**模式後如下操作：

**step01** 本例預計在面板中放入「攝影指導團隊」與「旅遊嚮導團隊」這兩組內容，因此請如下修改區段數量：

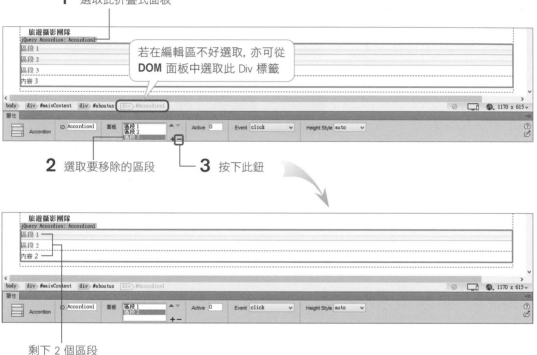

1 選取此折疊式面板

若在編輯區不好選取，亦可從 **DOM** 面板中選取此 Div 標籤

2 選取要移除的區段　　3 按下此鈕

剩下 2 個區段

**step02** 接著再如下分別將「區段　1」及「區段　2」這兩組文字，修改成 "攝影指導團隊" 及 "旅遊嚮導團隊"：

**step 03** 再來要將我們預先準備好的團隊介紹圖文搬到折疊式面板內。請切換至**程式碼檢視**模式, 首先來將「攝影指導團隊」的內容搬進**區段 1** 的內容區:

**1** 將滑鼠移至此, 待出現下拉箭頭時, 按一下箭頭收合攝
影指導團隊內容所在的「#aboutus1」Div 標籤區塊

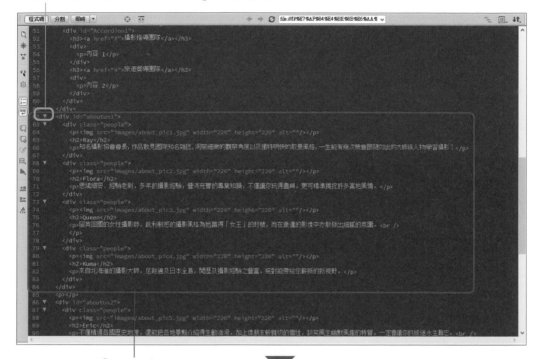

紅框所示即「攝影指導團隊」內容

**2** 往上拉曳至「內容 1」之後放開左鈕

**3** 這段文字已不需要, 請選取並刪除 　　**4** 切換至**即時檢視**模式確認結果

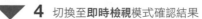

整組搬進**區段 1** 的內容區中了

step**04** 比照步驟 3 的作法, 將「旅遊嚮導團隊」的內容搬進**區段 2** 的內容區中:

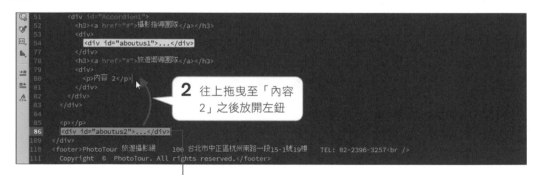

**2** 往上拖曳至「內容 2」之後放開左鈕

**1** 收合旅遊嚮導團隊內容所在的「#aboutus2」Div 標籤區塊

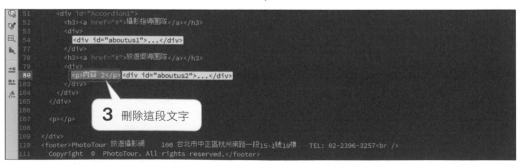

**3** 刪除這段文字

**4** 切換至**即時檢視**

整組搬進**區段 2** 的內容區中了

## 修改折疊式面板的外觀樣式

與 **jQuery UI Accordion** 相關的 CSS 檔案有「jquery.ui.core.min.css」、「jquery.ui.theme.min.css」「jquery.ui.accordion.min.css」這 3 個, 密密麻麻的設定值, 加上名稱與設定值不是自訂的, 一時之間應該很難確定要從何改起。此時請善用**程式碼導覽器**, 可協助我們更有效地掌握相關的 CSS 規則。以本例來說, 目前內容區塊的漸層底色看起來突然被截斷, 極不自然, 底下就來實際利用**程式碼導覽器**找出控制區塊背景的 CSS 規則, 將背景調整成符合需求的設定:

調整前

調整後

step01 請先點選折疊式面板的內容區塊，再按右鈕執行『**程式碼導覽器**』命令，即可從中檢視相關的 CSS 設定：

**1** 選取此 Div 區塊

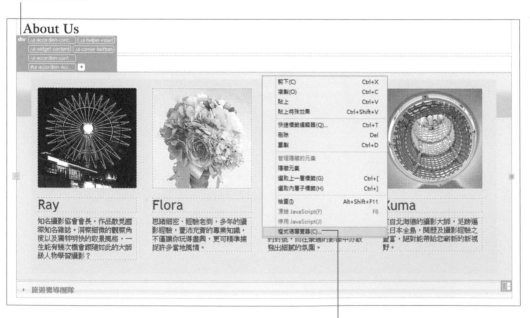

**2** 按右鈕執行此命令

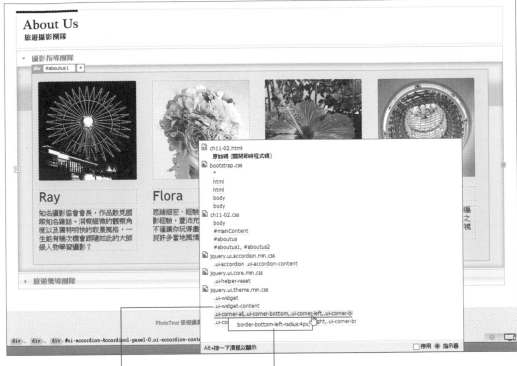

**3** 指標移至「.ui-widget-content」之上　　移至 CSS 規則上, 即會彈出
　　　　　　　　　　　　　　　　　　　其中包含的 CSS 設定

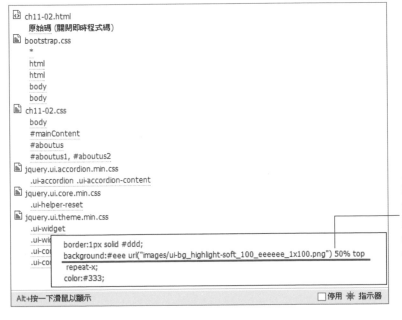

只有此 CSS 規則有設定
**background** 屬性, 且設定
結果符合目前呈現的外
觀, 故可判斷「.ui-widget-
content」就是調整背景要
修改的目標

**step02** 找到相關的 CSS 規則後，點按即可切換至**分割**檢視模式，並且 CSS 檔案也會跳至該 CSS 規則所在的位置，從中即可修改；除此之外，**CSS 設計工具**面板也會選定該 CSS 規則，故也可在**屬性**區的**背景**頁次修改：

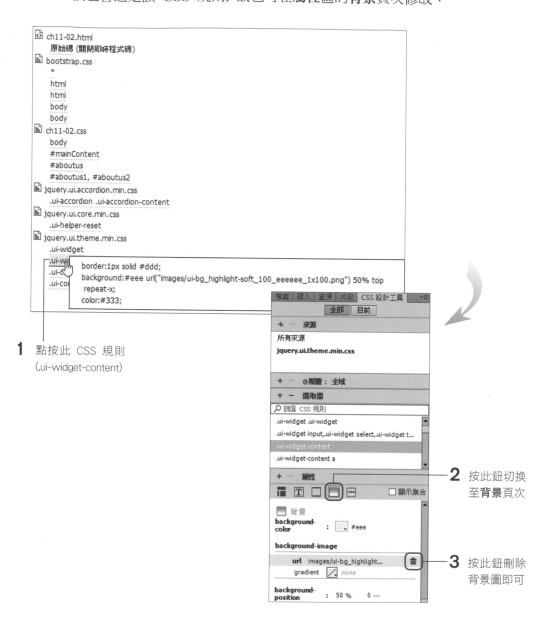

若想繼續修改折疊式面板的其他外觀樣式，請比照上述方法找出對應的 CSS 規則，再從中修改即可。本節的完成結果可參考 ch12-02.html。

# 12-3 使用 jQuery UI Tabs 製作標籤式面板

PhotoTour 網站將行程資訊區分為「國內」及「國外」二大類，並且將國內、國外的行程資訊分別放在不同的標籤之下，讓訪客可自由切換。你可以開啟**旅遊攝影行程 (tour.html)** 頁面，按按看「熱門國內旅遊攝影行程」及「熱門國外旅遊攝影行程」兩個標籤，下方內容將會跟著切換：

按這 2 個標籤即可切換國內、外行程

## 插入標籤式面板

請開啟練習檔案 ex12-03.html，我們已經在網頁中安排了「#tourbox2」這個 Div 標籤，準備用來放置標籤面板：

**1** 在 **DOM** 面板點取此 Div 區塊

**2** 按下**插入**面板 jQuery UI 頁次的 ⬚ Tabs 鈕

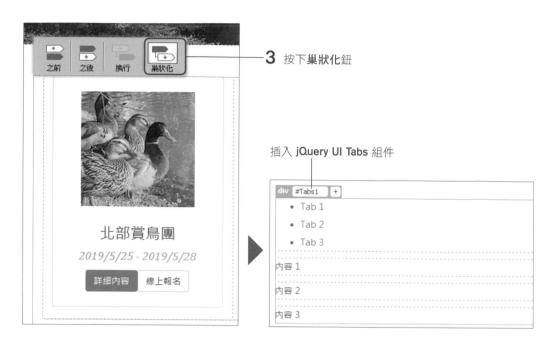

**3** 按下**巢狀化**鈕

插入 **jQuery UI Tabs** 組件

由於網頁中已包含了用 **Bootstrap** 組件製作的相片輪播區，當插入 **jQuery UI** 組件時，因兩者都有使用 JavaScript 檔案，但卻是不同組件，所以使用的 jQuery 版本可能會有所差異，因而產生版本衝突的問題，導致標籤式面板無法正常運用：

**Bootstrap** 組件使用的 jQuery 版本

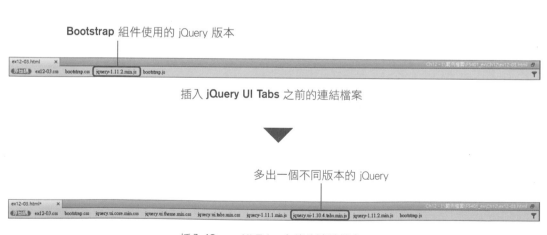

插入 **jQuery UI Tabs** 之前的連結檔案

多出一個不同版本的 jQuery

插入 **jQuery UI Tabs** 之後的連結檔案

此時可刪除先置入之組件的 jQuery 版本, 即可解決上述問題:

本練習檔案是先插入 **Bootstrap** 組件, 因此請選取
並刪除此段程式碼, 取消載入該 JavaScript 檔案

```
154  <footer>PhotoTour 旅遊攝影網       100 台北市中正區杭州南路一段15-1號19樓       TEL: 02-2396-3257<br />
155    Copyright © PhotoTour. All rights reserved.</footer>
156  <script src="js/jquery-1.11.2.min.js" type="text/javascript"></script>
157  <script src="js/bootstrap.js" type="text/javascript"></script>
158  <script type="text/javascript">
159  $(function() {
160      $( "#Tabs1" ).tabs();
161  });
162  </script>
163  </body>
164  </html>
165
```

| Tab 1 | Tab 2 | Tab 3 |
|---|---|---|

內容 1

標籤式面板正常顯示了

### 「jQuery UI 組件」與「Bootstrap 組件」插入先後順序的差異

剛剛已經提過, 先插入 **Bootstrap** 組件, 再插
入 **jQuery UI** 組件, 有可能會因為 jQuery 版
本不同而導致組件無法正常運用; 但是, 若
先插入 **jQuery UI** 組件, 再插入 **Bootstrap** 組
件, 則會出現如右圖的交談窗, 詢問你是否
更新 jQuery, 請按下是鈕即可:

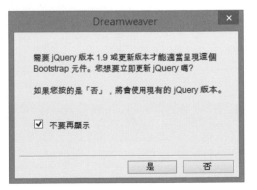

## 編輯標籤式面板

請執行『**視窗/屬性**』命令開啟**屬性**面板。我們一樣先來認識 Tabs 組件的基本設定選項 (**Accordion** 組件說明過的設定項目在此則不再贅述, 請自行回頭參考第 12-12 頁的說明):

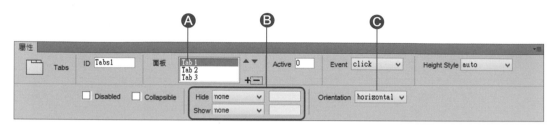

Ⓐ 設定標籤面板的數量與順序　Ⓑ 設定隱藏/顯示時的動態效　Ⓒ 設定動態效果的移動方向
　　　　　　　　　　　　　　　果與速率 (單位為**毫秒**)

了解設定方式後, 底下就來實際調整面板區段與內容。為方便選取與編輯文字, 請切換至**設計檢視**模式後如下操作:

**step 01** 本例預計在面板中放入「國內」與「國外」這兩組熱門行程, 因此請如下修改標籤面板的數量:

**1** 選取此標籤式面板

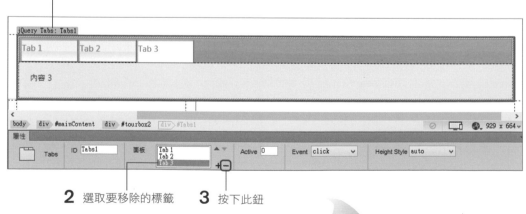

**2** 選取要移除的標籤　　**3** 按下此鈕

剩下 2 個標籤面板

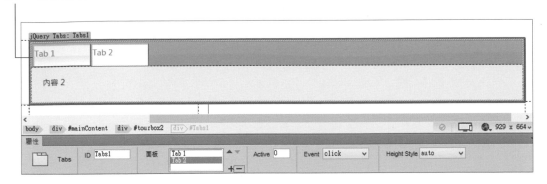

接著再如下分別將「Tab 1」及「Tab 2」這兩組文字，分別修改成 "熱門國內旅遊攝影行程" 及 "熱門國外旅遊攝影行程"：

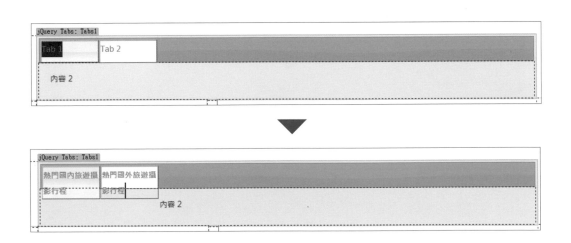

再來要將我們預先準備好的團隊介紹圖文搬到折疊式面板內。請切換至**程式碼檢視**模式，首先來將第一排的行程搬到「**內容 1**」的後面：

**1** 滑鼠移至此, 待出現下拉箭頭時, 按一下箭頭收合第一組行程所在的「.row」Div 標籤區塊

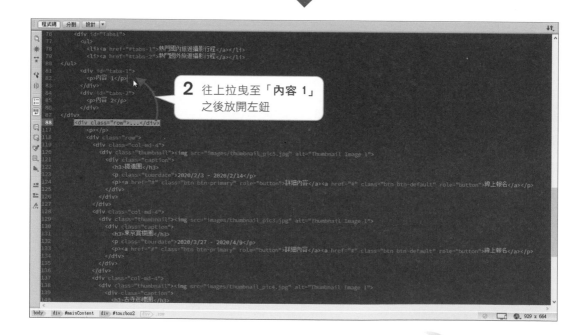

**3** 這段文字已不需要, 請選取並刪除

```
程式碼    分割    設計                                                              ↑↓
 76     <div id="tabs1">
 77         <ul>
 78             <li><a href="#tabs-1">熱門國內旅遊攝影行程</a></li>
 79             <li><a href="#tabs-2">熱門國外旅遊攝影行程</a></li>
 80         </ul>
 81         <div id="tabs-1">
 82             <p>內容 1</p><div class="row">...</div>
111         </div>
112         <div id="tabs-2">
113             <p>內容 2</p>
114         </div>
115     </div>
116
117     <p></p>
118     <div class="row">
119         <div class="col-md-4">
120             <div class="thumbnail"><img src="images/thumbnail_pic5.jpg" alt="Thumbnail Image 1">
121                 <div class="caption">
122                     <h3>鐵道團</h3>
123                     <p class="tourdate">2020/2/3 - 2020/2/14</p>
124                     <p><a href="#" class="btn btn-primary" role="button">詳細內容</a><a href="#" class="btn btn-default" role="button">線上報名</a></p>
125                 </div>
126             </div>
127         </div>
128         <div class="col-md-4">
129             <div class="thumbnail"><img src="images/thumbnail_pic3.jpg" alt="Thumbnail Image 1">
130                 <div class="caption">
131                     <h3>東京實樓團</h3>
132                     <p class="tourdate">2020/3/27 - 2020/4/9</p>
133                     <p><a href="#" class="btn btn-primary" role="button">詳細內容</a><a href="#" class="btn btn-default" role="button">線上報名</a></p>
134                 </div>
135             </div>
136         </div>
137         <div class="col-md-4">
138             <div class="thumbnail"><img src="images/thumbnail_pic4.jpg" alt="Thumbnail Image 1">
139                 <div class="caption">
140                     <h3>古寺巡禮團</h3>
```
`929 x 664`

**4** 切換至**即時檢視**模式確認結果

整組搬進面板 1 的內容區中了

**step 04** 比照步驟 3 的作法，將第二組行程搬到「**內容 2**」的後面：

**1** 收合第二組行程所在的「.row」Div 標籤區塊

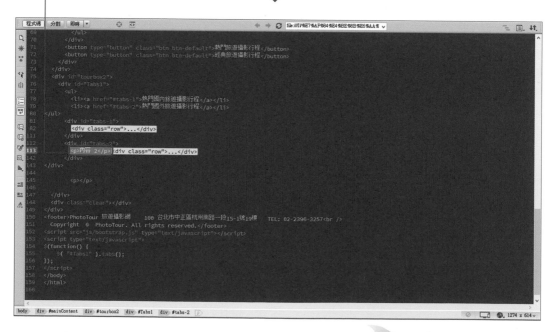

**3** 刪除這段文字

**4** 切換至**即時檢視**模式

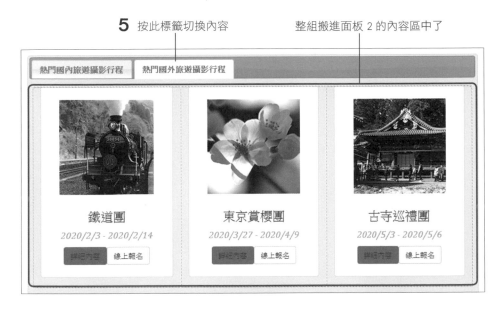

**5** 按此標籤切換內容　　　　　整組搬進面板 2 的內容區中了

與 **jQuery UI Tabs** 相關的 CSS 檔案共有「jquery.ui.core.min.css」、「jquery.ui.theme.min.css」「jquery.ui.tabs.min.css」這 3 個, 若需要調整外觀樣式, 請參照第 12-17 頁介紹過的**程式碼導覽器**, 選取對應的 CSS 規則, 再從中修改即可。本節的完成結果可參考 ch12-03.html。

# 12-4 使用 jQuery UI Datepicker 製作日期選取器

最後再利用 **jQuery UI Datepicker** 組件, 製作可挑選日期的日曆選取器吧!

**1** 在空白欄位裡按一下

按此可切換月份

自動輸入選定的日期

**2** 點選日期

彈出日期選取器

當天日期會特別以顏色突顯

## 插入日期選取器

請開啟練習檔案 ex12-04.html, 如下操作:

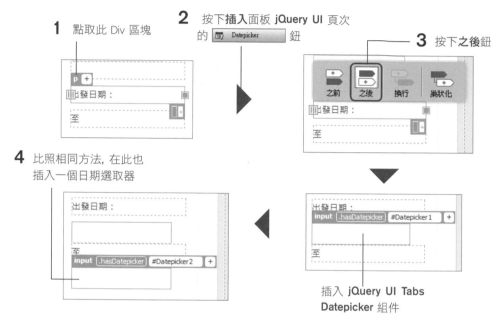

**1** 點取此 Div 區塊

**2** 按下**插入**面板 **jQuery UI** 頁次的 🗒 Datepicker 鈕

**3** 按下**之後**鈕

之前　　之後　　換行　　巢狀化

**4** 比照相同方法, 在此也插入一個日期選取器

插入 **jQuery UI Tabs Datepicker** 組件

完成結果可參考 ch12-04.html

到此整個 PhototTour 旅遊攝影網的頁面就設計完成了, 是不是很有成就感呢? 只要活用 **Bootstrap** 與 **jQuery UI** 組件, 就能輕鬆建立兼具美觀與功能性的版面喔!

## 重點整理

1. 下表彙整 Dreamweaver 內建的所有 **jQuery 效果**, 供你製作網頁時的參考:

| | |
|---|---|
| Blind | 設定網頁元素以類似拉上或拉下百葉窗的方式消失/顯示。 |
| Bounce | 設定網頁元素以彈跳方式消失/顯示。 |
| Clip | 設定網頁元素從中心往水平/垂直方向消失/顯示。 |
| Drop | 設定網頁元素以指定方向消失/顯示。 |
| Fade | 設定網頁元素以淡出/淡入的方式消失/顯示。 |
| Fold | 設定網頁元素往垂直/水平方向展開/收合。若**水平**欄設定為 **true**, 則可在**大小欄**指定水平展開/收合時的寬度。 |
| Highlight | 設定網頁元素在消失/顯示時判隨閃爍的背景色, 藉此達到提示作用。 |
| Puff | 設定網頁元素以放射狀縮放的方式消失/顯示。 |
| Pulsate | 設定網頁元素以規律的閃爍方式消失/顯示。 |
| Scale | 設定網頁元素的放大/縮小效果, 可自訂放大 (或縮小) 的起始、結束比例, 以及放大 (或縮小) 的位置 (左上角或中央)。 |
| Shake | 設定網頁元素的震動效果。與 **Bounce** 類似, 但不可指定消失/顯示效果。 |
| Slide | 設定網頁元素以指定方向滑動的方式消失/顯示。效果與 **Drop** 類似, 但 **Slide** 可指定移動距離。 |

2. 以下為你整理本堂課所介紹的 **jQuery UI** 組件, 其名稱及用途:

| | | |
|---|---|---|
| ▤ Accordion | **Accordion** | 製作折疊式面板 |
| ▢ Tabs | **Tabs** | 製作標籤式面板 |
| ▥ Datepicker | **Datepicker** | 製作日期選取器 |

3. 插入 **jQuery UI** 組件後, 只要先選取起來, 即可執行『**視窗/屬性**』命令開啟**屬性**面板, 從中調整數量、順序、動態效果等基本設定。

## 實用的知識

**這裡再介紹一個 jQuery 效果的應用。**

請開啟練習檔案 ex12-05.html, 並切換至**設計檢視**模式, 我們要利用「**Scale**」效果, 讓主圖在按下「關閉此訊息」鈕的同時隨之縮小消失, 藉此騰出更多空間, 讓訪客的焦點直接落在團隊介紹上:

**7** 設定為 **onClick**, 表示
按下按鈕時啟動

按下按鈕

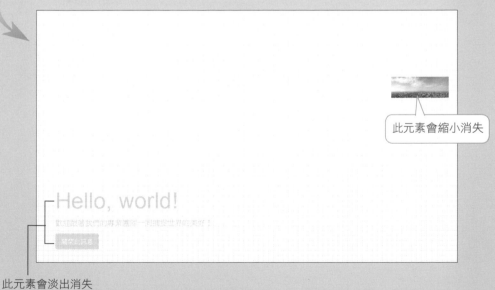

此元素會縮小消失

此元素會淡出消失

*Part* $5$

# 重視產品說明的網站 - T 恤購物網站

# T 恤購物網站
# 設計解析

**預估學習時間** 60 分鐘

## T 恤購物網站的設計理念

網際網路改變了消費者的購物方式，愈來愈多人喜歡在家上網 shopping。本篇將以 Tshirts Kingdom 這間線上 T 恤專賣店為例，介紹購物網站的製作流程，及資料庫的架設方式。

Tshirts Kingdom 購物網站提供各種風格、圖樣的 T 恤，消費者可以依樣式分類挑選自己喜歡的 T 恤，並切換檢視各種顏色，還可以選擇想要的衣服尺寸、數量，在確認購買後便立即算出金額、送出訂單。

在動手製作網站前，我們要先為你說明本篇範例網站的架構、版面規劃，以及使用的設計原則，除了購物網站外，其它如線上產品型錄、餐點介紹...等等，也都適用類似的設計手法。

## 網站的架構及版面規劃

我們先來看看整個網站的架構，以及構想的版面，讓之後的製作過程能有個依據，不至於亂了方向。

## 購物網站架構

本篇的網站包含首頁、商品說明頁、購物明細頁，可參考下圖：

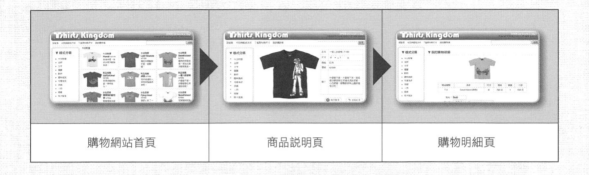

| 購物網站首頁 | 商品說明頁 | 購物明細頁 |

## 網站首頁、商品說明頁、購物明細頁版面規劃

由於購物網站的商品選項很多，因此我們將整個網站的主選單和搜尋列放在上方，左側則放置 T 恤的類別選單，方便訪客快速找到有興趣的商品，並完成購物流程。

先來看看我們規劃的首頁版面：

表頭放入網站名稱、版權聲明、主選單及搜尋列

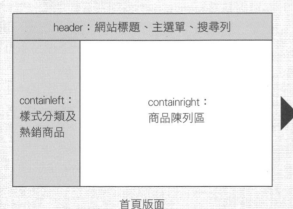

首頁版面

將 T 恤的分類選單放在此處，並將熱銷商品放在下方，以便尋找

內容區會顯示依類別或利用搜尋功能找出來的商品

再來看看商品說明頁的版面規劃：

此區的配置
與首頁相同

此區塊左邊是 T 恤的放大
圖, 右側的表格則會列出 T
恤的相關資訊, 訪客可在
表單中填入尺寸及數量

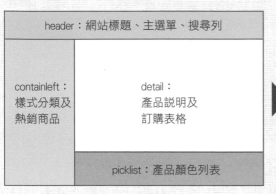

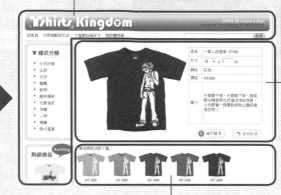

產品說明頁

列出該款 T 恤所有的顏色, 點按下方
的縮圖, 放大圖就會跟著變換顏色

當訪客決定訂購, 填妥尺寸、數量並按下**確定購買鈕**, 就會進入**購物明細**頁面：

此區的配置
與首頁相同

自動填入前頁所選擇的
尺寸、數量, 並結算金額

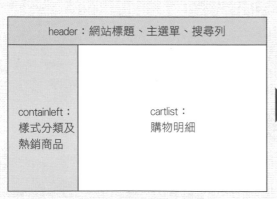

購物明細頁

由訪客自行填入姓名、地址等資
訊, 此處會加入**表單驗證**功能來
確認各欄位是否有確實填寫

# 重視產品說明的網站：設計不敗的原則

購物網站的主角當然是商品，因此在版面的用色上需考慮商品的色調，過於花俏的用色可能會搶過商品的風采。由於 Tshirts Kingdom 購物網站的 T 恤顏色豐富，所以我們採用白色背景，再搭配橘黃色的網頁標題，文字則是以灰色為主，讓訪客開啟網頁時，眼光就會停留在色彩繽紛的 T 恤上。

## 方便操作的購物流程

既然是購物網站，當然要有購物功能，例如製作 T 恤的分類選單，讓訪客可以直接點選想瀏覽的類別；點按有興趣的 T 恤可進入說明頁，不僅能看到 T 恤的放大圖，還會提供更進一步的資訊，做為選購參考。

此外，搜尋功能也是不可或缺的，我們將搜尋功能放在頁面右上角，訪客只要輸入關鍵字，就能找出商品名稱或是說明中包含關鍵字的商品，是很有效率的瀏覽方式：

T 恤分類選單　　　　　　　　　　　　　　　　**1** 輸入關鍵字　　　　　**2** 按下**搜尋**鈕

搜尋出與 "骷髏" 有關的商品

# 商品圖與說明文字的呈現方式

購物網站的圖文編排方式、照片美觀程度，都會影響網站給消費者的印象。以範例網站來說，我們將商品圖片做成相同大小，並與說明文字做左、右相對的排列，還在區塊上加了一條細細的灰色邊框來做區隔，排列之後就顯得沉穩、有條理：

在每個商品區塊外加上細灰框線，達到區隔的目的

為圖片加細框線後，除了排列起來沉穩、有條理之外，也會反映出專業的感覺；此外，也可以利用加底色、圓角、漸層等不同的方式，替商品區塊加分：

為圖片加細框，將文字放在
圖片下方，再用細框包圍

為圖片加上圓角、底
色，文字則用反白設計

# 倒 L 型版面

網站首頁我們採用「倒 L 型」的版面, 也就是將選單放在網頁的上方及左側 (就像是倒過來的英文字母 L), 上方放網站導覽連結、左側則是商品分類及熱銷商品等連結。這樣的版面適合商品種類較多、內容豐富的網站。

 **TIP** 若是將選單放在上方及右側, 也是屬於倒 L 型的版面設定。

網頁選單若顯示在上方及左 (右)
側, 稱為「倒 L 型」版面

首頁為倒 L 型版面

---

## 實例賞析

畫面引用自 http://www.graniph.tw/

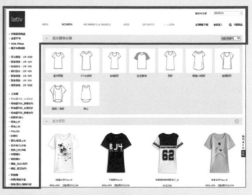

畫面引用自 http://www.lativ.com.tw/

分類、選項多的網站, 多採用倒 L 型的版面設定

# 13 資料庫網站 快速入門

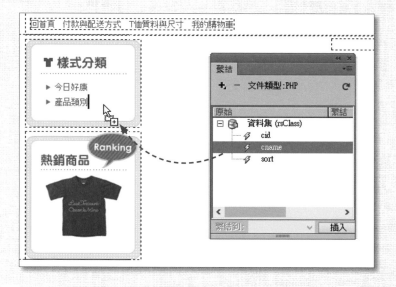

## ■ 課前導讀

一般來說, 若要製作具有購物車、搜尋資料等複雜功能的網站, 幾乎都需要利用到伺服器技術與資料庫, 這常常讓初學網頁設計的人大感頭疼。不過自從 Dreamweaver 內建了能自動產生程式碼、並連結資料庫的功能後, 我們便可以省去學習撰寫程式的時間, 直接使用 Dreamweaver 中的面板與命令, 輕鬆做出動態網站。

本堂課將透過建置 T 恤購物網站的過程, 教你建構出實際可運作的購物網站, 同時還能學習建立動態資料庫網站的正確知識與觀念。

## ■ 本堂課學習提要

- 認識動態網頁的運作原理
- 學習架設「資料庫網站」需要安裝哪些軟體
- 在本機架設資料庫網站
- 學會簡單的資料庫編輯、管理方法
- 連結資料庫取出動態資料, 並顯示在網頁中

**預估學習時間** 150 分鐘

# 13-1 靜態網頁、動態網頁與資料庫網站

**靜態網頁**是指內容固定不變、不與使用者互動的網頁,除非網頁設計者修改網頁,否則任何訪客都會看到相同的內容。如果網頁的內容不需要常常變動,如公司簡介、版權資訊、企業理念等,就很適合以靜態網頁呈現:

公司簡介的網頁, 由於內容固定, 所以用靜態網頁來呈現即可
**畫面引用自 http://www.starbucks.com/about-us**

反之,**動態網頁** (或稱為「**互動式網頁**」) 則是指那些會回應訪客的操作,或因時間不同,自動顯示出不同內容的網頁。舉個常見的例子,就是搜尋引擎:

輸入欲查詢的關鍵字, 然後按 Enter 鍵, 或按下此鈕

會依訪客的要求而顯示出對應的查詢結果

**TIP** 「靜態網頁」並非完全不會動哦！當網頁中包含動態特效, 例如跑馬燈、會滑動的圖形、上下捲動的看板、彈出式選單、或是 Flash 動畫, 雖然看起來會動, 但是並不會因訪客的操作而去資料庫中找出指定的內容, 所以本書仍將之歸類為靜態網頁。

## 認識資料庫網站

由於動態網頁中的資料通常都是存放在**資料庫**中, 因此動態網站也可稱為「**資料庫網站**」。而我們常聽到的 ASP、PHP、JSP 等動態網頁程式, 通常也必須再搭配一個資料庫系統, 才能架構出完整的動態網站。

那麼, 資料庫網站有什麼好處呢？以 PHP 網頁為例, 其實它的基礎也是 HTML, 只是在需要顯示動態資料的地方加入了 PHP 程式碼而已。舉例來說, 假設某個購物網站有 1000 種商品, 若用傳統的 HTML 網頁來做, 那麼可能要製作 1000 個產品介紹網頁, 這是多麼辛苦的工作啊！即使是用第 7 堂課介紹過的**範本**來製作, 仍要花費相當久的時間, 更遑論日後的修改、維護工程有多麻煩了！

如果我們改用 PHP 網頁來做，那麼只需製作 **1 頁**就夠了！做出來的網頁就像是考卷的填充題，在需要顯示不同資料的地方（例如商品名稱、價格、圖片、說明），都置入一個由 PHP 程式碼所組成的空白區域，當訪客要查詢某個商品的介紹時，網站伺服器就會從資料庫中讀出該商品的資料，再一一填入原本空白的地方，最後送到訪客面前的，就是一個填好資訊的完整網頁囉！

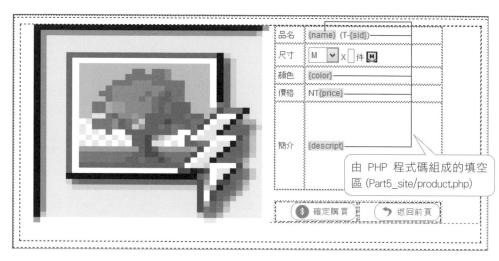

由 PHP 程式碼組成的填空區 (Part5_site/product.php)

當訪客要查詢某項商品時，伺服器會從資料庫中讀出該商品的資料，然後填入到 PHP 空白區域中，組合成一個商品介紹網頁

上述的**商品介紹**網頁，只是資料庫網站的牛刀小試而已。其他諸如部落格、討論區、拍賣網站、購物網站、即時新聞網站等等，也都要靠 PHP（或其他應用相同原理的動態網頁程式）與資料庫的配合才能做得出來。

## 靜態網頁與動態網頁的運作原理

**靜態網頁**在訪客開啟時，是由網站伺服器直接將網頁內容傳送至前端的瀏覽器：

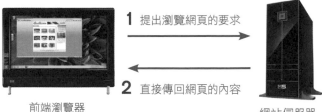

**1** 提出瀏覽網頁的要求

**2** 直接傳回網頁的內容

前端瀏覽器　　　　　　　　　　　　網站伺服器

而**動態網頁**在訪客開啟時，網站伺服器會先執行網頁中的程式，再將執行程式的結果 (例如目前的日期時間、或由資料庫讀出的資料等) 插入到原網頁的內容中，一起傳回前端瀏覽器：

**1** 提出瀏覽網頁的要求

**2** 執行網頁中的程式，必要時也會存取資料庫

**4** 將執行結果嵌入網頁再顯示出來

**3** 傳回執行結果

前端瀏覽器　　　網站伺服器　　　資料庫

下圖就是一個動態網頁的運作實例：

當訪客按下此處要看此類商品　　　　　　這是由程式自動產生的類別名稱

TIP　不僅「動態網頁」可以和前端的訪客互動,前端瀏覽器也可以傳送訪客的要求給網站伺服器,以便讓網頁中的程式決定如何輸出資料。至於傳送要求的方式可分為「URL 變數」及「表單變數」二種,這部份我們留到第 14 堂課再為你介紹。

## 網站應用程式

「**網站應用程式**」 (Web Application, 也稱為 **Web 應用程式**) 是指「在網站中執行的應用程式」,它是由一組動、靜態網頁所組成,讓訪客可以透過瀏覽器來與伺服器互動,以完成所需的功能。例如 Yahoo 拍賣網站,其實就是具有拍賣功能的網站應用程式。

網站應用程式的用途非常廣泛,包括網路上常見的部落格、討論區、線上購物、網路拍賣、新聞網站、網路銀行...等等,此外連公司內部的人事、出勤、進銷存、客戶管理、甚至知識管理等系統,也都可以用網站應用程式來達成。

TIP　網站應用程式通常都會使用到資料庫,因此常被安置在「資料庫網站」中運作。

# 13-2 架設測試用的資料庫網站

要開發動態網頁, 一般都會先在本機中自行架設「資料庫網站」系統, 以便隨時進行測試。等到一切功能都測試完成後, 才會正式上傳到網路上。底下就為你說明架設時所需的配備和安裝方法。

## 架設「資料庫網站」需要安裝哪些軟體？

需要安裝的除了最基本的**網站伺服器系統**外, 還要安裝**資料庫系統**, 例如 **PHP** 最常搭配 **MySQL** 資料庫系統, 而 **ASP**、**ASP.NET** 則經常會搭配 **SQL Server** 資料庫系統。如果想要管理資料庫, 那麼還得再安裝一套**資料庫管理程式** (此程式通常會和資料庫系統合併在一起安裝)。

另外, 依據我們所使用的動態網頁技術 (PHP、ASP、ASP.NET、JSP 等), 還需安裝適合的「**程式處理器 (應用程式伺服器)**」, 以便執行網頁中的程式碼。以 **PHP** 為例, 我們必須在網站伺服器中安裝 **PHP 程式處理器**, 那麼當前端瀏覽器要求讀取副檔名為 .php 的網頁時, 網站伺服器就會將該網頁交給 PHP 程式處理器來執行, 再將執行的結果傳回瀏覽器。

TIP　通常網站伺服器都是用**副檔名**來辨識網頁是否內含程式碼 (例如 ASP 的 .asp、JSP 的 .jsp 等), 因此只有特定的副檔名才會交給**程式處理器**來執行, 而其他網頁 (例如 .htm) 則直接由網站伺服器處理, 以提升網站的效率。

因此, 架設「資料庫網站」需要安裝以下 4 種軟體：

| 軟體類型 | 軟體名稱 (以架設 PHP 資料庫網站為例) |
| --- | --- |
| 網站伺服器系統 | Apache |
| 程式處理器 | PHP |
| 資料庫系統 | MySQL |
| 資料庫管理程式 | phpMyAdmin |

# 安裝 AppServ (Apache+PHP+MySQL+phpMyAdmin)

本篇將教你使用 **PHP** 程式語言及 **MySQL** 資料庫來實作一個 T 恤購物網站，因此請先安裝所需的伺服器套裝程式：**AppServ**。AppServ 包含了 **Apache 網站伺服器**、**PHP 程式處理器**、**MySQL 資料庫系統**，以及 **phpMyAdmin 資料庫管理程式** (即 MySQL 的管理程式) 等 4 套軟體。

首先要上網連結到 http://www.appservnetwork.com/ 去下載 AppServ 程式，建議你下載 **appserv-win32-2.5.10.exe** 這個安裝檔，以便比照本書操作。以下列出重要的安裝步驟供你參考：

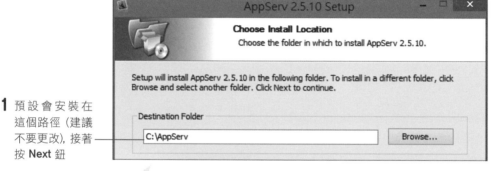

**1** 預設會安裝在這個路徑 (建議不要更改)，接著按 Next 鈕

**2** 預設會安裝所有的軟體 (建議不要更改)，接著按 Next 鈕

**3** 請輸入 127.0.0.1，這個 IP 表示是在本機

**4** 輸入你 (管理者) 的 E-mail

**5** 此處請維持預設值 80，接著按 Next 鈕

**6** 輸入 2 次管理者的密碼，請務必記住此密碼，以後登入與網頁連結資料庫時都會用到（我們將範例網站的密碼設為：**flag**）

此處請維持預設的 **UTF-8 Unicode** 編碼

雖然密碼是可以自行決定的，但由於本書範例網站中已經設定了 **"flag"** 做為資料庫密碼，要是你設定了不同的密碼，就必須修改範例網站中的資料庫設定，否則將無法順利瀏覽範例網站（稍後 P13-24 會教你如何修改）

**7** 按下此鈕

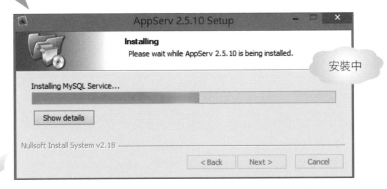

安裝中

預設會自行啟動 Apache 網站伺服器及 MySQL 資料庫

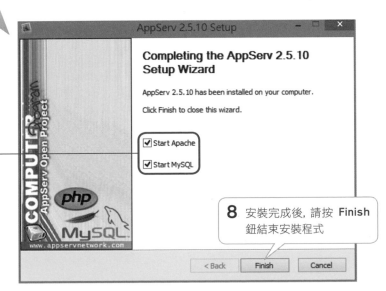

**8** 安裝完成後，請按 Finish 鈕結束安裝程式

安裝好後，請開啟 C:\AppServ 資料夾來看看安裝的內容：

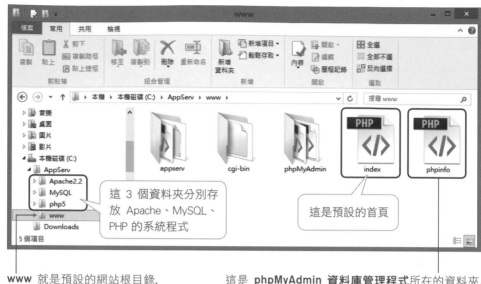

**www** 就是預設的網站根目錄，
請進入此資料夾

這是 **phpMyAdmin 資料庫管理程式**所在的資料夾，
開啟其內的 php 網頁即可進行各項資料庫管理工作

接著請開啟瀏覽器，在網址列輸入 "http://localhost" 來看看預設首頁的
內容 (**localhost** 代表本機，若無法順利瀏覽，請改輸入本機的 IP 位址
**http://127.0.0.1**)：

**1** 按此連結可開啟 phpMyAdmin 資料庫管理程式的首頁

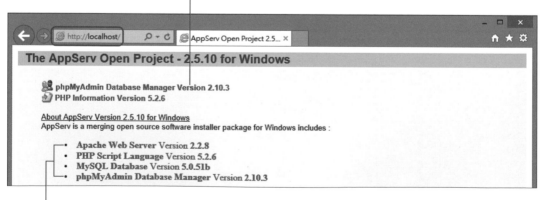

會列出各程式的版本及相關網站連結

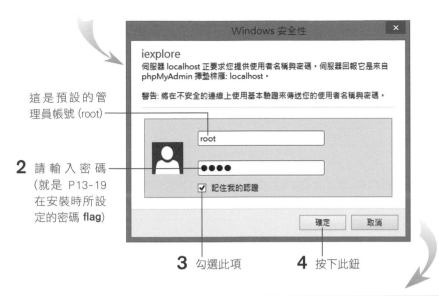

這是預設的管
理員帳號 (root)

**2** 請 輸 入 密 碼
(就 是 P13-19
在安裝時所設
定的密碼 **flag**)

**3** 勾選此項　　　**4** 按下此鈕

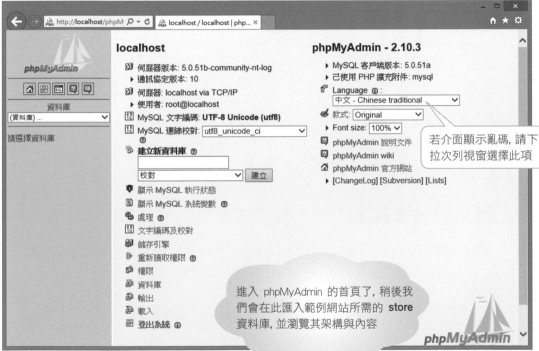

進入 phpMyAdmin 的首頁了, 稍後我
們會在此匯入範例網站所需的 **store**
資料庫, 並瀏覽其架構與內容

TIP 執行**開始**功能表 **AppServ** 子選單中的命令, 可進行 Apache、PHP、MySQL 的組
態設定, 或是停用、啟用之類的操作。不過一般來說, 在安裝好 Apache、PHP 及
MySQL 後, 就可以直接使用, 並不需要再做額外的設定。

# 13-3 資料庫的匯入與基本操作

安裝好 **AppServ** 後，我們要再將本書第 5 篇的範例網站與練習檔複製到硬碟中，並且把範例網站要用的資料庫匯入到 **MySQL** 資料庫系統中，以便進行接下來各堂課的操作與練習。

 **TIP** 本書為了方便讀者學習，準備了現成的資料庫檔案供你匯入。若你要建立自己的資料庫網站，就必須自行設計資料庫結構並建立資料庫。

請將下載檔案中的 **F5401_ex\Part5** 資料夾，以及 **Part5_site** 資料夾複製到 C:\AppServ\www 中：

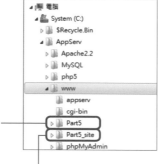

這是供你練習用的範例網站，內含各章所需的練習檔及完成檔

這是完成的 T-Shirt 網站，稍後將 **store** 資料庫匯入 MySQL 後，即可實地試用看看網站的功能

第 13~16 堂課的練習檔都在 F5401_ex/Part5 資料夾內

## 匯入網站資料庫

接著我們將匯入本範例網站所使用的 **store** 資料庫，其中包含 5 個資料表。各資料表中所儲存的資料雖然都不同，但彼此都相關，內容如下表所示：

| 資料表 | 說明 |
| --- | --- |
| cart | 存放訂購單資料，包含商品編號、數量、訂購者的姓名、地址、電話...等 |
| hot | 存放最暢銷的 3 件商品之資訊，記錄了是哪 3 件 T 恤 |
| sclass | 存放 T 恤的類別名稱，例如文字、圖騰、動物...等 |
| shirt | 存放 T 恤的詳細資料，例如商品名稱、顏色、說明、圖片的檔名...等 |
| special | 存放促銷商品 (今日好康) 的資訊，包含商品編號、促銷類型、促銷文案...等 |

**step 01** 請在瀏覽器中開啟 http://localhost/phpMyAdmin/, 接著捲動到頁面下方, 如下載入我們為你準備好的資料庫檔案:

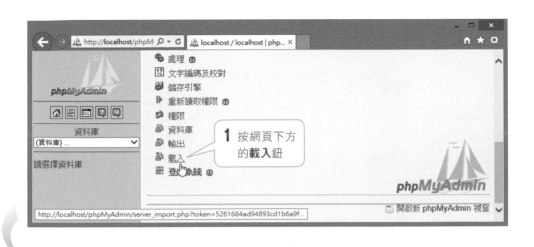

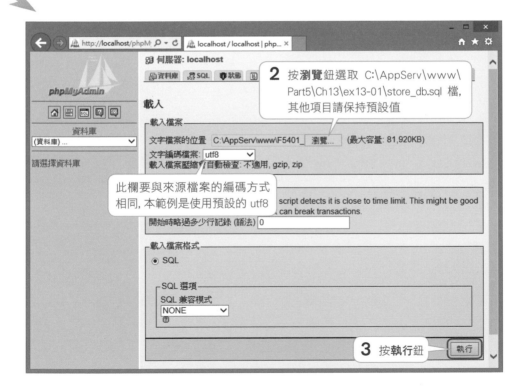

**step02** 載入成功後, 如圖操作即可檢視 **store** 資料庫:

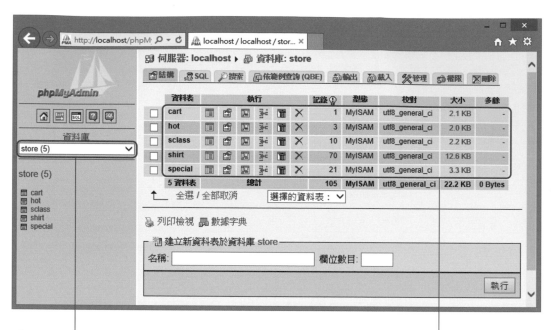

**1** 請下拉此列示窗, 選擇 **store** 資料庫　　　**2** 列出 **store** 資料庫中所包含的 5 個資料表

**step03** 匯入 store 資料庫後, 接著要修改 Part5_site 範例網站連結資料庫的密碼, 我們才能開啟範例網站來測試。請在 Dreamweaver 中開啟 C:\AppServ\ www\Part5_site\Connections\cnStore.php, 並切換到**程式碼檢視**模式:

這裡會出現訊息列, 請先忽略

若你在前面已設定自己的密碼, 請把此行引號中的密碼換成你設定的資料庫密碼, 接著將此檔案存檔並關閉。若你之前也設定為 "flag", 則不需更改此密碼

> **TIP** 網站中的 cnStore.php 檔, 是在建立資料庫網站時, Dreamweaver 自動幫我們產生的, 所以其中存有建立時所設的密碼。除了在 Dreamweaver 的**程式碼**編輯區中修改外, 你也可以在 Dreamweaver 中先定義好該網站後, 再以**資料庫**面板來修改設定 (請參考 13-5 節的說明)。

**step 04** 密碼修改好後, 我們來測試範例網站吧!請打開瀏覽器, 在網址列輸入 "http://localhost/Part5_site/", 瀏覽看看:

看到這些資料, 就表示匯入成功囉!

## 檢視資料表結構

每個**資料庫系統**中, 都可以儲存多個不同的**資料庫**, 而每個資料庫裡, 還可以依據資料的性質不同, 建立多個**資料表** (Table)。每個資料表都像表格一般, 定義了多個**欄位** (Column), 而每一筆**記錄** (Row) 都在各欄位中儲存對應的資料。資料庫、資料表、欄位、與記錄的關係, 就像下頁上圖所示:

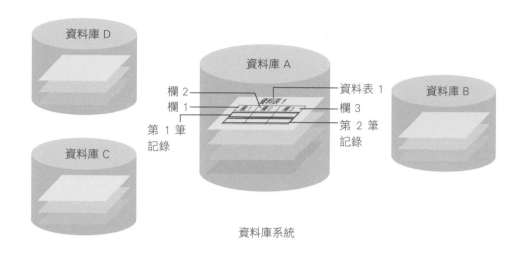

資料庫系統

為了讓你更瞭解它們的關係, 我們以存放 T 恤商品資料的 **shirt** 資料表為例來觀察一下資料表的結構, 請在左側選單點選 **shirt** 資料表:

每個欄位都有特定的
**資料型態**, 也稱為**型別**

表示每增加一筆資料, sid 欄位的
值就會自動遞增。用來做為資料
編號的欄位, 多半都會設定成這樣

這一列會顯示指
定資料表的結構

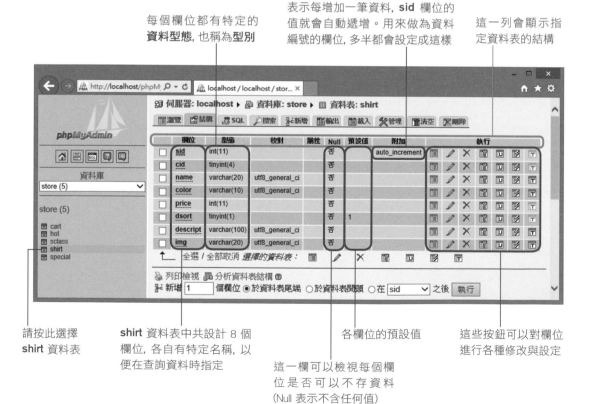

請按此選擇
**shirt** 資料表

**shirt** 資料表中共設計 8 個
欄位, 各自有特定名稱, 以
便在查詢資料時指定

這一欄可以檢視每個欄
位是否可以不存資料
(Null 表示不含任何值)

各欄位的預設值

這些按鈕可以對欄位
進行各種修改與設定

在 **shirt** 資料表中，各欄位所儲存的資料分別如下表所示：

| 欄位名 | 所儲存的資料 |
|---|---|
| sid | 商品編號 |
| cid | 商品類別編號 |
| name | 商品名稱 |
| color | 商品顏色 |
| price | 商品價格 |
| dsort | 優先顯示編號<br>(用來調整 T 恤的排序, 用法可參考 P14-32) |
| descript | 商品說明 |
| img | 圖檔檔名 |

## 認識資料型別

**型別** (Data Type) 指的是資料的型態, 或說是種類。精確地指定欄位的型別, 可以讓存在資料表中的資料正確性更高, 同時更節省儲存空間。MySQL 提供 3 類基本的型別, 包括了「數值類」、「字串類」與「其它」。以下就分別列出幾個常用的型別供你參考：

| 型別 (數值類) | 所佔記憶體空間 | 數值範圍 |
|---|---|---|
| TINYINT | 1 byte | -128 ~ 127 |
| INT | 4 bytes | -2147483648 ~ 2147483647 |
| FLOAT | 4 bytes | 無 |

| 型別 (字串類) | 所佔最大記憶體空間 |
|---|---|
| VARCHAR | 255 bytes |
| TINYTEXT | 255 bytes |
| TEXT | 65,535 bytes |
| LONGTEXT | 4,294,967,295 bytes |

## 瀏覽與編輯資料表內容

在 **phpMyAdmin** 資料庫管理程式中, 我們當然也可以直接瀏覽並編輯資料表中的各筆資料。例如, 我們要修改第 1 筆 T 恤資料的內容, 就可如下操作:

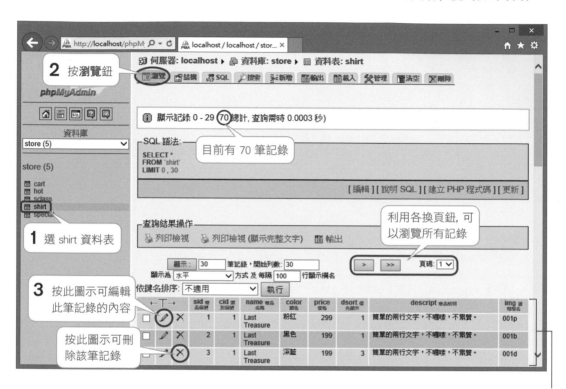

列出資料表中的記錄

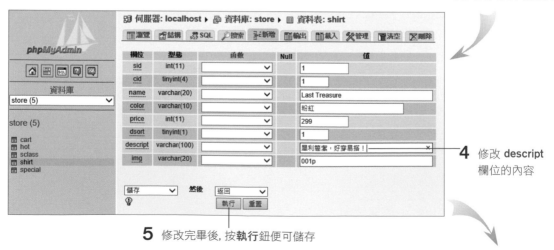

**4** 修改 descript 欄位的內容

**5** 修改完畢後, 按**執行**鈕便可儲存

descript 欄位的內容改變了！

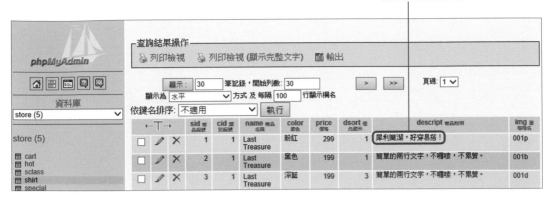

> TIP 如果想要一次修改或刪除多筆記錄, 可先勾選多筆記錄, 然後按表格最下方的 ✐ 圖示進行修改, 或 ✕ 圖示一次刪除。

## 新增資料表內容

若要加入新 T 恤, 那麼只要在相關的資料表中新增記錄, 就能在網站中顯示新 T 恤了。做法如下：

sid 欄位 (商品編號) 會自動遞增 (剛剛在**檢視資料表結構**處有說明過), 所以不需填寫

**4** 填好後按最下方的**執行**鈕, 再按左上方的**瀏覽**鈕

**2** 按上方**新增**鈕以新增記錄

**1** 選 shirt 資料表

**3** 填入各欄位資料

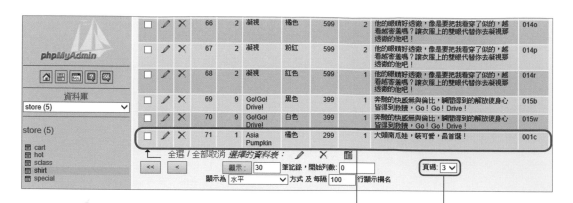

**6** 開啟範例網站 (http://localhost/Part5_site/) 來觀察

新增了一筆
T 恤資料

**5** 新增的資料會排在最後面，所以請切換到最後一頁

在左側選單中
檢視**全部**類別

最下方出現了新增的 T 恤, 但由於沒有準備對應的圖檔, 所以會
呈現缺圖的狀態, 若你要自行新增資料, 務必記得準備圖片喔！

# 13-4 定義 PHP 網站

雖然在前 4 篇中，我們已經定義過練習用的網站，不過由於本篇的動態網站需要與 AppServ 伺服器軟體配合，部份設定與前 4 篇不同，且還必須指向本機伺服器的資料夾，所以我們要為第 5 篇單獨建立一個網站。

## 新增一個 PHP 網站

請在 Dreamweaver 中執行『**網站/新增網站**』命令，然後如下操作：

首先會進入**網站**頁次

**1** 設定網站名稱

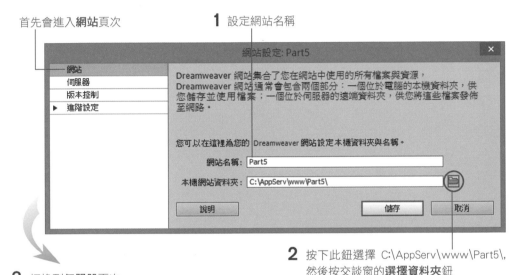

**2** 按下此鈕選擇 C:\AppServ\www\Part5\，然後按交談窗的**選擇資料夾**鈕

**3** 切換到**伺服器**頁次

**4** 按下此鈕新增伺服器

**5** 在**基本**頁次如圖設定

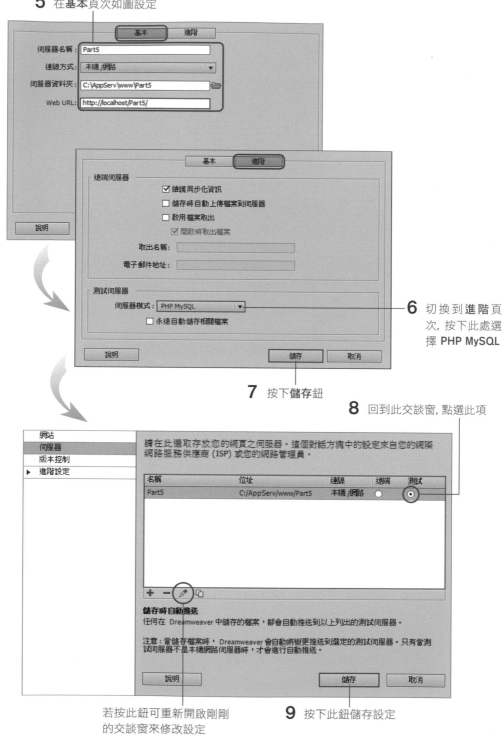

**6** 切換到**進階**頁次, 按下此處選擇 **PHP MySQL**

**7** 按下**儲存**鈕

**8** 回到此交談窗, 點選此項

若按此鈕可重新開啟剛剛的交談窗來修改設定

**9** 按下此鈕儲存設定

為何要指定伺服器模式為 PHP MySQL？

● Dreamweaver 可支援的伺服器模式包括了 PHP、ASP、ASP.NET、JSP 等。但每個網站只能選擇一種伺服器模式, 不可混用。

● 在 PHP 網站中新增的檔案, 預設會以 .php 為副檔名。而若網頁的副檔名為 .php, 就表示其中含有 PHP 程式碼, 則當訪客用瀏覽器開啟該網頁時, 網站伺服器便會先執行網頁中的程式碼, 然後將執行結果傳回前端瀏覽器；若為其他副檔名, 例如 .htm, 則網站伺服器會當成一般網頁來處理, 而不執行任何程式。

定義好網站後, Part5 資料夾中的檔案都會顯示在**檔案**面板中。請在**檔案**面板中連按兩下 Ch13\ch13-01\index.php 檔, 再按 F12 鍵預覽, 若網頁可正常顯示, 就表示設定完成囉！

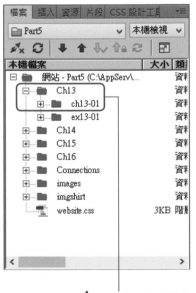

**1** 展開這 2 個資料夾

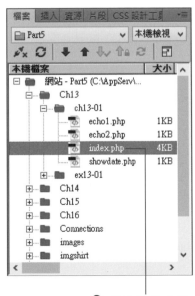

**2** 雙按開啟此檔, 再按 F12 鍵預覽

左側**樣式分類**選單都顯示
出來的話, 就表示運作正常

> **TIP** PHP 網站預設是以 index.php 為首頁, 若此檔不存在, 則以 index.html 或
> index.htm 為首頁。

## 在 Dreamweaver 中編輯 PHP 檔案

PHP 的全名為 Hypertext Preprocessor, 是一種將程式碼內嵌在網頁 HTML
標籤中的 Script 語言。為了區分 HTML 標籤與 PHP 程式碼, PHP 的程
式碼會放在網頁的 **<?php ..... ?>** 標籤中。也就是說, 以 **<?php** 和 **?>** 包
住的部份, 就是 PHP 的程式碼。那我們要怎麼用 Dreamweaver 編輯 PHP
程式碼呢？底下就來做個練習：

step**01** 請在 Dreamweaver 中開啟 Ch13\ex13-01\index.php, 由於是 PHP 網頁檔
案, 會顯示如圖的訊息列, 請按下訊息中的**探索**項目：

**1** 按下此項目, 再按下 Script
**警告**交談窗的是鈕

**2** 請按此鈕切換到
**分割檢視**模式

step02 接著就可以在**程式碼檢視**區輸入 PHP 程式碼了。請往下捲動找到 <body> 這個標籤, 如下在標籤後輸入"<?php echo "hello!"?>" 這段程式碼:

**1** 將插入點置於此, 按下**插入**面板 PHP 頁次的 `<? 程式碼區塊`

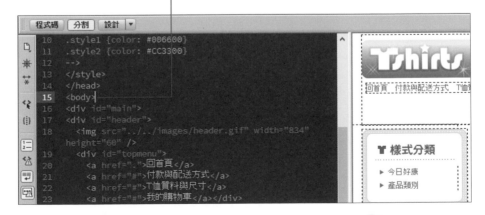

**2** 輸入程式碼

**3** 按下**屬性**面板
的**重新整理**鈕

重新整理後, 也會要求你重新探索動態資料

這是一個單行的 PHP 區塊　　在 <body> 中的 PHP 程式碼
會顯示為 PHP 小圖示

> **TIP** 編輯伺服器端網頁時會不斷彈出訊息, 提醒你重新探索動態資料。若你
> 覺得此訊息很煩人, 可按訊息列最右邊的 ⊗ 圖示來關閉, 或參考本堂課
> 最後**實用的知識**, 將探索功能設定為**自動**。

看到這裡你可能會覺得做 PHP 網頁有點困難, 其實在 Dreamweaver 中設
計 PHP 網頁時, 通常是由 Dreamweaver 自動加入及維護程式碼, 我們只須
在交談窗中輸入一些資料, 或是用滑鼠拉曳出要顯示的欄位即可, 不需要親手
撰寫 PHP 程式。所以你只要能辨識網頁中哪些是 PHP 程式碼區塊, 哪些是
HTML 資料就夠了, 其他的就等將來需要用時, 再買 PHP 專書來研究吧!

> **TIP** PHP 程式碼也可以用 <? 和 ?> 包住來表示 (也就是將 "php" 省略), 或者
> 用 <script language="php"> 和 </script> 標籤包住。

準備工作到此完成, 從下一節起, 我們就要讓網站與資料庫搭上線, 讓資料庫
的內容顯示在網頁上囉!

# 13-5 建立網站公用的資料庫連線

要讓網頁顯示資料庫中的資料，我們必須先讓網站連結到資料庫，這個動作得用伺服器程式語言 (如：PHP) 來達成。

## 啟用資料庫與伺服器行為

不過 Dreamweaver CC 版本已不再內建資料庫與伺服器行為面板等功能，我們必須先從官方網站下載並安裝 **Server Behavior & Database** 擴充元件才能使用。請在 Dreamweaver 執行『**視窗/瀏覽附加元件**』命令，連結到 **Adobe Add-ons** 網頁後如下操作：

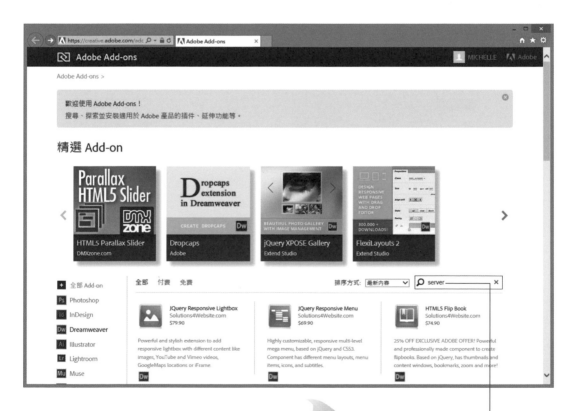

**1** 於此輸入 "server" 後按下 Enter 鍵

接著請重新開啟 Dreamweaver, 執行『**視窗**』命令, 就會看到**資料庫、繫結、伺服器行為**了:

由於稍後會經常用到這 3 個面板, 故請先開啟上述 3 個面板, 然後將這 3 個面板組成面板群組, 放進右側的面板停駐區中:

# 建立資料庫連線：連到 store 資料庫

安裝好擴充元件後，我們就可以利用**資料庫**面板來建立「**資料庫連線**」，自動產生所需的程式碼囉！請先開啟 Part5 網站內的任意一個網頁 (例如：Ch13\ch13-01\index.php)，然後如下操作，以建立「**資料庫連線**」：

 **TIP** 在 Dreamweaver 中必須至少開啟一個網頁，才能使用動態網頁 (包括**資料庫**面板) 的功能。

**1** 切換至**資料庫**面板

**3** 按加號鈕執行『**MySQL 連線**』命令

**2** 這是我們事先建立好的連線，請選取後按減號鈕將之刪除，以便進行操作練習

**4** 請輸入連線名稱 (cn 為 Connection 的縮寫，這是一種常見的資料庫連線命名方式。本例請務必取名為 **cnStore**, 以便其他範例網頁使用)

**5** 在此輸入 "localhost"

**8** 先按**測試**鈕測試看看是否能連線成功，測試無誤後，再按下**確定**鈕

**6** 輸入帳號及密碼 (即第 13-2 節中安裝 AppServ 時設定的帳號：**root** 與密碼：**flag**, 若你有更改過設定, 請輸入自訂的密碼)

**7** 按此鈕選取要連線的資料庫：**store**

設定完成後，即可在**資料庫**
面板中看到新加入的連線：

展開 **cnStore** 資料庫
連線，可看到 store 資
料庫中的 5 個資料表

展開資料表，可
看到其內的欄位

如果想修改連線設定，可雙按**資料庫**面板中的連線名稱，再次開啟 **MySQL
連線**交談窗來修改。不過請注意，在網站中建立的資料庫連線是該網站中所
有網頁共用的，因此一旦修改了資料庫連線，其他使用到此連線的網頁可能也
需要一起修改。

**TIP** 一個**資料庫連線**只能連到「一個伺服器中的一個資料庫」，如果網站需
要存取到多個資料庫，就必須要建立多個**資料庫連線**。

## 避免中文變成亂碼

要讓網頁中的程式讀取 MySQL 中的資料
時，通常會先指定編碼方式，例如 Big-5 或
utf8，以免因解譯錯誤而出現亂碼。由於每個
要讀取資料庫的網頁都會先執行「資料庫連
線設定檔」的內容，我們只要在這個檔案中
指定編碼方式 (本範例是使用 utf8)，就不用
在每個網頁中都一一指定了。請如下操作：

**1** 在**檔案**面板中雙按開啟
Connections\cnStore.php 連
線設定檔（這個檔案是
建立資料庫連線後，由
Dreamweaver 自動產生的）

**2** 切換到**程式碼檢視**模式

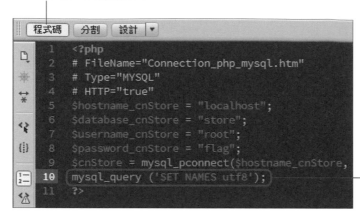

**3** 在 PHP 程式的最後加入一行："mysql_query ('SET NAMES utf8');", 然後存檔, 即可完成設定

 **TIP** 如果更改過資料庫連線設定, 那麼「資料庫連線設定檔」也會重新產生, 因此必須再重新設定一次編碼。

# 13-6 在網頁中建立資料集來讀取資料

前面建立的**資料庫連線**是用來指定要使用哪一個資料庫, 而**資料集**則是用來指定要存取資料庫連線中的哪些資料。不過請注意, 只有**資料庫連線**是所有網頁共用的, 而**資料集**和其他動態功能則是設定及儲存在個別網頁中, 無法共用。

要建立資料集, 可以利用**繫結**面板。此面板的主要功能, 就是讓我們定義資料, 然後將之「繫結」到網頁中, 成為動態內容。

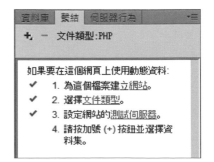

底下我們就要在首頁中建立一個產品類別資料集, 然後從資料庫中擷取出類別名稱, 顯示在首頁左側, 成為**樣式分類清單**:

這些類別名稱, 是從
資料庫中的 **sclass**
資料表擷取出來的

step**01** 請在 Dreamweaver 中開啟 Ch13\ex13-01\
index.php 檔, 然後切換至**繫結**面板, 如圖新
增資料集:

**1** 按加號鈕執行
『**資料集 (查
詢)**』命令

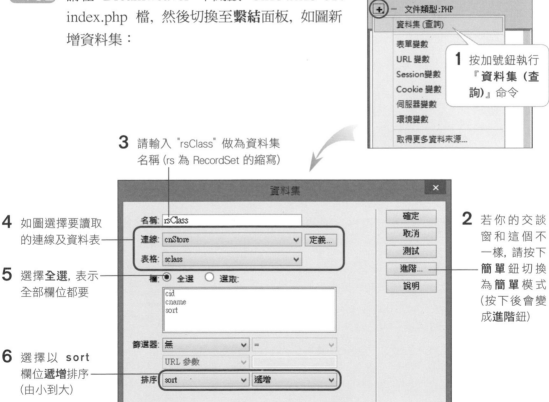

**3** 請輸入 "rsClass" 做為資料集
名稱 (rs 為 RecordSet 的縮寫)

**4** 如圖選擇要讀取
的連線及資料表

**5** 選擇**全選**, 表示
全部欄位都要

**6** 選擇以 sort
欄位**遞增**排序
(由小到大)

**2** 若你的交談
窗和這個不
一樣, 請按下
**簡單**鈕切換
為**簡單**模式
(按下後會變
成**進階**鈕)

**TIP** sclass 資料表中存放的是 T 恤的類別名稱, 例如**文字、圖騰、動物**...等。

**step 02** 接著按**資料集**交談窗右側的**測試鈕**, 先預覽一下資料集的內容:

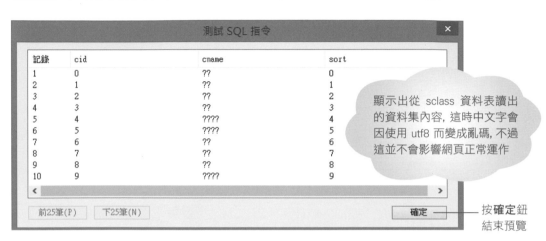

按**確定**鈕
結束預覽

顯示出從 sclass 資料表讀出
的資料集內容, 這時中文字會
因使用 utf8 而變成亂碼, 不過
這並不會影響網頁正常運作

若按此鈕, 可刪除所選取的資料集

**step 03** 設定好後, 按下**資料集**交談窗
中的**確定**鈕, 便可回到**繫結**
面板。這時便能看到新增的
**rsClass** 資料集囉!

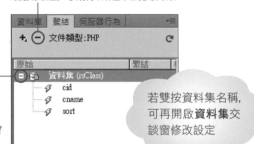

按此展開資料集, 就會
顯示資料集中的欄位

若雙按資料集名稱,
可再開啟**資料集**交
談窗修改設定

### 複製資料集

前面說過,「資料集」是儲存在個別網頁中的, 無法與其
他網頁共用。若你要把某些資料集應用在其他網頁中, 那
麼可以直接將該資料集複製到其他網頁去。做法就是先
開啟來源網頁, 在**繫結**面板中點選要複製的資料集, 並按
滑鼠右鈕執行『**複製**』命令, 再開啟目標網頁, 在**繫結**面
板的空白處按滑鼠右鈕執行『**貼上**』命令, 如此一來, 該
資料集就會複製到目標網頁中, 可以隨時加以利用。

資料集也是可以剪下、複製、貼上的

# 13-7 將資料集的欄位顯示在網頁中

建立好資料集之後, 就可以把資料集中的欄位加入到網頁中, 成為動態資料了。

## 在網頁中顯示資料集的欄位內容

要將資料集中的欄位加入網頁, 主要有以下 2 種方式, 你可以都試試看:

● **方法 1**:直接用滑鼠將欄位從**繫結**面板拉曳到網頁裡:

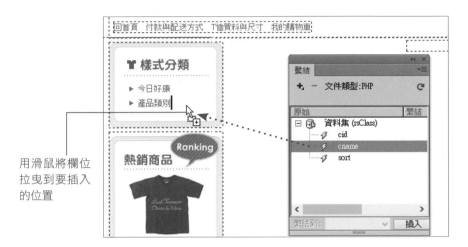

用滑鼠將欄位
拉曳到要插入
的位置

● **方法 2**:先將插入點移到網頁中要插入資料的位置, 或先選取要改成動態資
料的文字, 再選取**繫結**面板中資料集的欄位, 按下**插入**鈕:

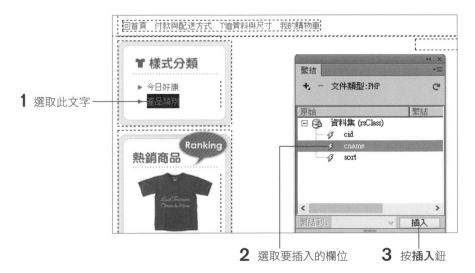

**1** 選取此文字

**2** 選取要插入的欄位　　**3** 按**插入**鈕

請運用以上方法將 **cname** 欄
位插入並取代掉網頁 (index.
php) 中的「產品類別」文字：

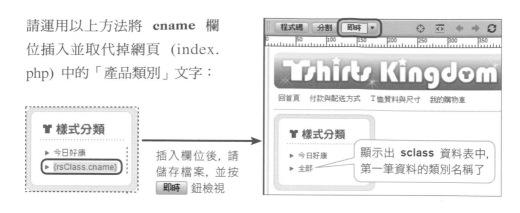

插入欄位後，請
儲存檔案，並按
即時 鈕檢視

顯示出 **sclass** 資料表中，
第一筆資料的類別名稱了

## 利用「伺服器行為」面板編輯資料集與動態資料

**資料集**也是**伺服器行為**的一種，所以在插入資料集中的欄位資料後，你可以切換到**伺服器行為**面板，看看已經建立好的伺服器行為：

凡是儲存在網頁中的
動態網頁程式碼都算
是**伺服器行為**，資料集
當然也包括在內

這是我們剛才加
入的動態欄位

雙按**伺服器行為**面板中的項目即可修改其設定，按上方的 ▬ 鈕則可刪除選取的伺服器行為，按 ➕ 鈕則可新增各種伺服器行為。此外，當你選取某個伺服器行為時，**程式碼**和**設計**編輯區中都會自動選取其對應的部份：

選取**資料集**時，**程式碼**編輯區中自動
選取對應的程式碼 (位於表頭區段)

NEXT

選取**動態文字**時，**程式碼**編輯區中也會自動選取
對應的程式碼，在編輯區也會選取對應的元素

## 設定「重複區域」來顯示資料集中的多筆記錄

到目前為止，雖然已能成功地顯示出動態資料，但是卻只能顯示出一筆記錄。
由於我們的目的是要顯示出所有的 T 恤類別名稱，所以還得再加上「重複顯
示每一筆記錄」的功能，請如下操作：

**1** 切換到**分割**模式，讓程式碼顯示出來，以確認選取的範圍正確

**4** 在**伺服器行為**
面板按此鈕執
行『**重複區
域**』命令

**3** 在**狀態列**點一下 <li> 標籤，因為此項目標籤
也需要重複顯示，所以必須一起選取

**2** 選取動態文字欄位

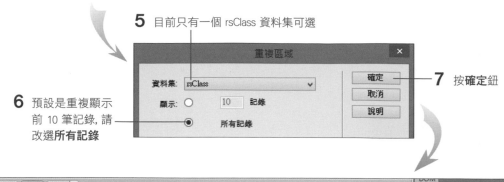

**5** 目前只有一個 rsClass 資料集可選

**7** 按確定鈕

**6** 預設是重複顯示前 10 筆記錄, 請改選**所有記錄**

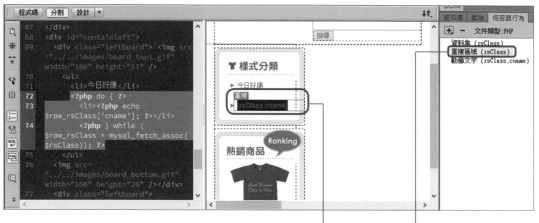

**重複區域**會以灰色方框圍住, 並標示**重複**標籤　加入**重複區域**伺服器行為了　儲存檔案後, 按　即時　鈕檢視

現在我們已經將網站連結到資料庫, 也能將資料庫中的資料顯示在網頁中了。下一堂課我們將學習資料庫查詢語言「SQL」中的幾種關鍵語法, 並嘗試更精確地控制網頁中要顯示的內容。

顯示出 sclass 資料表中所有的類別了

## 重點整理

1. **靜態網頁**是指內容固定不變、不會與使用者互動的網頁，除非網頁設計者修改，否則任何訪客都會看到相同的內容；而**動態網頁**（或稱為「**互動式網頁**」）則是指會依訪客的操作或時間不同而改變內容的網頁。

2. 動態網頁中的資料是藉由**資料庫**來存取，因此動態網站也常被稱為**資料庫網站**；我們常聽到的 ASP、PHP、JSP 等都是屬於動態網頁技術。通常必須搭配資料庫系統，才能架構出各式各樣的動態資料庫網站。

3. 動態網頁的運作原理：

4. 架設資料庫網站至少需要安裝 4 種軟體：「**網站伺服器系統 + 程式處理器**」，以及「**資料庫系統 + 資料庫管理程式**」。

5. 「**資料庫連線**」是用來指定要使用哪一個資料庫，而「**資料集**」則是用來指定要存取資料庫連線中的哪些資料。只有「**資料庫連線**」是所有網頁共用的，而「**資料集**」和其他動態功能則是設定及儲存在個別網頁中，無法共用。

6. 我們可以在**繫結**面板建立**資料集**，然後將指定的欄位動態地顯示在網頁中。

7. 若要顯示出資料集中的多筆記錄，就要利用**伺服器行為**面板來插入**重複區域**。

## 實用的知識

**編輯 PHP 網站的時候, 一直出現要探索動態相關檔案的訊息, 要怎麼關掉呢?**

出現該訊息是因為 Dreamweaver 預設將網路探索功能設定為手動執行, 我們只要將設定改為**自動**, 就會自動執行探索, 如下所示:

 雖然關掉了探索動態檔案的訊息, 不過當發生程式碼錯誤、找不到伺服器、或無法使用即時檢視功能時, 還是會出現訊息提醒你注意, 這時可直接按下訊息右側的 ⊗ 鈕來關閉。

# MEMO

Part5_site/index.php
(製作左下角「**熱銷商品**」區、以及右側 iframe 子網頁的顯示內容)

Part5_site/special.php
(製作「**今日好康**」類別的顯示內容)

Part5_site/catalog.php
(製作依類別顯示的商品,以及找不到商品時的顯示內容)

## ■ 課前導讀

接續第 13 堂課, 本堂課將繼續深入介紹 Dreamweaver 內建的各種動態網頁功能, 並說明如何查詢資料庫。

本堂課我們要在網頁中加入動態屬性與欄位, 以完成「熱銷商品」和「今日好康」網頁的產品展示效果。此外, 還將告訴你如何利用 URL 變數來製作依類別查詢商品的功能。在本堂課你可以學習到許多呈現頁面的小技巧, 還有避免網頁出錯的秘訣喔!

## ■ 本堂課學習提要

- 如何同時查詢多個資料表
- 在網頁中使用 iframe 更新網頁的部份內容
- 使用連結來改變 iframe 中顯示的網頁
- 使用 URL 變數來查詢資料庫
- 利用「顯示區域」伺服器行為來處理例外狀況

| 預估學習時間 | 150 分鐘 |
| --- | --- |

# 14-1 同時查詢 2 個資料表來顯示熱銷商品

**SQL** (Structured Query Language), 中文稱為「結構化查詢語言」, 這種程式語言可以用來查詢關聯式資料庫 (例如 MySQL 就是一種關聯式資料庫) 中的資料, 也可將資料寫入資料庫。在 Dreamweaver 中, 只要透過設定的方式即可建立 SQL 指令, 在撰寫 SQL 查詢語言時可以省下許多力氣。

本節我們就要利用**資料集**交談窗, 讓 Dreamweaver 幫我們產生 SQL 指令, 製作出網站首頁左下角的「熱銷商品」區。

### 建立「熱銷商品」資料集：rsHot

請開啟 Ch14\ex14-01\index.php 檔案, 先按下**繫結**面板中的 ➕ 鈕, 執行『**資料集 (查詢)**』命令, 如圖將**資料集**交談窗切換到**進階**模式來操作：

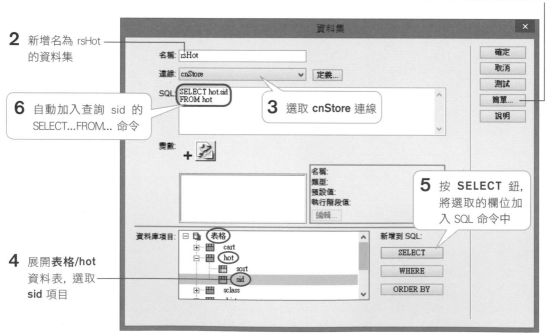

**1** 按一下**進階**鈕 (按完會變成**簡單**鈕)

**2** 新增名為 rsHot 的資料集

**6** 自動加入查詢 sid 的 SELECT...FROM... 命令

**3** 選取 **cnStore** 連線

**5** 按 **SELECT** 鈕, 將選取的欄位加入 SQL 命令中

**4** 展開**表格/hot** 資料表, 選取 **sid** 項目

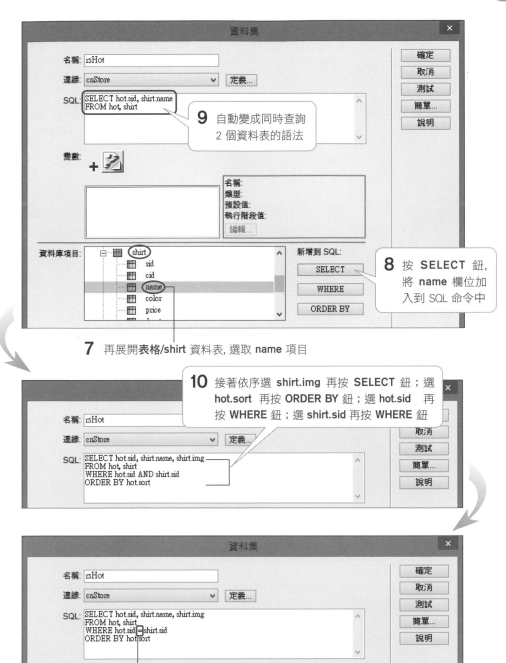

**9** 自動變成同時查詢 2 個資料表的語法

**8** 按 **SELECT** 鈕, 將 **name** 欄位加入到 SQL 命令中

**7** 再展開**表格/shirt** 資料表, 選取 **name** 項目

**10** 接著依序選 shirt.img 再按 **SELECT** 鈕;選 hot.sort 再按 **ORDER BY** 鈕;選 hot.sid 再按 **WHERE** 鈕;選 shirt.sid 再按 **WHERE** 鈕

**11** 最後把 **WHERE** 條件中的 "AND" 改成等號, 修改為 "hot.sid = shirt.sid"

設定完成後, 請按下**測試**鈕。若顯示出 **sid** 分別為 6、51、16 共 3 筆資料, 就表示設定正確無誤, 接著按下**確定**鈕, **rsHot** 資料集便新增完成囉!

# 設定動態屬性

在首頁左下角的「熱銷商品」區中, 已有一個樣本圖片, 我們只要將圖片的來源檔名換成 **rsHot** 資料集的 **img** 欄位內容, 即可完成動態顯示圖片的效果。目前每個商品都有 4 張不同尺寸的圖片, 分別在其檔名最後面以 l、m、s、z 標示, 而此處要使用的是 s 尺寸的圖片, 原始檔路徑為 "../../imgshirt/XXXXs.jpg", 其中的 "XXXX" 就要換成 **img** 欄位的資料。

 **TIP** 為了便於讀者學習, 我們所準備的練習檔案 (F5401_ex\Part5) 裡的圖檔相對路徑, 與完成的範例網站 (Part5_site) 不同。建議你在插入圖檔時, 務必利用**屬性**面板, 以瀏覽資料夾的方式來選定圖檔, 這樣 Dreamweaver 就能自動幫你產生正確的路徑, 避免發生錯誤。

**1** 切換到**分割****檢視**模式　　**3** 改選取圖片原始檔路徑中要置換
為動態檔名的 "001b", 然後刪除

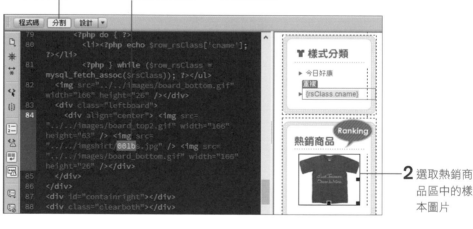

**2** 選取熱銷商
品區中的樣
本圖片

**4** 將**繫結**面板中的 **rsHot.img** 欄位拉曳至此

選取的文字及樣本圖片都換成 rsHot.img 欄的動態內容了

接著，我們希望當滑鼠指標移到圖片上時，能夠出現顯示 T 恤名稱的訊息文字 (如：Hawaii)，因此要將 **rsHot.name** 繫結到圖片的 **title** 屬性中。請先選取熱銷商品區中的圖片，這次我們直接在**繫結**面板中設定：

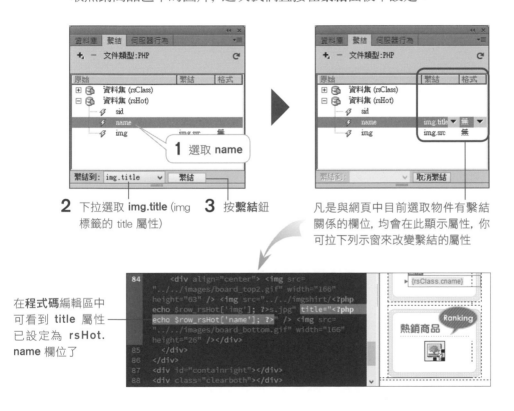

**1** 選取 **name**

**2** 下拉選取 **img.title** (img 標籤的 title 屬性)

**3** 按**繫結**鈕

凡是與網頁中目前選取物件有繫結關係的欄位, 均會在此顯示屬性, 你可拉下列示窗來改變繫結的屬性

在**程式碼**編輯區中可看到 title 屬性已設定為 **rsHot. name** 欄位了

為了保險起見，通常還會指定圖片的**替代欄**，這樣當瀏覽器找不到或無法顯示出圖片時，會改以**替代欄**的文字顯示。此處我們想要將**替代欄**的內容設定為產品名稱 (name)，請先選取圖片，如下設定：

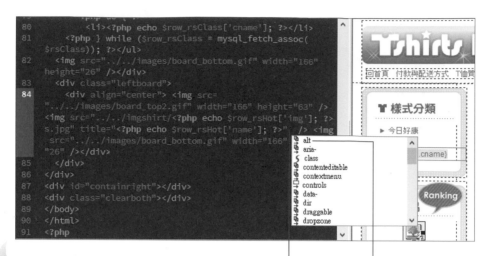

**1** 將插入點移至剛剛設定好的 **title** 屬性後方, 按下空白鍵

**2** 雙按此屬性 (**替代文字**)

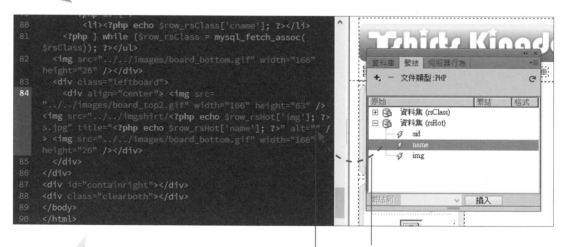

加入 **alt** 屬性

**3** 將**繫結**面板中的 **rsHot.name** 欄位拉曳至此

**84** 
```
<div align="center"> <img src=
"../../images/board_top2.gif" width="166" height="63" />
<img src="../../imgshirt/<?php echo $row_rsHot['img']; ?>
s.jpg" title="<?php echo $row_rsHot['name']; ?>" alt="
<?php echo $row_rsHot['name']; ?>" /> <img src=
"../../images/board_bottom.gif" width="166" height="26" /
></div>
```
**85** `</div>`

**alt** 屬性設定成 **rsHot.name** 欄位了

請存檔並按 F12 鍵
以瀏覽器預覽

## 將熱銷商品設定為「重複區域」

顯示單筆記錄沒問題後，再加入「**重複區域**」伺服器行為來顯示全部的熱銷商品，就大功告成了：

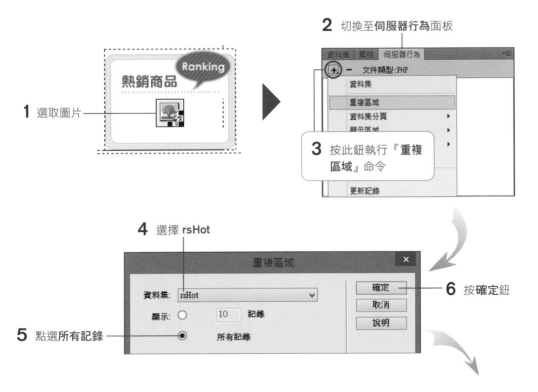

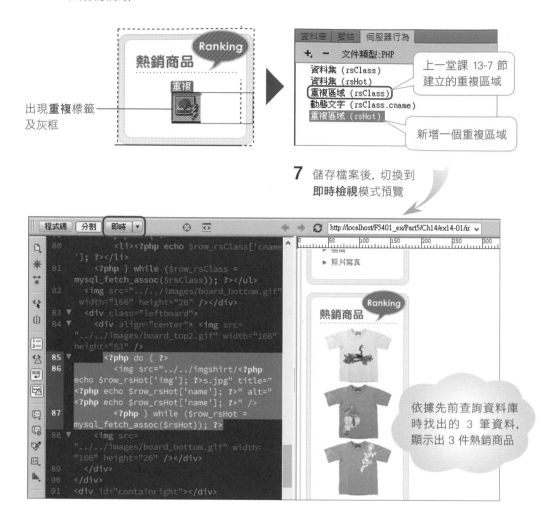

出現**重複**標籤
及灰框

**7** 儲存檔案後, 切換到
**即時檢視**模式預覽

# 14-2 同時查詢 2 個資料表來製作促銷網頁

接下來我們要建立促銷用的「今日好康」動態網頁。這個頁面會把資料庫中
設定為促銷商品的產品 (定義在 **special** 資料表中) 列出來, 所以此頁面建立
好之後, 當我們想增加或刪除促銷商品時, 只要更動資料庫中的相關記錄, 就
能同步更新到網頁上。

## 建立「今日好康」資料集：rsSpecial

要使用資料庫的資料前, 就要先建立相關的資料集。請開啟 Ch14\ex14-02\
special.php 檔, 並開啟**繫結**面板, 按下 🞢 鈕執行『**資料集 (查詢)**』命令：

**1** 將資料集命名為 "rsSpecial"

**4** 選整個 shirt 資料表, 再按 **SELECT** 鈕

**3** 展開**表格**項目後, 點選整個 special 資料表, 再按下 **SELECT** 鈕

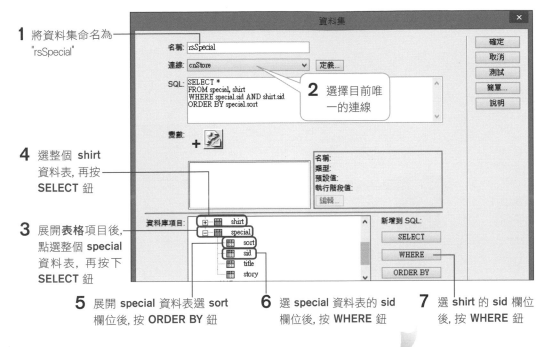

**2** 選擇目前唯一的連線

**5** 展開 special 資料表選 sort 欄位後, 按 **ORDER BY** 鈕

**6** 選 special 資料表的 sid 欄位後, 按 **WHERE** 鈕

**7** 選 shirt 的 sid 欄位後, 按 **WHERE** 鈕

如果你已經很熟悉 SQL 語法, 亦可直接在此輸入 SQL 指令

星號表示要選取資料表中所有的欄位

**8** 將此行的 "AND" 改成 "=", 表示要抽出兩個資料表中 sid 欄位相同的記錄

**9** 按交談窗的**測試**鈕, 看看成不成功

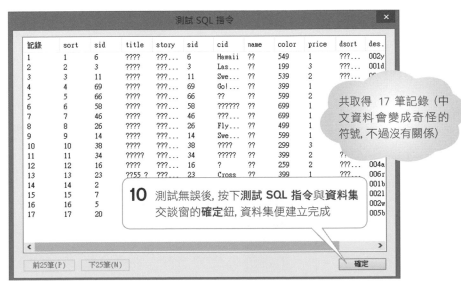

共取得 17 筆記錄 (中文資料會變成奇怪的符號, 不過沒有關係)

**10** 測試無誤後, 按下**測試 SQL 指令**與**資料集**交談窗的**確定**鈕, 資料集便建立完成

## 加入動態欄位

接下來要讓資料集中的資料顯示在網頁中指定的位置，請如圖修改：

**2** 在**繫結**面板中展開剛剛建立好的資料集

**1** 選取表格中的
「今日特價」
4 個字（如果
無法選取，請
先在框內雙按
左鈕，然後再
選取文字

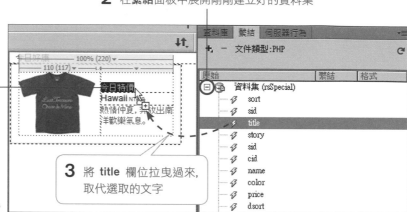

**3** 將 **title** 欄位拉曳過來，
取代選取的文字

title 欄位變成動態資料

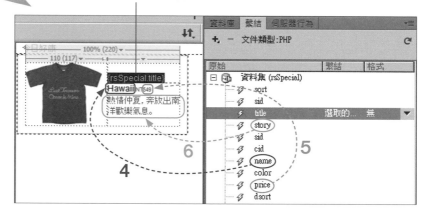

**4** 以同樣的方式，用 **name** 欄位取代 T 恤的名稱 (Hawaii)

**5** 用 **price** 欄位取代價格 (549)

**6** 用 **story** 欄位取代說明文字 (熱情仲夏...)

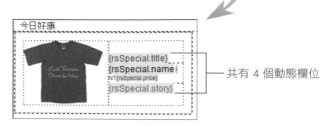

共有 4 個動態欄位

**注意動態欄位所取代的範圍**

用資料集欄位取代文字時，要特別注意選取時只能選取文字部份，若是不小心選到文字前後的標籤 (以本例來說，是定義 CSS 樣式的標籤)，動態資料便會把文字和該標籤一起取代掉，這樣該標籤文字的樣式就會不見喔！

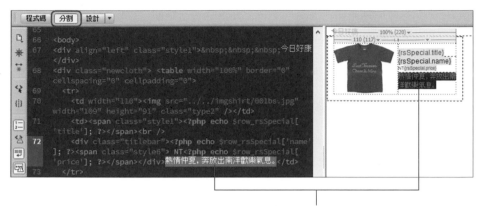

選好要取代的文字後，可以切換到**分割檢視**模式，在程式碼窗格中檢查有沒有選到額外的標籤

# 加入動態屬性

取代文字資料後，繼續插入圖片的動態屬性 (圖檔路徑、**alt** 與 **title** 屬性)：

**1** 切換到**分割檢視**模式

**3** 選取圖片來源路徑中欲取代為動態檔名的 "001b"，然後刪除

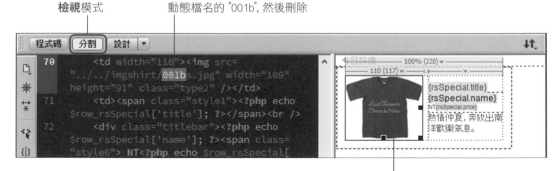

**2** 點選圖片，則程式碼中便會選取對應的圖片標籤

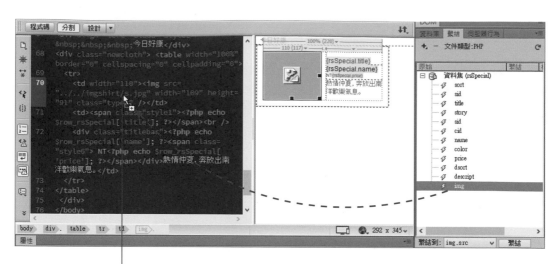

**4** 從**繫結**面板將 **rsSpecial** 資料
集裡的 **img** 欄位拉曳至此

此處置換為
動態檔名

最後再把 **alt** 與 **title** 屬性也繫結到指定的欄位：

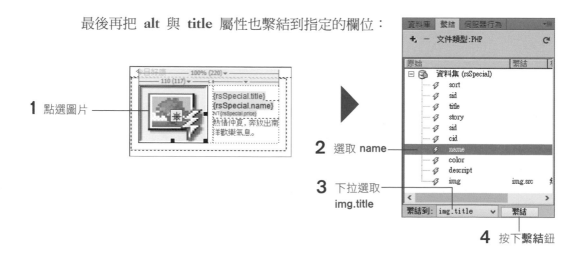

**1** 點選圖片

**2** 選取 **name**

**3** 下拉選取
**img.title**

**4** 按下**繫結**鈕

**4** 將插入點移至剛剛設定好的 title 屬性後方, 按下空白鍵

title 屬性設定為 rsSpecial. name 欄位了

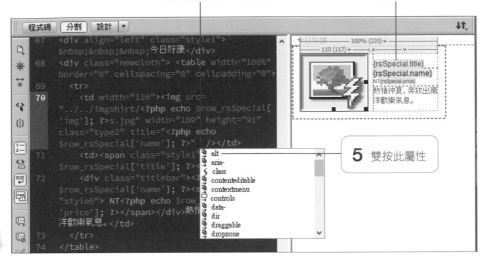

**5** 雙按此屬性

加入 alt 屬性

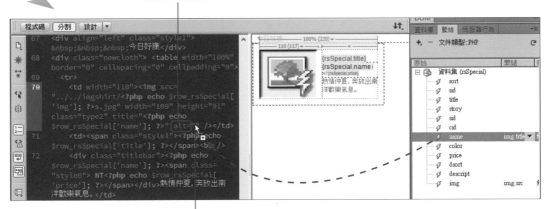

**6** 將**繫結**面板中的 **rsSpecial.name** 欄位拉曳至此

alt 屬性設定成 rsSpecial.name 欄位了

**7** 存檔後切換到**即時檢視**模式檢視

## 將促銷商品設定為「重複區域」

由於「今日好康」資料集的記錄不只一筆, 所以我們要把整個動態顯示區設定成**重複區域**, 才能在網頁上顯示出多筆動態資料:

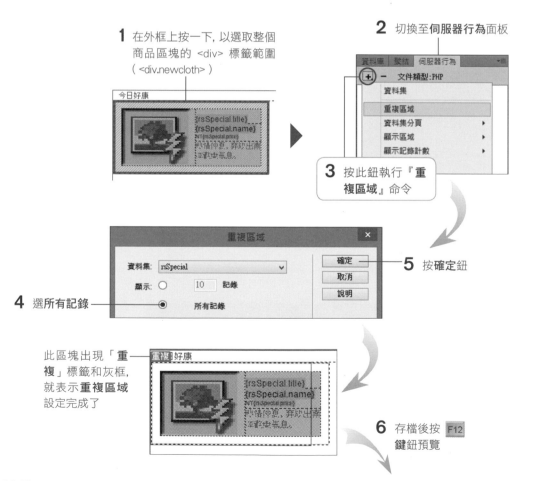

**1** 在外框上按一下, 以選取整個商品區塊的 `<div>` 標籤範圍 (`<div.newcloth>`)

**2** 切換至**伺服器行為**面板

**3** 按此鈕執行『**重複區域**』命令

**4** 選所有記錄

**5** 按確定鈕

此區塊出現「**重複**」標籤和灰框, 就表示**重複區域**設定完成了

**6** 存檔後按 F12 鍵鈕預覽

資料集中所有的記錄都顯示出來囉！

# 14-3 利用 iframe 製作換頁效果

**iframe** 是一種獨特的頁框，可以讓你把另一個網頁塞在主要網頁裡面，就像在牆上挖了一扇窗戶，可以看到窗外的風景一樣。塞在頁框中的網頁稱為「子網頁」，使用子網頁的好處，就是可以單獨更新部份的網頁內容，而不用更新整個網頁，這樣可以加快網頁內容顯示的速度。

為了讓訪客在首頁切換 T 恤類別時，能更迅速地顯示出資料，我們也要在首頁中利用 iframe 子網頁來顯示內容。

### 在網頁中加入 iframe 來顯示子網頁

請開啟 Ch14\ex14-03\index.php 檔案，切換到**即時**檢視模式後，如下操作：

step**01**　首先請如下於「contentright」Div 標籤區塊
中插入 **iframe** 區塊：

**2** 按下**插入**面板 HTML 頁次的
　　　　IFRAME　　　鈕

**1** 在 **DOM** 面板點選此 Div

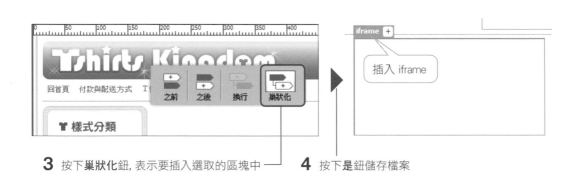

**3** 按下**巢狀化**鈕, 表示要插入選取的區塊中

**4** 按下**是**鈕儲存檔案

step**02**　接著請切換至**程式碼檢視**模式, 如下設定 iframe 區塊內容的預設來源：

**1** 將插入點至於此

**3** 下拉雙按 **src** 屬性

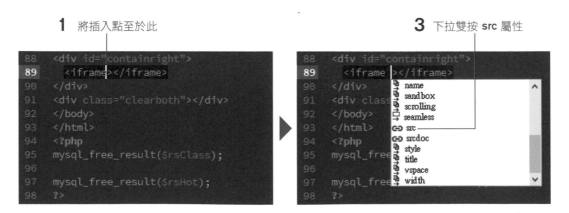

**2** 按一下空白鍵

**4** 按**瀏覽**選擇 "special.php"　　　　　　　　　　設定好 iframe 區塊的預設來源

**5** 存檔後按 F12 鍵預覽 ▼

step**03**　繼續請參考下圖, 替 iframe 設定**名稱** (name, 稍後設定超連結時才能指定此 iframe)、**寬度** (width)、**高度** (height)、**捲軸** (scrolling)、**邊框** (frameborder) 等屬性, 讓 iframe 符合設計需求:

```
88    <div id="containright">
89        <iframe src="special.php" name="tsFrame" width="100%" height="900px" scrolling="no"
      frameborder="0"></iframe>
90    </div>
```

比照步驟 2 的方法設定這些屬性

這樣一來, iframe 就設定完成了, 你可以存檔後按 即時 鈕預覽看看。

前面我們設定讓 iframe 中預設顯示「今日好康」網頁 (special.php),
除此之外也可以用來顯示產品目錄、單品說明、訂購單...等

本例我們不希望在 iframe 中出現捲動軸, 因此將 iframe 設定好
固定的高度(900), 因此網頁下方會有空白區域, 稍後在顯示產品
目錄時, 會再加入換頁功能, 讓每頁顯示 4 x 5 件 T 恤

## 改變 iframe 中顯示的網頁

在 iframe 中預設顯示的網頁為 special.php, 若你想讓訪客在點選超連結時,
可以改變 iframe 中顯示的網頁, 只要把該超連結的 **target** 屬性設為 iframe
的**名稱** (本例為 tsFrame) 即可。以下就繼續為首頁左側的「今日好康」和**樣
式分類**區的動態文字設定適當的超連結:

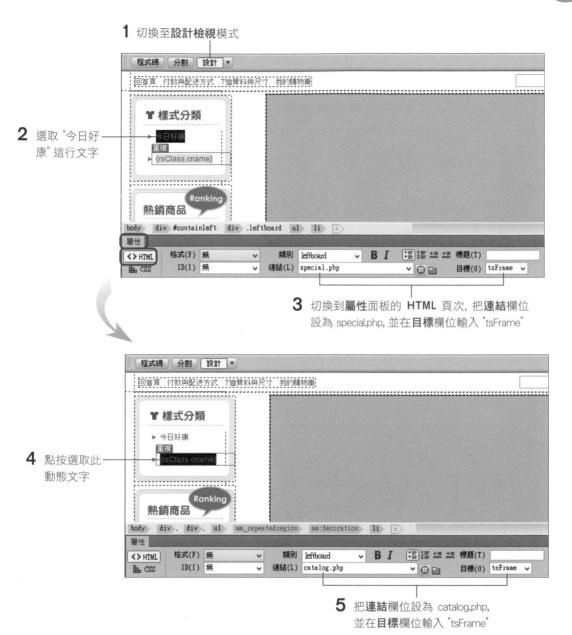

**1** 切換至**設計檢視**模式

**2** 選取 "今日好康" 這行文字

**3** 切換到**屬性**面板的 **HTML** 頁次, 把**連結**欄位設為 special.php, 並在**目標**欄位輸入 "tsFrame"

**4** 點按選取此動態文字

**5** 把**連結**欄位設為 catalog.php, 並在**目標**欄位輸入 "tsFrame"

設定好後, 便可存檔並按 即時 鈕測試看看。此時由於類別文字的連結與 catalog.php 檔都還沒設定好, 所以當你點選類別名稱時, 顯示在 iframe 子網頁中的都是同樣的內容。在下一節中, 我們會再繼續為動態的類別文字連結與 catalog.php 檔做進一步的設定。

# 14-4 使用 URL 變數製作分類檢視功能

網頁傳遞變數給後端伺服器，主要目的是讓伺服器端能依不同的變數值，傳回不同的內容。這種運作方式，是動態網頁技術的關鍵功能：

**1** 提出瀏覽網頁的要求並傳送**變數**

**2** 依據**變數值**來執行網頁中的程式，必要時也會存取資料庫

**4** 將執行結果嵌入原來的網頁中傳回

**3** 傳送執行結果

前端瀏覽器　　　　　網站伺服器　　　　　資料庫

## 傳遞變數給後端伺服器：使用 URL 變數

傳遞變數給後端伺服器時，要利用 **URL 變數**來傳遞。所謂的 URL 變數，就是利用網址 (URL) 來傳送變數，寫法是在檔名之後加一個半型問號 (?)，然後再加入一或多個「**變數名＝變數值**」格式的字串。例如要向伺服器提出要求：「連結到 http://localhost/Part5/Ch14/ch14-04/catalog.php 網頁，同時傳送 1 個名為 sid 的變數，變數值則為 2」，網址如下：

```
http://localhost/Part5/Ch14/ch14-04/catalog.php?sid=2
```

當要傳遞的變數不只 1 個時，須以 "**&**" 相連。以下的例子是傳送變數 **sid** (值為 6) 及變數 **size** (值為 L) 這兩個變數：

```
http://localhost/Part5/Ch14/ch14-04/catalog.php?sid=6&size=L
```

**TIP** 在 PHP 程式中也可用 **$_GET['sid']**、**$_GET['size']** 的方式來讀取傳進來的 URL 變數值。不過 PHP 的程式設計並非本書討論範圍，在此就不加詳述囉！

為了幫助你理解 URL 變數, 請開啟 Ch14\ex14-04\urlparm.php 範例檔來測試一下:

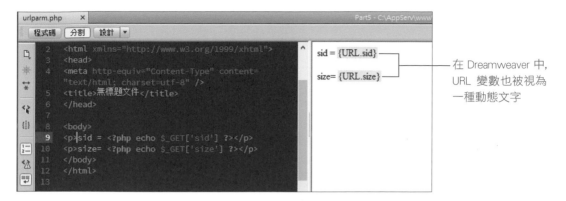

在 Dreamweaver 中, URL 變數也被視為一種動態文字

接著請按 F12 鍵開啟瀏覽器, 分別連結到以下 3 個網址, 此網頁會顯示傳來的變數值 (連結的都是 http://localhost/Part5/Ch14/ex14-04/urlparm.php, 但傳遞的變數不同):

## 在類別清單中加入包含 URL 變數的連結

接著我們就為 T 恤網站左側的類別清單加上包含 URL 變數的連結。請開啟 Ch14\ex14-04\index.php, 如下操作 :

**2** 由於稍後設定**繫結**後, 原本設定好的
連結會被取代, 因此請複製此文字

**1** 點選此類別動態文字

**3** 切換至**繫結**面板

**4** 展開 **rsClass** 資料集,
點選 **cid** 欄位。這樣一
來, 每個類別的超連結
都會加上 cid 變數, 而
變數值則分別是各類
別所屬的 cid 編號

**5** 要設定給超連結,
所以下拉選取此項

**6** 按下**繫結**鈕

**7** 將插入點置於此　　加入動態的 URL 變數

程式碼 | 分割 | 設計 ▼

```
        width="166" height="57" />
74      <ul>
75        <li><a href="special.php" target="tsFrame">今日好康</a></li
        >
76        <?php do { ?>
77        <li><a href="catalog.php?cid=<?php echo $row_rsClass[
        'cid']; ?>" target="tsFrame"><?php echo $row_rsClass['cname'];
        ?></a></li>
78        <?php } while ($row_rsClass = mysql_fetch_assoc($rsClass));
        ?></ul>
79        <img src="../../images/board_bottom.gif" width="166" height=
        "26" /></div>
```

請存檔後，按
**F12** 鍵用瀏覽
器測試看看

**8** 按下 **Ctrl** + **V** 鍵貼上先前複製的連結，再接著
輸入 "?cid="，包含 URL 變數的連結就完成了

將滑鼠移到各類
別文字上

每個類別連結的 URL 變數都不同，
「可愛俏皮」類的 cid 編號正是 5

# 設計可分類檢視的產品目錄網頁：catalog.php

現在我們已經能利用連結來傳送 URL 變數，接下來的任務就是要讓連結的目標網頁能接收該變數，並依據變數值的不同，顯示出對應的內容。

## 顯示出各類別的設定

連結與 URL 變數設定完成後，接著再來編輯連結的目標網頁：catalog.php。首先要讓此網頁能依傳來的類別編號 (即名為 cid 的 URL 變數值) 顯示出該類別的所有 T 恤。請開啟 Ch14\ex14-04\catalog.php 檔來練習：

**step01** 首先要建立 **rsShirt** 資料集，請開啟**繫結**面板，按 ➕ 鈕執行『**資料集 (查詢)**』命令，在**資料集**交談窗中以**簡單**模式如下設定：

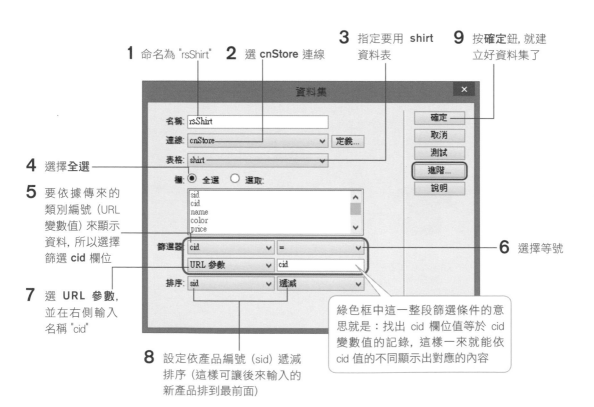

**1** 命名為 "rsShirt"　　**2** 選 **cnStore** 連線

**3** 指定要用 shirt 資料表

**9** 按**確定**鈕, 就建立好資料集了

**4** 選擇**全選**

**5** 要依據傳來的類別編號 (URL 變數值) 來顯示資料, 所以選擇篩選 **cid** 欄位

**6** 選擇等號

**7** 選 **URL 參數**, 並在右側輸入名稱 "cid"

綠色框中這一整段篩選條件的意思就是：找出 cid 欄位值等於 cid 變數值的記錄, 這樣一來就能依 cid 值的不同顯示出對應的內容

**8** 設定依產品編號 (sid) 遞減排序 (這樣可讓後來輸入的新產品排到最前面)

**step02** 接著如圖操作, 就可以把資料集查詢出來的記錄顯示在網頁中:

**3** 同樣以拉曳的方式, 用 **name** 欄位取代「華麗暗黑曲」、用 **price** 欄位取代「699」這 3 個字

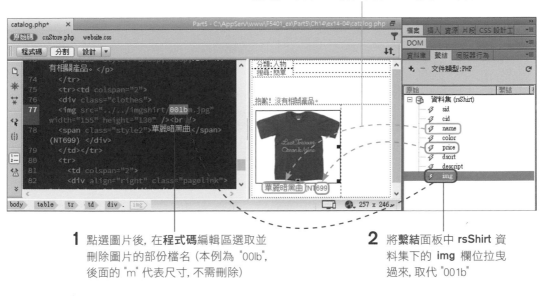

**1** 點選圖片後, 在**程式碼**編輯區選取並刪除圖片的部份檔名 (本例為 "00lb", 後面的 "m" 代表尺寸, 不需刪除)

**2** 將**繫結**面板中 rsShirt 資料集下的 **img** 欄位拉曳過來, 取代 "001b"

**5** 選取 name

**4** 選取圖片

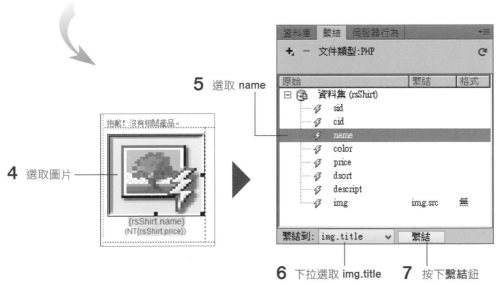

**6** 下拉選取 **img.title**　**7** 按下**繫結**鈕

**8** 將插入點移至剛剛設定好的 **title** 屬性後方，按下空白鍵

**title** 屬性設定為 **rsShirt.name** 欄位了

**9** 雙按此屬性

加入 **alt** 屬性

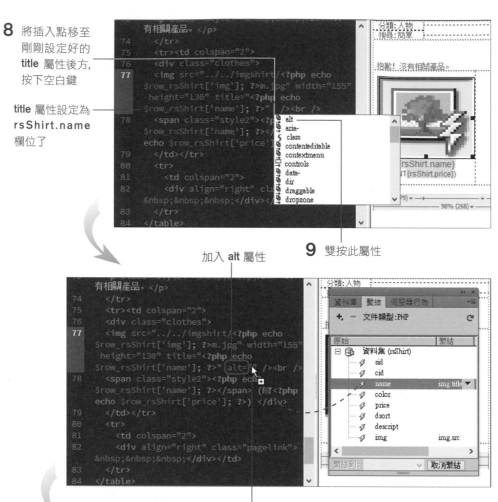

**10** 將**繫結**面板中的 **reShirt.name** 欄位拉曳至此

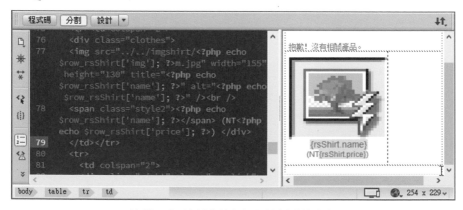

這樣一來，資料集的各欄位就以動態文字的形式，適得其所地對應到網頁中了！

**step 03** 記錄不只一筆, 所以還要將商品區塊設定為**重複區域**, 才能顯示多筆資料:

**3** 按此鈕執行『**重複區域**』命令　**2** 切換至**伺服器行為**面板

**1** 選取整個 <div.clothes> 標籤範圍

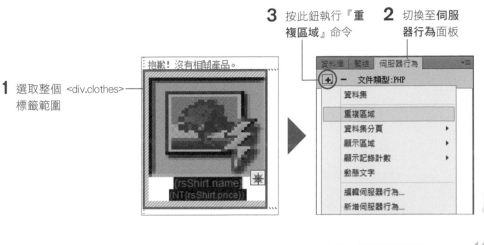

**3** 設定只顯示 20 筆記錄 (這是為了不讓 iframe 子網頁顯示出捲動軸, 請參考 14-3 節的說明), 之後於 15-1 節會再介紹分頁顯示所有記錄的做法

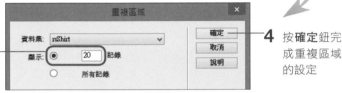

**4** 按**確定**鈕完成重複區域的設定

請存檔後, 再開啟本節一開始時編輯好的 index.php 檔, 並按 F12 鍵測試, 此時按下大部分的類別後, 都能檢視該類別的產品, 但是 「全部」、「趣味搞笑」、「極簡」 這些類別則無法正常顯示, 這是因為資料庫中, 並沒有該類別的產品資料:

點選 「圖騰」 類別, 便能在右側檢視該類別的產品

「趣味搞笑」 類別則無法正常顯示

## 顯示「全部」類別的設定

沒有資料的類別無法正確顯示, 所以我們要修改 rsShirt 資料集, 設定例外狀況的顯示方式。首先是「全部」類別, 請繼續編輯 Ch14\ex14-04\catalog.php 檔, 並開啟**繫結**面板, 雙按其中的 **rsShirt** 資料集, 以開啟**資料集**交談窗:

> **TIP**　「全部」類別的顯示問題和「趣味搞笑」、「極簡」不太一樣, 所以此處我們先解決「全部」類別的問題, 而「趣味搞笑」、「極簡」類別的問題, 則於 14-5 節中再做處理。

**1** 按**進階**鈕切換到**進階**模式

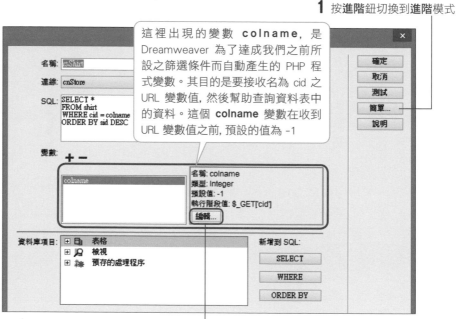

> 這裡出現的變數 colname, 是 Dreamweaver 為了達成我們之前所設之篩選條件而自動產生的 PHP 程式變數。其目的是要接收名為 cid 之 URL 變數值, 然後幫助查詢資料表中的資料。這個 **colname** 變數在收到 URL 變數值之前, 預設的值為 -1

**2** 按**編輯**鈕, 便可編輯此變數

**3** 由於在 sclass 資料表中, 「全部」類別的 cid 為 0, 所以在此便將預設值改為 0, 表示預設要顯示「全部」類別

**4** 按**確定**鈕回到**資料集**交談窗

> 在此交談窗中, 可指定參數類型、預設值、及在執行時要替換的值 (此處即是名為 cid 之 URL 變數值)

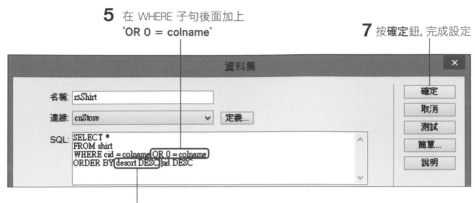

**5** 在 WHERE 子句後面加上
"**OR 0 = colname**"

**7** 按**確定**鈕, 完成設定

**6** 將 ORDER BY 子句 改成 "ORDER BY **dsort DESC**, sid DESC"

針對上圖中步驟 5 與 6 的 SQL 指令更動, 我們再詳加解說如下:

● **關於 WHERE 子句:**

「全部」這個類別比較特別, 因為它雖然類別編號為 0, 可是資料庫中所有的 T 恤都另有專屬的類別, 沒有一件 T 恤的類別編號 (cid) 為 0。而原本的條件:「WHERE cid = colname」, 在接收到「全部」類別傳來的 URL 變數值為 0 的時候, 條件會變成「WHERE cid = 0」, 這樣一來就沒有一件 T 恤符合條件, 因此網頁上就沒有資料可顯示。

然而, 我們是希望在訪客點選「全部」類別的 T 恤時, 不論 T 恤的類別編號為幾號, 都要顯示出來。此時就必須修改條件, 讓 URL 變數值為 0 時, WHERE 子句的條件也能成立, 使所有的 T 恤都能顯示出來。

所以, 我們將 WHERE 子句改成 「WHERE cid = colname **OR 0 = colname**」。這樣一來, 當 URL 變數值不為 0 的時候, cid = colname 這部份的條件就能作用, 篩選出指定類別的資料;而當 URL 變數值為 0 的時候, 由於 cid = colname 條件不成立, 所以繼續往後找 OR (或) 之後的條件, 變成 0 = 0 (colname 變數接收的就是 URL 變數值) 這樣永恆成立的條件, 於是資料庫就順利地把全部 T 恤都列出來囉!

另外，當未指定 URL 變數時，由於我們也將 colname 變數的預設值設定為 0，所以條件依然為 0 = 0，所以也會顯示出全部產品。

● 關於 ORDER BY 子句：

原本是設定成 「依 sid 欄位值來遞減排序」 (**sid DESC**, 讓新產品排在前面)，但為了可以讓某些特定產品排在最前面，我們修改成先利用 shirt 資料表中的 dsort 欄位來遞減排序 (**dsort DESC**)，此欄位的預設值為 1，值越大則排越前面；而當 dsort 欄位的值相同時，才會依 sid 欄位來排序。

設定好後請存檔，再次開啟於本節一開始時編輯好的 index.php 檔，按 F12 鍵預覽。此時，點選左側的 「全部」 類別，就能顯示出所有 T 恤了。

### 利用排序在網頁展示新產品的技巧

每當有新 T 恤上架時，通常一次都會有 5~10 件同花色但不同底色的 T 恤。如果將這些同系列的 T 恤一起排在最前面，不但會給人呆板的印象，也會減少其他產品的曝光機會喔！

此時我們可挑選 2、3 件最有賣相的，將其 dsort 欄位設為 2，使其排在最前面，接下來則是其他系列中 dsort 為 2 的 T 恤，然後才是 dsort 為 1 的。如果想更精確地調整順序，還可將 dsort 分為 3、2、1 的等級，甚至更多等級 (本範例網站使用了 3 個等級)。

同花色的 T 恤會連續排在一起

未使用 dsort 排序的展示效果

NEXT

14-32

相鄰的 T 恤是不同的花色

使用 dsort 排序的展示效果

# 14-5 利用「顯示區域」處理特殊或例外狀況

在前一節設定分類顯示 T 恤的功能時，我們碰到了一些例外狀況，也就是由於資料庫中還沒有「趣味搞笑」、「極簡」這 2 個類別的 T 恤，所以網頁沒有資料可顯示，圖檔也空了下來。

像這種製作時沒有預期到的狀況，稱為「例外狀況」。使用程式來處理網頁時，必須事先考慮到可能有各種特殊或例外狀況，然後準備一些預設的動作來因應這些「人算不如天算」的意外，以免讓訪客看到奇怪的畫面而感到不安。

對於購物網站來說，例外狀況的處理特別重要。試想當你在網站上購物結帳時，突然出現圖片都變成 ⊠，而且文字錯亂的畫面，多嚇人啊！甚至會覺得網站的安全性有問題，不敢結帳！

## 設定資料庫中無記錄時的顯示區域

接下來，我們就動手來處理前一節所留下的類別顯示問題。由於部份類別無法正常顯示的原因，是因為資料庫中無記錄（0 筆資料），所以我們要設定在無記錄時，顯示出另一個訊息，告知訪客沒有資料，這個功能可以用**顯示區域**伺服器行為來完成。請開啟 Ch14\ex14-05\catalog.php 檔，如下練習：

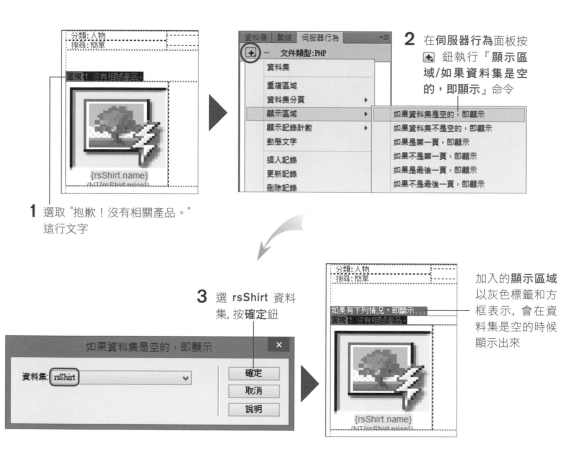

**1** 選取 "抱歉！沒有相關產品。" 這行文字

**2** 在**伺服器行為**面板按 ⊞ 鈕執行『**顯示區域/如果資料集是空的，即顯示**』命令

**3** 選 **rsShirt** 資料集，按**確定**鈕

加入的**顯示區域**以灰色標籤和方框表示，會在資料集是空的時候顯示出來

## 設定資料庫中有記錄時的顯示區域

再來要設定資料庫中有記錄時的顯示區域，請如下操作：

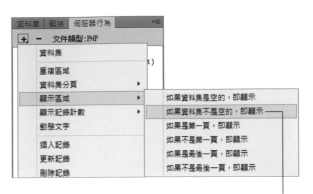

**1** 點選整個「clothes」Div 標籤

**2** 在**伺服器行為**面板按 ➕ 鈕執行『**顯示區域/如果資料集不是空的，即顯示**』命令

**3** 選 **rsShirt** 資料集　　　**4** 按下此鈕

加入了第 2 個「顯示區域」灰色方框，會在資料集不是空的時候顯示出來

## 測試設定結果

**顯示區域**伺服器行為設定好後，請將之存檔，然後開啟 Ch14\ex14-05\index.php 檔，再按 F12 鍵預覽效果：

當資料庫中找不到該類別的產品時，會顯示 "抱歉！沒有相關產品。"

# 14-6 在分類目錄中顯示類別名稱

當訪客點選特定分類的 T 恤來看時, 最好在網頁上方也可以看到類別名稱, 這樣做能讓訪客知道自己身在何方, 感覺更符合操作體驗。

如果網頁顯示的是分類或全部的產品, 則在這裡顯示類別名稱

如果網頁是顯示搜尋結果 (將於第 16 堂課做介紹), 則在此顯示搜尋的關鍵字

請開啟 Ch14\ex14-05\catalog.php 檔, 延續前一節的操作, 我們繼續進行顯示分類名稱的設定:

**step01** 為了取得類別名稱, 得先建立一個 rsClass 資料集。請在**繫結**面板中按 鈕, 執行『**資料集 (查詢)**』命令, 先切換到**簡單**模式, 然後如下操作:

**4** 按**確定**鈕, 建立資料集

**1** 如圖設定名稱、連線與表格

**2** 選擇只取出 cname 欄位的資料

**3** 將篩選條件設定為 cid = URL 參數, 變數名則為 cid (這是 14-5 節中設定好的 URL 變數名稱)

由於每次只會顯示一個類別名稱, 所以就不需要做排序了

**step02** 繼續如下設定，讓資料集中的欄位資料能顯示在適當的位置：

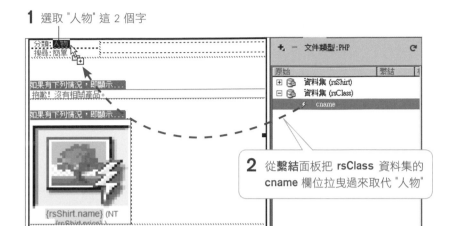

**1** 選取 "人物" 這 2 個字

**2** 從繫結面板把 **rsClass** 資料集的 **cname** 欄位拉曳過來取代 "人物"

**step03** 這時要顧慮到使用搜尋功能時，會沒有 cid 變數傳來，那麼 rsClass 資料集就會變成空的，顯示不出資料。因此我們還要為分類顯示與搜尋結果分別設定不同的**顯示區域** (請參考 14-5 節的說明)：

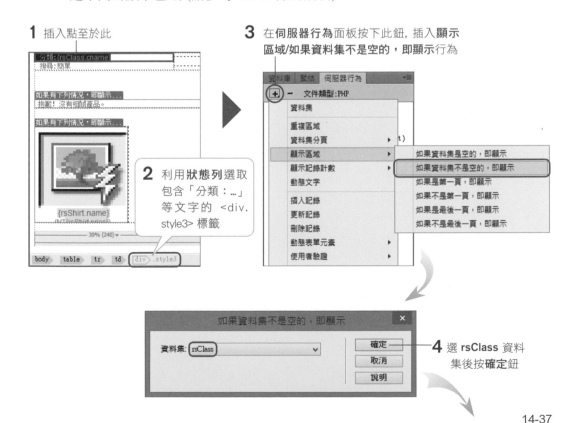

**1** 插入點至於此

**2** 利用**狀態列**選取包含「分類：…」等文字的 <div. style3> 標籤

**3** 在**伺服器行為**面板按下此鈕，插入**顯示區域/如果資料集不是空的，即顯示**行為

**4** 選 **rsClass** 資料集後按**確定**鈕

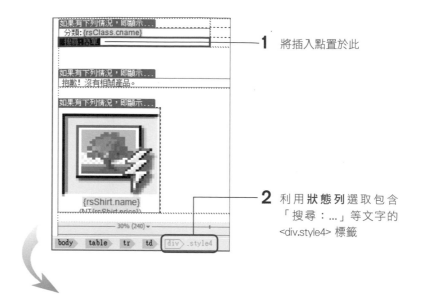

**1** 將插入點置於此

**2** 利用**狀態列**選取包含「搜尋：...」等文字的 `<div.style4>` 標籤

**3** 利用**伺服器行為**面板插入**顯示區域/如果資料集是空的, 即顯示**行為, 選 **rsClass** 資料集後按**確定**鈕

依照以上的設定, 當訪客使用搜尋功能時, 由於沒有 cid 變數, rsClass 資料集會變成空的, 這時便只會顯示出第 2 行的 "搜尋：..." 文字；當訪客是點選類別來瀏覽時, 則 rsClass 資料集不是空的, 就只有第 1 行的 "分類：..." 文字會顯示出來, 到此就設定完成了。請儲存 catalog.php 檔, 然後開啟 Ch14\ex14-05\index.php 檔, 再按 F12 鍵預覽：

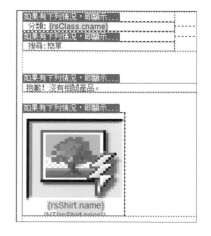

**1** 點選「動物」類別來瀏覽

**2** 此處顯示出目前所選的類別名稱，
且隱藏了第二行的 "搜尋：…" 文字

## 重點整理

1. SQL 指令是用 SQL 語言所寫的程式。它是給 MySQL 資料庫看的，目的是告訴 MySQL 要做什麼事情。

2. **iframe** 是一種獨特的頁框，可以讓你把另一個網頁塞在主要網頁裡面。塞在頁框中的網頁稱為「子網頁」，使用子網頁的好處，就是可以在想顯示動態資料時，只更新部份的網頁內容，而不用更新整個網頁。

3. 傳遞變數給後端伺服器時，要利用 **URL 變數**來傳遞。 URL 變數就是利用網址 (URL) 來傳送變數，寫法為在檔名之後加一個半型問號 (?)，然後再加入一或多個「**變數名＝變數值**」格式的字串。例如向伺服器提出連結到 http://localhost/Part5/Ch14/ch14-04/catalog.php 網頁的要求，同時傳送 1 個名為 sid 的變數，則變數值為 2 時，網址寫成：http://localhost/Part5/Ch14/ch14-04/catalog.php**?sid=2**。當要傳遞的變數不只 1 個時，須以 **&** 相連，例如：http://localhost/Part5/Ch14/ch14-04/catalog.php**?sid=6&size=L**。

4. 我們可以在資料庫中有記錄 (網頁可顯示資料) 和資料庫中無記錄 (網頁顯示不出資料) 時，分別在網頁中顯示不同訊息，以免訪客看到網頁出現例外狀況。這個功能可以用「**顯示區域**」伺服器行為來完成。

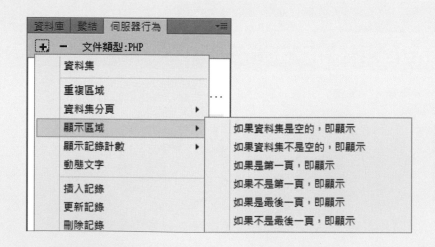

## 實用的知識

### 可以傳遞中文的 URL 變數值嗎？

一般來說，當網頁編碼和資料庫編碼都為 UTF-8 時，傳遞中文的 URL 變數並不會出現問題。但依伺服器與資料庫版本的不同，有時還是會出錯。因此建議你利用 PHP 的 **urlencode()** 函式來將中文變數值轉換為特殊的 URL 編碼，等變數值傳到目標網頁時，再用 urldecode() 函式將之解碼還原成中文：

```
//連結網頁 (index.php)
//原本帶有 URL 變數的連結
<a href="catalog.php?cid=<?php echo $row_rsClass['cid']; ?>"
target="tsFrame">

//加上 urlencode() 函式，進行特殊的 URL編碼
<a href="catalog.php?cid=<?php echo

urlencode($row_rsClass['cid']); ?>" target="tsFrame">
//連結目標網頁 (catalog.php)
//原本擷取 URL 變數值之程式碼
if (isset($_GET['cid'])) {
  $colname_rsShirt = $_GET['cid'];
}

//將 URL 變數值解碼還原之程式碼
if (isset($_GET['cid'])) {
  $colname_rsShirt = urldecode($_GET['cid']);
}
```

由於 URL 變數值會直接出現在網址列中，所以若 URL 變數值有牽涉到私人資料或商業機密之類的文字時，一般也會建議使用 **urlencode()** 函式來處理：

未經 **urlencode()** 函式處理的中文 URL 變數值

經過 **urlencode()** 函式處理的中文 URL 變數值

# 15 加入分頁功能與動態單品頁面

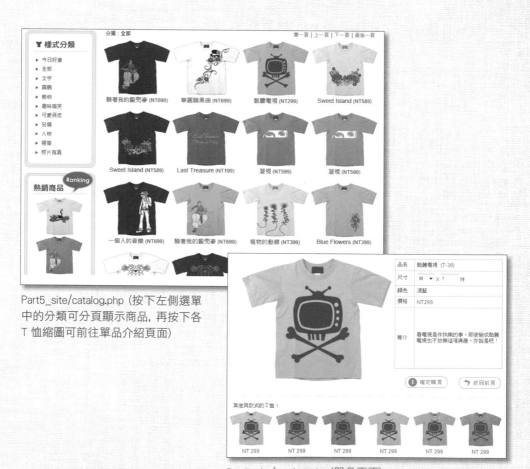

Part5_site/catalog.php (按下左側選單中的分類可分頁顯示商品, 再按下各 T 恤縮圖可前往單品介紹頁面)

Part5_site/product.php (單品頁面)

## ■ 課前導讀

經過了第 13、14 堂課的練習, 你應該對於「建立資料庫→連結資料庫→建立資料集
→將資料集顯示在網頁中」的流程相當熟悉了。

緊接在這些動態網頁基本功之後, 這堂課我們將學習如何讓這些動態資料顯示得更
易於瀏覽, 像是將資料分頁, 以降低捲動頁面的機會;提供「返回前頁」鈕, 以及讓
頁面自動捲到最上方的功能, 讓訪客逛起來更方便。

## ■ 本堂課學習提要

- 製作分頁瀏覽功能
- 在切換網頁時, 使內容自動捲至頂部
- 利用「行為」製作「返回前頁」的效果

預估學習時間　120 分鐘

# 15-1 製作分頁與換頁連結

如果一頁中顯示的資料太多，訪客得要一直往下捲才能看完，很容易捲到忘了身在何方呢！這種時候，就要製作具有分頁與換頁功能的導覽、超連結，才能讓訪客更輕鬆地瀏覽。

本篇的 T 恤範例網站也有類似的分頁需求，所以這一節我們就要來學習如何為資料集加入**分頁功能**與**換頁連結**。

**step01** 請開啟 Ch15\ex15-01\catalog.php 檔，讓我們為此網頁加入分頁瀏覽功能。首先要加入「第一頁」的連結：

**1** 將插入點置於第一條分隔線前

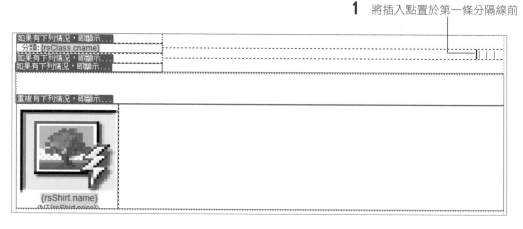

**2** 切換至**伺服器行為**面板

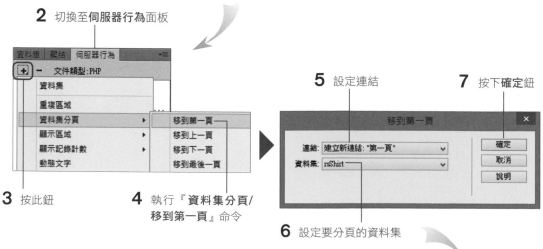

**3** 按此鈕

**4** 執行『**資料集分頁/移到第一頁**』命令

**5** 設定連結

**6** 設定要分頁的資料集

**7** 按下**確定**鈕

加入了「第一頁」的連結文字

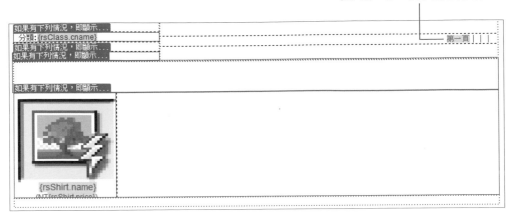

step 02　接著將插入點置於第一條分隔線之後, 我們要在此加入「上一頁」的連結:

**1** 將插入點置於此

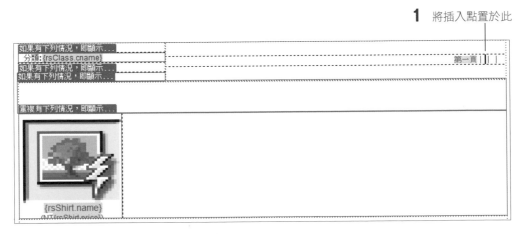

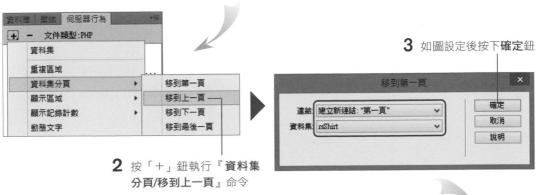

**3** 如圖設定後按下**確定**鈕

**2** 按「＋」鈕執行『**資料集
分頁/移到上一頁**』命令

加入了「上一頁」的連結文字

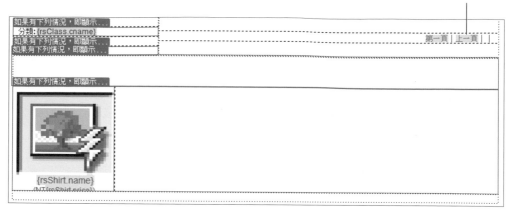

step03　繼續比照上述方法，分別在第二條分隔線及第三條分隔線之後，加入「下一頁」及「最後一頁」，分頁功能就完成了：

**1** 將插入點置於此, 於**伺服器行為**面板執行『**資料集分頁/移到下一頁**』命令

**2** 如圖設定後按下**確定**鈕

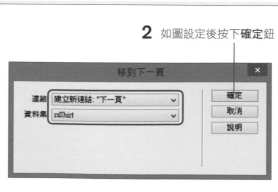

**3** 將插入點置於此, 於**伺服器行為**面板執行 ──
『**資料集分頁/移到最後一頁**』命令

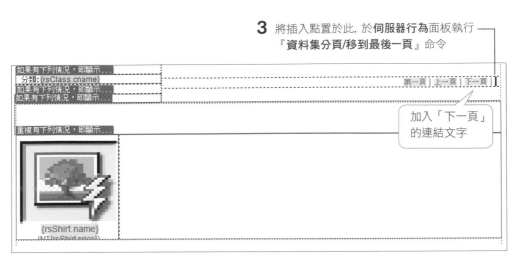

加入「下一頁」
的連結文字

**4** 如圖設定後按下**確定**鈕

加入「最後一頁」的連結文字

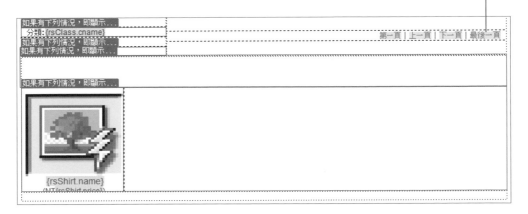

設定到此完成。請儲存 catalog.php 檔之後，開啟同資料夾中的 index.php
檔，並按 F12 鍵於瀏覽器測試看看：

**1** 點選商品數量多的類別，例如**全部**或**圖騰**　　　　　　**2** 此處會出現分頁連結，可供點選操作

每頁顯示多少件 T 恤，是依照第 14-4 節在設定**重複區域**時指定的記錄筆數

按下**最後一頁**的結果

為了讓使用者操作更方便，我們要在網頁底部也加上一個分頁連結。請回到
剛剛編輯的 catalog.php 檔中，然後如下操作：

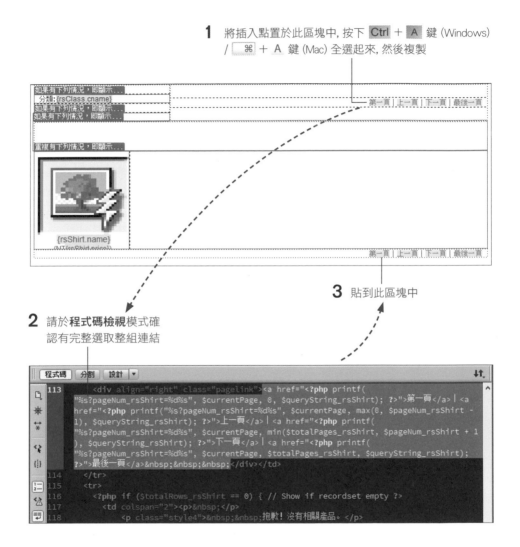

**1** 將插入點置於此區塊中，按下 Ctrl + A 鍵 (Windows)
/ ⌘ + A 鍵 (Mac) 全選起來，然後複製

**2** 請於**程式碼檢視**模式確
認有完整選取整組連結

**3** 貼到此區塊中

接著請儲存 catalog.php 檔，然後開啟 index.php 檔，再按 F12 鍵用瀏覽器
來測試：

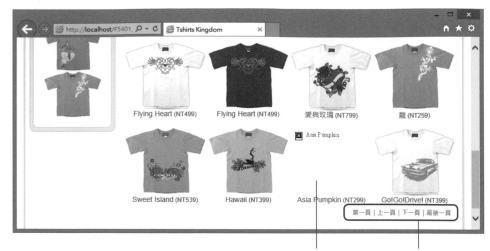

這是我們在第 13-3 節練習加入 T 恤時
缺少圖片的資料, 並不是網頁出問題喔!

網頁底部也加上
分頁連結了!

## 15-2 讓網頁內容自動捲至最上方

上一堂課我們已完成了 T 恤的分類選單, 上一節又追加了分頁檢視的功能, 首
頁的商品展示看起來已相當完整, 但其實還有個小小的缺陷待改進。你是否注
意到, 由於我們使用 **iframe** 來顯示 T 恤資料, 所以當使用者捲動頁面後, 又
改選其他類別來檢視時, 整個畫面仍會停在捲動後的位置!

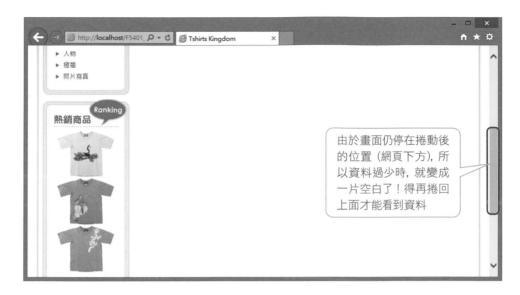

要修正這個小缺陷，只需在每個子網頁的 `<body>` 標籤中加入一個 **onLoad** 事件 (表示網頁一載入就要觸發的動作)，讓它驅動 Javascript，使父網頁捲動至頂部，就能達成目的。請開啟 Ch15\ex15-02\catalog.php 檔來練習：

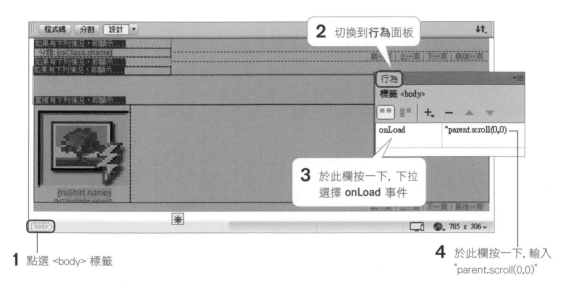

> **TIP** **parent** 就是父網頁，**scroll(0,0)** 表示要捲動至左上角。由於 catalog.php 在 index.php 的 iframe 中，因此它的父網頁就是 index.php。

這樣就設定完成了，請存檔後關閉。然後在 Ch15\ex15-02\special.php 檔中也如法炮製一番。完成後，開啟同資料夾中的 index.php 檔，再按 F12 鍵預覽，便可看到修改後的效果囉：

**2** 再點選**可愛俏皮**類別

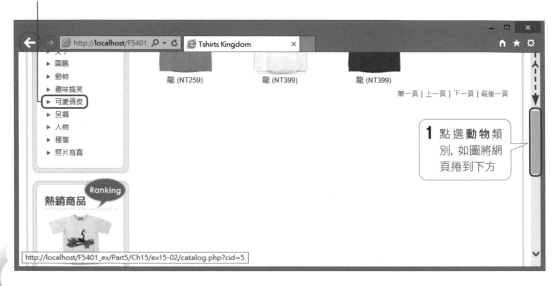

**1** 點選**動物**類別，如圖將網頁捲到下方

只要按下任一類別，下一頁就會自動捲回頁面最上方

# 15-3 製作動態單品頁面

接下來我們要建立單品頁面。當同一款商品有多種顏色時，我們要設定動態資料，讓訪客點選縮圖時能切換商品顏色與資訊。

顯示不同顏色的同款 T 恤縮圖，供訪客切換顏色

按一下縮圖即可切換顯示該件 T 恤

## 建立單品頁資料集：rsProduct

請開啟 Ch15\ex15-03\product.php 檔, 並開啟**繫結**面板, 按 ⊞ 鈕執行『**資料集 (查詢)**』命令, 如下設定：

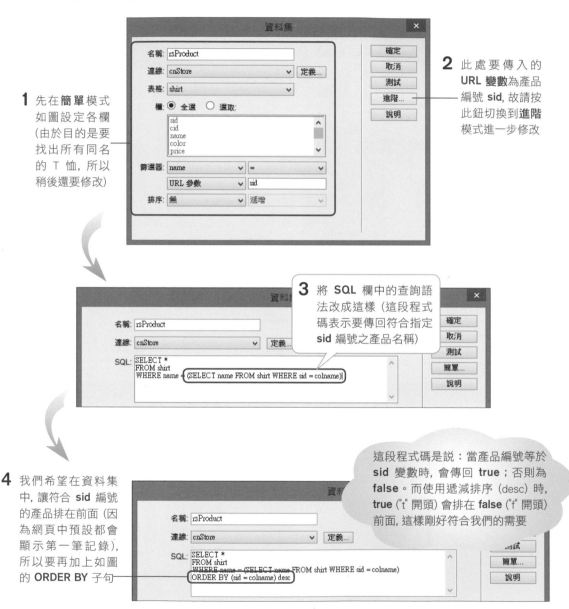

**1** 先在**簡單**模式如圖設定各欄 (由於目的是要找出所有同名的 T 恤, 所以稍後還要修改)

**2** 此處要傳入的 **URL 變數**為產品編號 **sid**, 故請按此鈕切換到**進階**模式進一步修改

**3** 將 **SQL** 欄中的查詢語法改成這樣 (這段程式碼表示要傳回符合指定 **sid** 編號之產品名稱)

```
SELECT *
FROM shirt
WHERE name = (SELECT name FROM shirt WHERE sid = colname)
```

**4** 我們希望在資料集中, 讓符合 **sid** 編號的產品排在前面 (因為網頁中預設都會顯示第一筆記錄), 所以要再加上如圖的 **ORDER BY** 子句

```
SELECT *
FROM shirt
WHERE name = (SELECT name FROM shirt WHERE sid = colname)
ORDER BY (sid = colname) desc
```

這段程式碼是説：當產品編號等於 **sid** 變數時, 會傳回 **true**；否則為 **false**。而使用遞減排序 (desc) 時, **true** ("t" 開頭) 會排在 **false** ("f" 開頭) 前面, 這樣剛好符合我們的需要

修改好後, 按**確定**鈕關閉**資料集**交談窗, **rsProduct** 資料集便建立完成了。

## 動態顯示單品資料

接下來要讓資料集裡的資料顯示在單品網頁 (product.php) 中。接續剛剛編輯的 Ch15\ex15-03\product.php, 請切換到**分割檢視**模式, 並打開**繫結**面板, 如下操作:

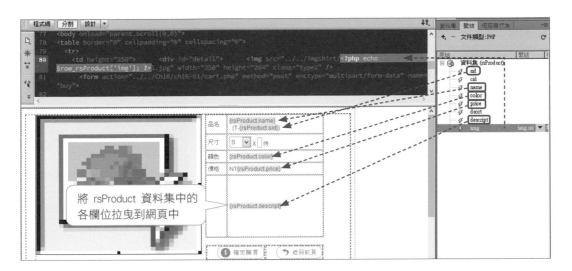

將 rsProduct 資料集中的各欄位拉曳到網頁中

單品 T 恤的主要資料已插入完成, 請存檔後, 以瀏覽器測試看看:

剛開啟的網頁中沒有資料, 請在網址後方加上 "**?sid=1**" 的 URL 變數, 才會顯示出商品編號 (sid) 為 1 的產品資料

這句話是在 13-3 節測試時輸入到資料庫的

15-15

# 顯示同系列產品清單

我們還要讓單品 T 恤頁面的左下角顯示出同系列產品的清單，所以繼續在 Ch15\ex15-03\product.php 中編輯下方的縮圖區塊：

**step01** 首先用 **rsProduct** 資料集中的欄位一一取代縮圖區塊中的資料：

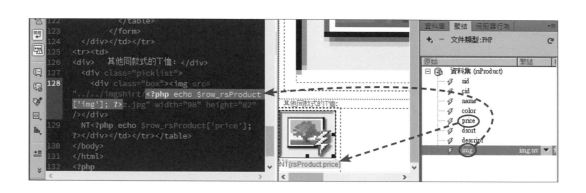

**step02** 記錄不只一筆，所以還要將商品縮圖區塊設定為**重複區域**，以顯示多筆資料：

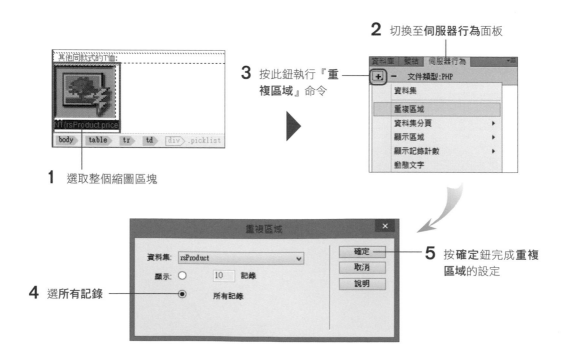

1 選取整個縮圖區塊

2 切換至**伺服器行為**面板

3 按此鈕執行『**重複區域**』命令

4 選所有記錄

5 按**確定**鈕完成**重複區域**的設定

接著請存檔測試看看，同系列產品清單已經可以顯示出來了，但按下縮圖還無法切換上方單品 T 恤的資料。這是因為我們還沒有幫下上、下兩排的資料建立互動關係。所以接下來再進行這部份的設定即可。

請記得網址後方同樣要加上 "?sid=1" 的
URL 變數才能顯示出動態內容喔！

同系列產品清單已經顯示出來了！不過
按縮圖還無法切換上方單品 T 恤的資料

# 利用同系列產品清單切換單品資料

我們繼續在 Ch15\ex15-03\product.php 檔中編輯, 請如下操作:

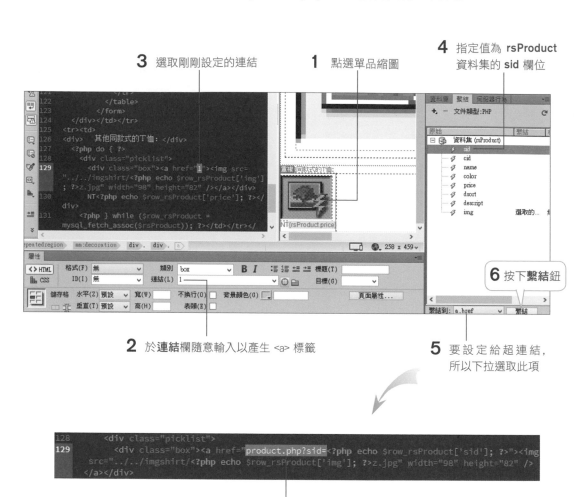

**3** 選取剛剛設定的連結

**1** 點選單品縮圖

**4** 指定值為 **rsProduct** 資料集的 **sid** 欄位

**6** 按下繫結鈕

**2** 於 **連結** 欄隨意輸入以產生 <a> 標籤

**5** 要 設 定 給 超 連 結, 所以下拉選取此項

**7** 在 剛 剛 加 入 的 URL 變數之前輸入 "product.php?sid=", 設定就完成了

現在請存檔, 然後按 F12 鍵測試看看:

網址後方同樣要加上 "**?sid=1**" 的 URL
變數才能顯示出動態內容喔！

點按下方縮圖, 便可切換上方單品 T 恤的資料！

## 將單品網頁與其他網頁整合

單品網頁已經完成了, 接著我們得把它和其他網頁整合一下, 也就是讓其他網
頁連結到單品網頁時, 能傳送 URL 變數, 這樣單品網頁也才能正確顯示出各
T 恤的名稱、顏色、價格等內容。

**step01** 首先請開啟 Ch15\ex15-03\index.php 檔, 如下為熱銷商品圖片加上連結:

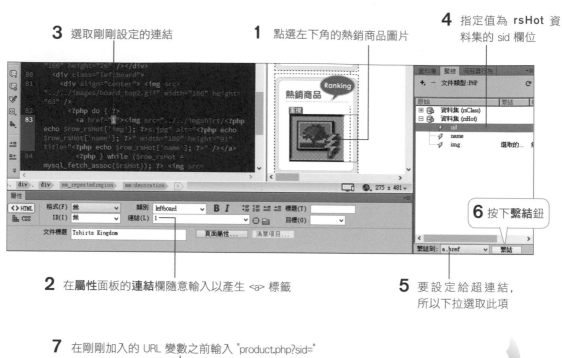

**3** 選取剛剛設定的連結

**1** 點選左下角的熱銷商品圖片

**4** 指定值為 **rsHot** 資料集的 sid 欄位

**6** 按下繫結鈕

**2** 在**屬性**面板的**連結**欄隨意輸入以產生 <a> 標籤

**5** 要設定給超連結, 所以下拉選取此項

**7** 在剛剛加入的 URL 變數之前輸入 "product.php?sid="

**8** 在**目標**欄填入 "tsFrame" (即之前設定的 iframe 名稱)。這樣 index.php 檔的設定就完成了

**step02** 接著開啟 Ch15\ex15-03\special.php 檔來編輯。和前一步驟一樣, 請選取圖片, 利用**屬性**面板**連結**欄位以及**繫結**面板, 為圖片加上連結。設定時, 請連結到同資料夾下的 product.php 檔, 變數名為 **sid**, 變數值則為 **rsSpecial** 資料集的 **sid** 欄位;連結的目標也是 **tsFrame**。

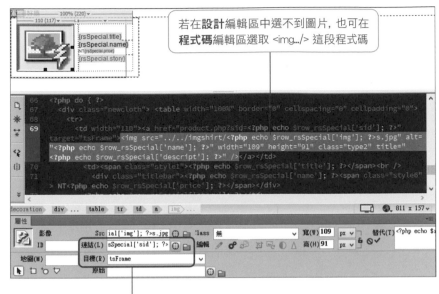

若在**設計**編輯區中選不到圖片，也可在**程式碼**編輯區選取 <img.../> 這段程式碼

設定好連結與連結目標

**step03** 最後再來處理 Ch15\ex15-03\catalog.php 檔。也同樣選取圖片，設定連結到同資料夾下的 product.php 檔，變數名為 **sid**，變數值為 **rsShirt** 資料集的 **sid** 欄位；連結的目標也是 **tsFrame**。

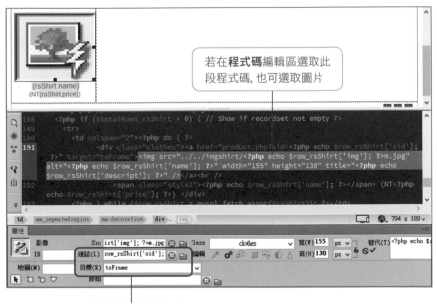

若在**程式碼**編輯區選取此段程式碼，也可選取圖片

設定好連結與連結目標

step04 將這 3 個檔案都存檔後, 開啟 index.php 檔來測試, 便能確認成果如何囉!

不論是點選**今日好康** (Special) 區的 T 恤圖片, 還是首頁左下方
的**熱銷商品**, 都能正確連往單品網頁, 瀏覽單品 T 恤資料!

進入單品頁面後, 可再切換瀏覽不同顏色的商品

# 15-4 製作「返回前頁」鈕

雖然每種瀏覽器幾乎都有**回上頁**的功能鈕，不過依網頁動線的設計以及程式寫法的不同，有時在頁面中加入**返回前頁**的連結，可以讓瀏覽過程更加順暢。在本節中，我們就要利用 JavaScript 為 T 恤的單品網頁加上一個能回到上一頁的**返回前頁**鈕。請開啟 Ch15\ex15-04\product.php 檔來練習：

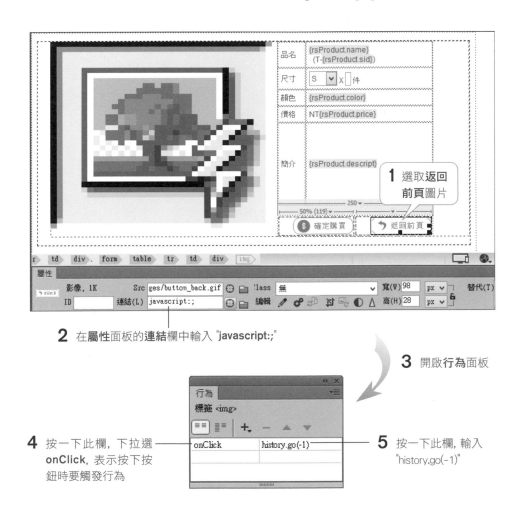

**2** 在**屬性**面板的**連結**欄中輸入 "javascript:;"

**3** 開啟**行為**面板

**4** 按一下此欄，下拉選 **onClick**，表示按下按鈕時要觸發行為

**5** 按一下此欄，輸入 "history.go(-1)"

將連結設為 **javascript:;** 時，等於設定一個空連結，讓滑鼠在移到按鈕上時會變成手形指標，但不會連到任何頁面去。而加在**行為**面板中的 **history** 指令，是擷取瀏覽器的瀏覽歷程記錄，**go(-1)** 就表示要回到前一個瀏覽頁面。

這樣一來**返回前頁**鈕就可以運作了，請存檔後開啟同資料夾的 index.php，按 F12 鍵測試看看。先在 index.php 中任意點選一件 T 恤進入單品頁面，然後再按右側的**返回前頁**鈕，看看是否能順利返回前一個頁面：

按此鈕

回到上一頁了

1. 當網頁顯示出來的資料過多，可能會超出螢幕的顯示範圍。因此可利用**伺服器行為**面板的**資料集分頁**功能製作具備分頁與換頁功能的超連結，讓訪客輕鬆地瀏覽網頁內容，避免捲動冗長的畫面。

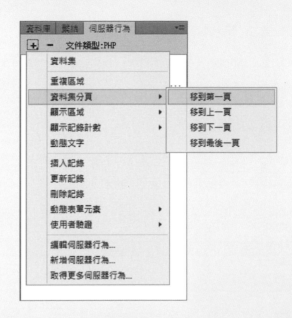

2. 利用**行為**面板，在網頁的 **<body>** 標籤中加上以 **onLoad** 事件驅動的 Script 程式「**parent.scroll(0,0)**」，就可在載入網頁時，自動將父網頁捲到最上方。

3. 將連結設為 **javascript:;** 時，等於設定一個空連結，讓滑鼠在移到按鈕上時會變成手形指標，但不會連到任何頁面去。而在**行為**面板中加上「**history.go(-1)**」這個指令，再將**事件**設定為 **onClick**，就能讓按鈕具備**返回前頁**的功能。

## 實用的知識

**1. 在前面的課堂中, 曾用過 "#" 來做空連結, 這和使用 "javascript:;" 有何不同？**

一般來說, 要製作空連結時, "#" 和 "javascript:;" 都是可行的。不過用 "#" 做的空連結有些特性：

- 按下連結後, 會跳到頁面最上方。

- 若要加上「返回前頁」鈕效果 (15-4 節) 時, 語法必須寫成 **"history.go(-1); return false;"** 才能正常運作。

**2. 請問分頁可以做成圖像嗎？**

當然可以。只要先在網頁中安排好自製的分頁用圖片, 接著選取圖像, 再執行**伺服器行為**面板的『**資料集分頁**』命令即可：

1 選取預設定分頁的圖片

2 執行此命令

3 按下**確定**鈕即可完成設定

# MEMO

# Lesson

# 16 使用表單來搜尋及變更資料內容

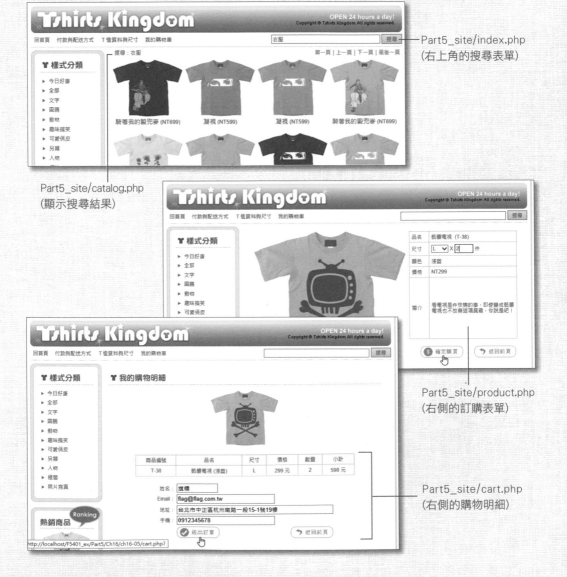

Part5_site/index.php
(右上角的搜尋表單)

Part5_site/catalog.php
(顯示搜尋結果)

Part5_site/product.php
(右側的訂購表單)

Part5_site/cart.php
(右側的購物明細)

## ■ 課前導讀

在前面幾堂課中, 我們已經學到如何讀取資料庫中的資料, 並且將這些資料妥當地顯示在網頁中。不過資料庫不是只能讀不能寫的, 資料能出, 當然也要能進囉！在本堂課中, 我們就要介紹網頁裡用來輸入資料的主要元件：**表單**。

我們將利用表單製作**搜尋**功能來收集關鍵字, 然後送到資料庫端去找出符合的 T 恤資料；以及製作商品訂購單來收集訂購資訊, 並存入資料庫, 以做為出貨的根據。

## ■ 本堂課學習提要

- 認識表單與表單元件
- 插入表單元件來製作表單
- 利用表單製作搜尋商品欄
- 利用表單製作商品訂購單

**預估學習時間** 120 分鐘

# 16-1 認識表單

在使用表單為 T 恤網站增加功能之前, 我們先瞭解一下關於表單的基本知識。

## 表單簡介

**表單**就是網頁上的輸入介面, 主要是用來讓使用者輸入文字或選擇項目。等輸入完畢後, 按下**送出**鈕, 表單中的資料就會傳給伺服器端, 接著由事先撰寫好的伺服器端動態網頁程式 (如 PHP、ASP、JSP... 等等) 接手處理 (例如將使用者輸入的留言存到資料庫中, 或是利用輸入的關鍵字來查詢資料庫), 最後再將處理結果傳回到使用者的電腦去, 成為送出表單後所看到的畫面。

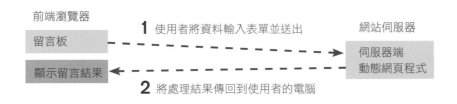

由此可知, 表單與動態網頁的關係密不可分, 而本堂課要介紹的, 正是這種以表單為主的動態網頁程式應用。

## Dreamweaver 所提供的表單元件

Dreamweaver 提供了完整的表單元件, 讓你可迅速做出表單外觀, 提供使用者完整的輸入介面。請新增一個空白網頁, 將**插入**面板切換到**表單**頁次, 就能看到 Dreamweaver 提供的各種表單元件了:

由於表單頁次包含許多功能鈕，為方便操作及說明，請將**插入**面板拉曳至文件視窗的上方：

按住面板標籤拉曳至此，待出現藍色提示線時放開左鈕

顯示在文件視窗上方

因此，要讓瀏覽者輸入資料時，就切換到**插入**面板的**表單**頁次，再插入適用的表單元件即可。

# 16-2 加入搜尋商品的功能

本節開始，我們就立刻動手來為 T 恤網站加上搜尋商品的功能吧！由於搜尋功能至少會用到表單中的**文字欄位**與**按鈕**元件，是很典型的表單應用之一，建議你牢記其製作方法，對日後製作自己的網站會有很大的幫助。

## 檢驗表單中是否有輸入資料

傳送表單資料前，通常我們要先對表單中的資料做一些檢驗的動作，以確保傳給伺服器的資料是符合規定且可用的，不然等傳進去才發現不能用，再等伺服器傳回錯誤訊息，這樣一來一往，不僅浪費時間，又沒有效率。依網站類型不同，檢驗的複雜度也不同，最基本的，就是要檢查使用者是否有輸入資料到表單中囉！

請開啟 Ch16\ex16-01\index.php 來練習。目前右上角的搜尋表單已建好, 首先來看一下各欄位的設定值:

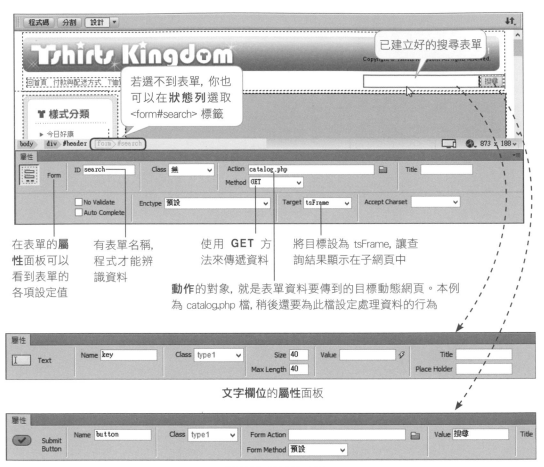

在表單的**屬性**面板可以看到表單的各項設定值

有表單名稱, 程式才能辨識資料

使用 **GET** 方法來傳遞資料

將目標設為 tsFrame, 讓查詢結果顯示在子網頁中

**動作**的對象, 就是表單資料要傳到的目標動態網頁。本例為 catalog.php 檔, 稍後還要為此檔設定處理資料的行為

文字欄位的**屬性**面板

搜尋按鈕的**屬性**面板

### 使用「POST」方法和「GET」方法傳送資料的差異

建立表單時, 可以選擇用 **POST** 或 **GET** 方法來傳送資料。兩者的差別在於, **POST** 方法適用於「傳送一次資料」, 例如在訂購表單裡輸入資料後, 按下「送出」鈕可傳送到下一頁; 而 **GET** 方法則用於「重複傳送資料」, 例如輸入關鍵字後, 按下「搜尋」鈕, 可將關鍵字傳送到搜尋結果的第 1 頁、第 2 頁…。因此本節使用 **GET** 方法來製作搜尋功能, 而稍後 16-3 節的訂購表單, 則使用 **POST** 方法傳送資料。

我們要為此搜尋表單加入檢驗的功能，這樣當使用者沒輸入關鍵字就按搜尋鈕時，會出現提醒訊息：

**1** 點選此搜尋文字欄位

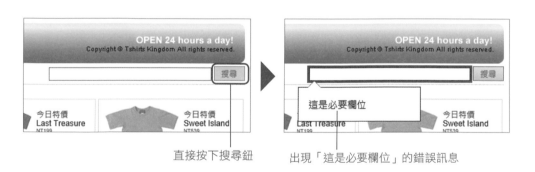

**2** 於**屬性**面板勾選 **Required**，表示必須輸入資料

這樣就設定完成了，請存檔後按 F12 鍵，如圖測試：

直接按下搜尋鈕　　　　　出現「這是必要欄位」的錯誤訊息

## 查詢資料庫並顯示搜尋結果

前面我們在搜尋表單**屬性**面板的**動作**欄設定 catalog.php，就表示搜尋表單的資料會傳到 catalog.php 檔中。接著我們要在 catalog.php 檔裡做設定，以接收表單傳來的資料，並根據這些資料向資料庫提出查詢，再顯示出查詢結果。

**step 01** 請開啟 Ch16\ex16-01\catalog.php 檔, 並開啟**繫結**面板, 然後雙按 **rsShirt** 資料集。我們要先修改 **rsShirt** 資料集, 讓 **key** (從搜尋表單傳來的變數) 的值也成為查詢條件之一:

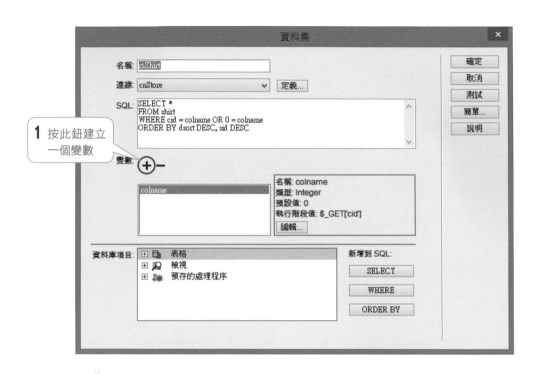

**1** 按此鈕建立一個變數

**2** 變數名稱設為:colkey (可自訂)　　**3** 類型選 **Text**

**4** **預設值**請輸入**兩個單引號** ″, 表示空字串, 這樣當沒有表單變數 key 傳入時, 就不會找出符合的記錄 (不影響原來的類別顯示功能)

**6** 按下**確定**鈕

**5** **執行階段值**則輸入:**$_GET['key']** (這就是 PHP 程式碼所接收到的, 以 GET 方法傳來的 key 變數, 名稱不可隨意更動)

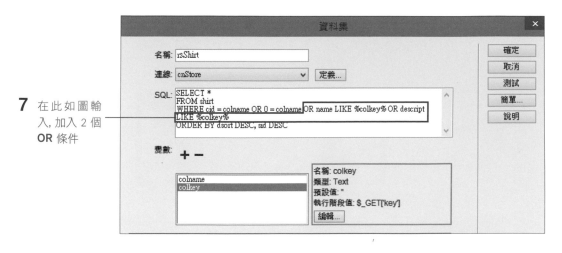

**7** 在此如圖輸入, 加入 2 個 OR 條件

### 關於 SQL 的 LIKE 語法

在 SQL 語言中, 可以用 **LIKE** 進行 "像...樣子" 的比對, 而 **%** 代表任意字串 (含空字串), 例如 "name LIKE %abc%" 就是在判斷：name 欄位中是否包含 abc 這段字串。因此我們在步驟 1 中加入的 2 個 **OR** 條件, 就是要篩選出 **name** (品名) 欄或 **descript** (說明) 欄中, 包含有 **key 變數**值的記錄。

**step02** 接著再將**資料集**交談窗中 **colname** 變數的**預設值**改為 "-1", 這樣當沒有 URL 變數 sid 傳入時, 便不會找出符合的記錄 (不影響現在正要建立的搜尋功能)：

**1** 點選 colname 變數

**2** 按此鈕

**3** 改為"-1"

**4** 按 2 次**確定**鈕離開**資料集**交談窗

**step03** 我們還要在**繫結**面板中建立一個 **URL 變數** "key"，這樣才方便將關鍵字顯示在搜尋結果中。請在**繫結**面板中按 ➕ 鈕，執行『**URL 變數**』命令：

**1** 建立 URL
變數 key

**2** 按確定鈕

**TIP** 在**繫結**面板中所加入的 **URL 變數**及**表單變數**，在編輯同網站的其他網頁時，也會顯示在**繫結**面板中，並可加以利用 (可加入網頁中，或用於資料集、設定屬性等)。

**step04** 最後再用 URL 變數 key 取代掉網頁最上面的搜尋資訊文字：

**1** 將**繫結**面板中的 URL 變數
**key** 拉曳至冒號後方

**2** 選取"簡單"兩字並刪除

插入這段程式碼，然後儲存檔案

**step 05** 到此搜尋功能已設定完畢，請開啟同資料夾中的 index.php 檔，並按 F12 鍵 以瀏覽器測試結果：

此處會顯示出搜尋用的關鍵字

**1** 輸入 "我" 來搜尋

**2** 按下此鈕 (或按 Enter (Windows) / return (Mac) 鍵)

會搜尋出品名包含 "我", 或 說明中包含 "我" 的商品

你還可以再輸入其他關鍵字來測試看看 (例如 "衣服")，確認一下搜尋結果是 否和我們預期的一樣。測試結果沒問題的話，我們就要繼續進入下一節，開始 製作可訂購商品的單品頁面囉！

# 16-3 在單品網頁訂購商品

本節我們要處理訂購商品功能的前段部份，也就是先檢查使用者 (購物者) 輸 入之購買資料是否正確，再傳送給伺服器端。

## 檢驗表單資料

請開啟 Ch16\ex16-02\product.php 檔，並切換至**設計檢視**模式。訂購用的表單已經建立好了，請如下確認並修改各欄位的設定值：

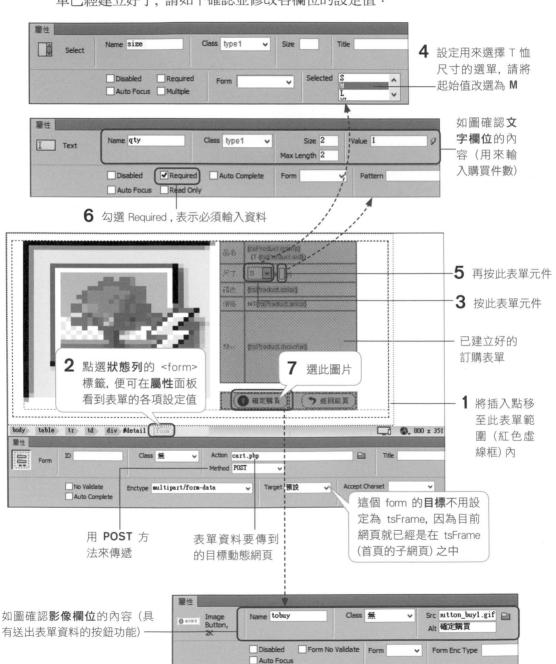

**4** 設定用來選擇 T 恤尺寸的選單，請將起始值改選為 **M**

如圖確認**文字欄位**的內容（用來輸入購買件數）

**6** 勾選 Required，表示必須輸入資料

**5** 再按此表單元件

**3** 按此表單元件

已建立好的訂購表單

**2** 點選**狀態列**的 <form> 標籤，便可在**屬性**面板看到表單的各項設定值

**7** 選此圖片

**1** 將插入點移至此表單範圍（紅色虛線框）內

用 **POST** 方法來傳遞

表單資料要傳到的目標動態網頁

這個 form 的**目標**不用設定為 tsFrame，因為目前網頁就已經是在 tsFrame（首頁的子網頁）之中

如圖確認**影像欄位**的內容（具有送出表單資料的按鈕功能）

## 傳遞要訂購之商品編號

檢驗資料的功能完成後, 我們要再設定一個**隱藏欄位**, 好把要購買之產品的商品編號 (sid) 一併傳送到伺服器端:

**1** 將插入點移到此處 (只要在紅色虛線的表單範圍內皆可)

**2** 切換到**表單**頁次

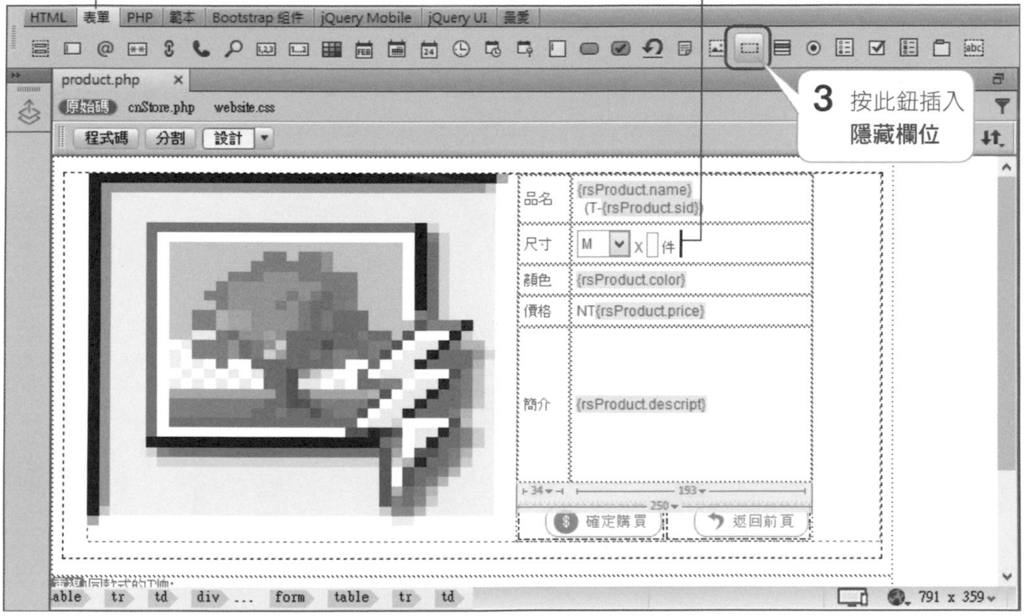

**3** 按此鈕插入隱藏欄位

**4** 在**屬性**面板中把名稱改為 "sid"

**5** 按下閃電鈕

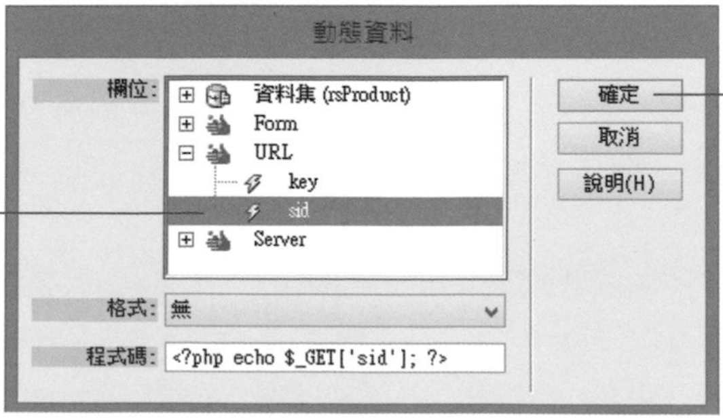

**6** 選取 URL 變數的 sid 欄位

**7** 按下**確定**鈕

程式碼: `<?php echo $_GET['sid']; ?>`

訂購商品功能的前段部份到此就設定完成了, 下一節我們就要進入下個階段, 也就是建立訂購單。

# 16-4 建立訂購單

當訪客填好訂購表單，按下**確定購買**鈕將資料傳送給伺服器後，伺服器端必須要有程式能接收這些資料，暫存並顯示出訂購資料與金額，以供訪客確認，而本節正是要進行這個部份的設定。

## 顯示訂購商品資訊

請開啟 Ch16\ex16-03\cart.php，這個檔案中將顯示出訂購商品資訊，也就是供訪客確認的訂購單 (也稱購物車)。

**step 01** 請開啟**繫結**面板，按 ⊞ 鈕執行『**資料集 (查詢)**』命令，將交談窗切換到**簡單**模式，我們先來建立必要的資料集，稍後才能顯示訂購資訊：

**1** 建立名為 "rsShirt" 的資料集

**2** **連線**與**表格**欄位請如圖設定

**3** 選擇以 **sid** 欄位做篩選，而篩選條件是要**等於**名為 **sid** 的**表單變數**

**4** 按**確定**鈕完成此資料集之設定

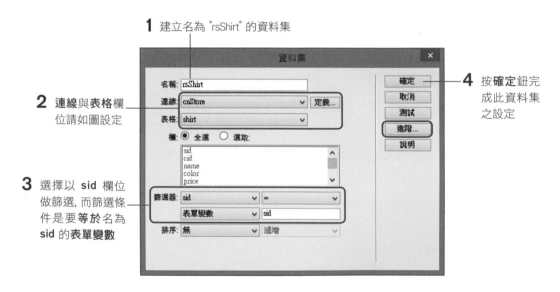

**step 02** 接著回到**繫結**面板，再按 ⊞ 鈕執行『**表單變數**』命令，新增 "qty" 和 "size" 共 2 個表單變數：

新增 2 個表單變數

**step03** 最後利用**繫結**面板，將 **rsShirt** 資料集中的欄位以及表單變數，如圖拉曳到表格中對應的位置，以取代各項商品資訊：

**1** 將 rsShirt 的各欄位拉曳到表格中, 取代對應的文字　　**4** 拉下選擇 img.alt

**8** 拉曳至此, 取代圖片檔名中的 "014o"

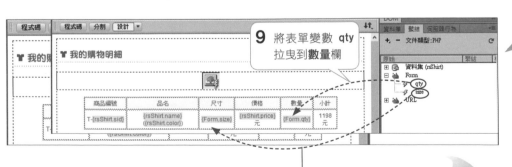

**10** 將表單變數 size 拉曳到尺寸欄

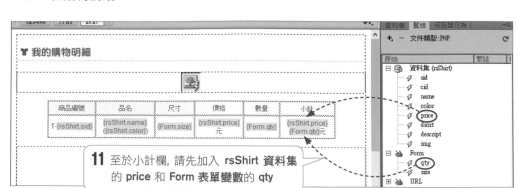

**11** 至於小計欄, 請先加入 **rsShirt 資料集**的 **price** 和 **Form 表單變數**的 **qty**

**12** 切換到**程式碼**編輯區, 將中間的 "; **?><?php echo**" 取代為 "**\***" (相乘)

```
84        <td align="center" bgcolor="#FFFFFF">
85        <?php echo $row_rsShirt['price']; ?><?php echo $_POST['qty']; ?>元</td>
86        </tr>
```

```
84        <td align="center" bgcolor="#FFFFFF">
85        <?php echo $row_rsShirt['price'] * $_POST['qty']; ?>元</td>
86        </tr>
```

## 製作訂購者資料表單

接著我們繼續編輯訂購商品資訊下方的表單, 讓訪客確認訂單無誤後, 可以在下方填入個人連絡資料, 以進行後續的結帳步驟。

**step01** 範例檔中已經建立好表單範圍, 請繼續在下方表格中插入表單元件:

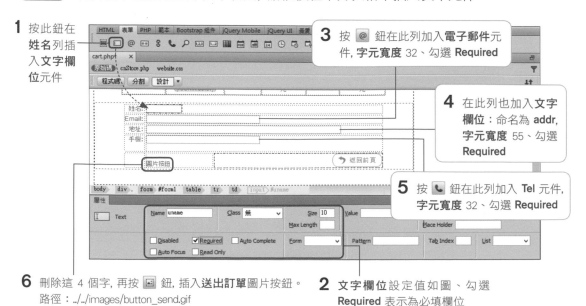

**1** 按此鈕在**姓名**列插入**文字欄位元件**

**3** 按 **@** 鈕在此列加入**電子郵件元件**, **字元寬度** 32、勾選 **Required**

**4** 在此列也加入**文字欄位**: 命名為 **addr**, **字元寬度** 55、勾選 **Required**

**5** 按 📞 鈕在此列加入 **Tel** 元件, **字元寬度** 32、勾選 **Required**

**6** 刪除這 4 個字, 再按 🖼 鈕, 插入**送出訂單**圖片按鈕。
路徑 : ../../images/button_send.gif

**2** **文字欄位**設定值如圖、勾選 **Required** 表示為必填欄位

**step02** 繼續開啟**繫結**面板，按 ⊞ 鈕，執行『**伺服器變數**』命令加入一個伺服器變數，並命名為 "REMOTE_ADDR"。下一節我們將用此變數取得使用者的 IP 位址，然後把 IP 位址一起存入訂單資料表中，以便在訂購成功的感謝網頁中找出該訂購者的所屬訂單：

新增 "REMOTE_ADDR" 伺服器變數，然後按**確定**鈕

> **TIP** 如果是以http://localhost 這個網址連到本機網站，則 IP 會固定為 127.0.0.1，但用 IP 位址來辨認購物者並不是最理想的方式，因為網路結構的關係，很多電腦是沒有獨立 IP 的，因此通常會採用會員編號、訂單編號…等較複雜的方式來做。關於購物車的程式設計，建議你參考專門介紹架設購物網站的書籍，學習更專業的做法。

## 測試驗證功能

設定好後請將 cart.php 存檔並關閉，然後開啟同資料夾中的 index.php，按 F12 鍵預覽，點選一件 T 恤後，再按下**確定購買**鈕：

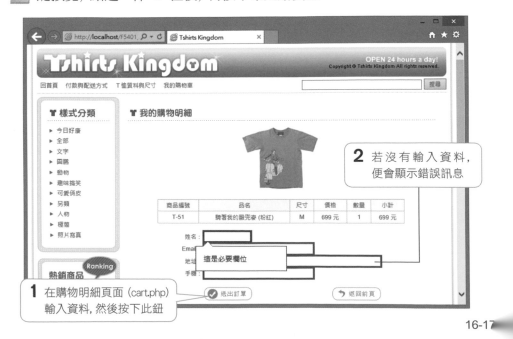

Email 插入的是**電子郵件**表單元件, 故若輸
入非電子郵件的資料, 會自動判斷格式錯誤

舉凡利用表單來接收資料的功能, 其基本流程多半都是「**建立表單→檢驗表
單→由伺服器端程式接收資料並處理→由伺服器端傳回結果→將結果顯示在
網頁中**」。只要牢記這個基本觀念, 再多熟悉 Dreamweaver 的各種工具, 製
作資料庫網站其實一點也不難喔!

# 16-5 將訂購資料儲存到資料庫

完成訂購表單後, 還要將訂購資料儲存到資料庫, 才能確保訂單不遺失。底
下將分 2 個步驟來做: ❶ 首先要在訂購表單中加入收集資料用的**隱藏欄位**
❷ 接著再利用**插入記錄**伺服器行為, 將資料儲存起來。

## 加入隱藏欄位

要儲存的表單資料，除了使用者在欄位中輸入的姓名、地址…外，還有一些資料是我們需要用來辨識訂單，但使用者不必輸入的，例如商品編號、使用者的電腦 IP …等，我們可以插入**隱藏欄位**來收集這些資料，而不會被使用者發現。請開啟 Ch16\ex16-04\cart.php 檔來練習：

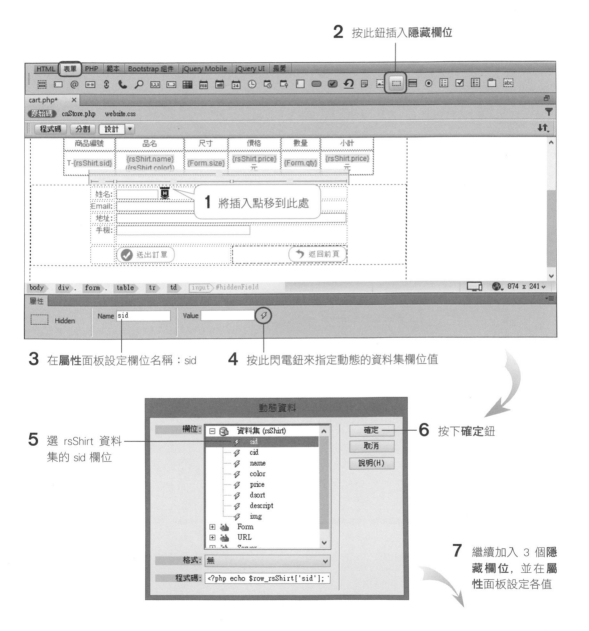

**2** 按此鈕插入隱藏欄位

**1** 將插入點移到此處

**3** 在**屬性**面板設定欄位名稱：sid

**4** 按此閃電鈕來指定動態的資料集欄位值

**5** 選 rsShirt 資料集的 sid 欄位

**6** 按下**確定**鈕

**7** 繼續加入 3 個隱藏欄位，並在**屬性**面板設定各值

欄位名：size,
值：Form 表單變數 size

欄位名：qty,
值：Form 表單變數 qty

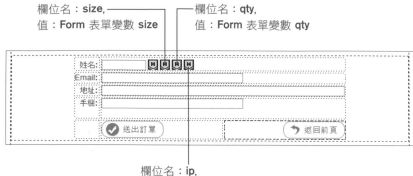

欄位名：ip,
值：伺服器 (Server) 變數 REMOTE_ADDR

# 使用「插入記錄」伺服器行為儲存訂購資料

要將訂單的資料寫入資料庫, 可利用**插入記錄**伺服器行為。請打開**伺服器行為**面板, 按 **+** 鈕執行『**插入記錄**』命令：

目前網頁中只有一個 form1 表單 (供
訪客填入連絡資料用), 已自動選取

**3** 按**確定**鈕

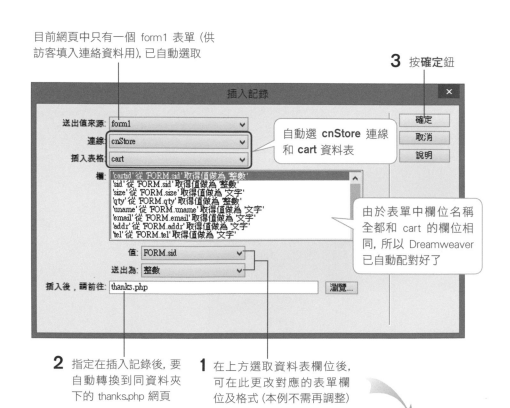

自動選 **cnStore** 連線
和 **cart** 資料表

由於表單中欄位名稱
全都和 cart 的欄位相
同, 所以 Dreamweaver
已自動配對好了

**2** 指定在插入記錄後, 要
自動轉換到同資料夾
下的 thanks.php 網頁

**1** 在上方選取資料表欄位後,
可在此更改對應的表單欄
位及格式 (本例不需再調整)

加入「**插入記錄**」伺服器行為
後, 表單會變成淺藍底色

若雙按「**插入記錄**」伺
服器行為, 可再更改設定

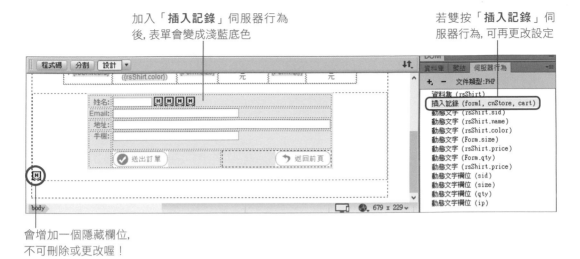

會增加一個隱藏欄位,
不可刪除或更改喔!

設定後, 訂購單已經能存入資料庫了。請存檔並開啟同資料夾的 index.php,
按 F12 以瀏覽器預覽, 再隨意選購一件 T 恤:

**1** 選擇尺寸並輸入件數

訂購商品的資料會
傳到 cart.php 裡面

**2** 按此鈕確定購買

訂購資訊正確地顯示出來了

| 商品編號 | 品名 | 尺寸 | 價格 | 數量 | 小計 |
|---|---|---|---|---|---|
| T-38 | 骷髏電視 (淺藍) | L | 299 元 | 2 | 598 元 |

姓名：旗標
Email：flag@flag.com.tw
地址：台北市中正區杭州南路一段15-1號19樓
手機：0912345678

http://localhost/F5401_ex/Part5/Ch16/ch16-05/cart.php?

**4** 按此鈕送出訂單　　**3** 填入購買人連絡資訊

訂購商品的資料與購買人連絡資訊寫入資料庫中了

感謝您的購買，期待您再次光臨！

| 訂單編號 | 下單時間 | 您的大名 | 住址 | 電話 | E-mail |
|---|---|---|---|---|---|
| 1 | 2007-12-12 14:45:11 | 王曉華 | 台北市杭州南路一段15-1號 | 0900111222 | chiaohua@flag.com.tw |

| 產品編號 | 品名 | 尺寸 | 價格 | 數量 | 小計 |
|---|---|---|---|---|---|
|  | Treasure (深藍) | XL | 199 元 | 1 | 199 元 |

連到了 thanks.php 網頁，但是這個網頁顯示出來的內容和上面輸入的資料不同，這個部份還有待設定，詳見 16-6 節的說明

繼續挑選其他產品

若想確定訂單資料是否有記錄到資料庫, 可以開啟資料庫 (http://localhost/phpMyAdmin/) 並登入, 如下檢查看看:

**1** 輸入"http://localhost/phpMyAdmin" 連到資料庫管理程式, 別忘了要以 root 帳號, 以及你安裝時設定的密碼才能登入喔!

**4** 按下**瀏覽**鈕

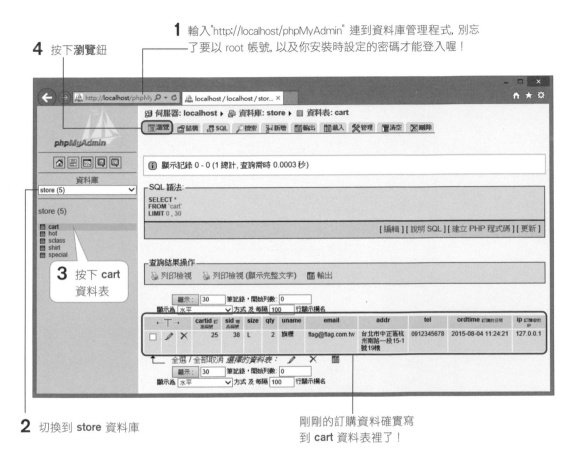

**3** 按下 cart 資料表

**2** 切換到 store 資料庫

剛剛的訂購資料確實寫到 cart 資料表裡了!

# 16-6 製作顯示訂購成功的網頁

到目前為止, 訂購流程基本上已經成形了。不過, 將訂購記錄寫入資料庫後, 雖然能連到 thanks.php 頁面, 卻還沒能正確地把購買明細給顯示出來。在本節中, 我們就要來處理感謝頁面的動態資料顯示功能。

**step 01**　請開啟 Ch16\ex16-05\thanks.php 檔。最後的感謝頁面應該要從資料庫中讀
取訂購單的資料，所以我們要先建立**資料集**。請在**繫結**面板中按 鈕執行
『**資料集 (查詢)**』命令：

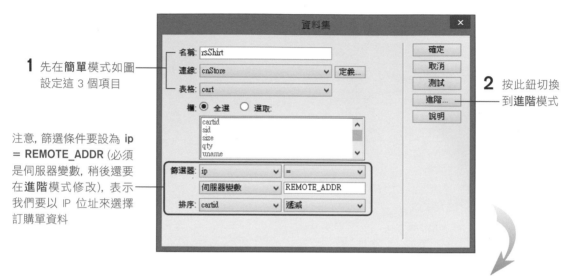

**1** 先在**簡單**模式如圖
設定這 3 個項目

注意, 篩選條件要設為 **ip
= REMOTE_ADDR** (必須
是伺服器變數, 稍後還要
在**進階**模式修改), 表示
我們要以 IP 位址來選擇
訂購單資料

**2** 按此鈕切換
到**進階**模式

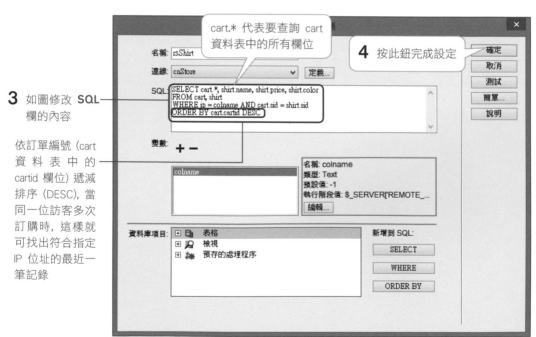

**3** 如圖修改 **SQL**
欄的內容

依訂單編號 (cart
資 料 表 中 的
cartid 欄位) 遞減
排序 (DESC), 當
同一位訪客多次
訂購時, 這樣就
可找出符合指定
IP 位址的最近一
筆記錄

cart.* 代表要查詢 cart
資料表中的所有欄位

**4** 按此鈕完成設定

TIP　再次提醒你, 在本範例網站中, 這種使用 IP 來查訂單的方法只是為了簡化範例, 而一般的購物網站多半是利用會員 ID (須加入成為會員) 來辨識訂單。若想學習更實用的作法, 請自行參考相關書籍。

step02　資料集建立完成後, 我們再把動態欄位資料一一拉曳到網頁中, 才能顯示出來。其中要注意的是**小計欄**, 必須改為乘法運算的結果:

**1** 將 rsShirt 資料集中的各欄位拉曳到頁面中對應的欄位去

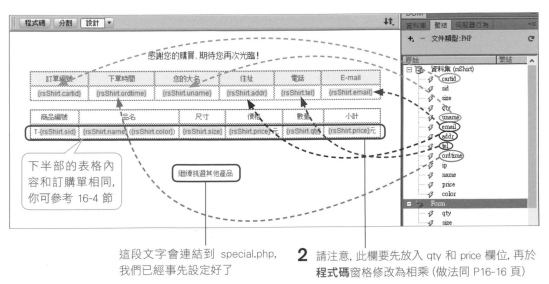

下半部的表格內容和訂購單相同, 你可參考 16-4 節

繼續挑選其他產品

這段文字會連結到 special.php, 我們已經事先設定好了

**2** 請注意, 此欄要先放入 qty 和 price 欄位, 再於**程式碼**窗格修改為相乘 (做法同 P16-16 頁)

step03　請存檔並關閉檔案, 再開啟同資料夾中的 index.php, 按 F12 鍵來測試。請隨意選購一件 T 恤, 並依頁面指示訂購, 一直到最後完成的畫面:

訂購單的各項資料都順利顯示出來了!

1. **表單**就是網頁上的輸入介面，主要是用來讓使用者輸入文字或選擇項目。輸入完畢後，按下**送出鈕**，便可把表單中的資料傳給伺服器端，接著由伺服器端動態網頁程式 (如 PHP、ASP、JSP... 等等) 接手處理 (例如將使用者輸入的留言存到資料庫中，或是利用輸入的關鍵字來查詢資料庫)，最後再將處理結果傳回到使用者的電腦去，成為送出表單後所看到的畫面。

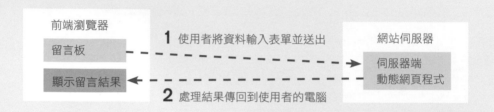

2. 表單資料是以**表單變數**的形式傳給伺服器，而一些關於電腦連線的資料 (例如連上網站的使用者電腦 IP)，則是以**伺服器變數**的形式傳送。

3. 表單的**隱藏欄位**元件可以傳送變數給程式利用，但不會顯示在網頁上。

4. 傳送表單資料前，通常要先對表單中的資料做一些檢驗的動作，以確保傳給伺服器的資料是符合規定且可用的。要驗證是否填入資料，只要在插入表單元件後，勾選**屬性**面板的 **Required** 項目，即可驗證表單是否有填入資料；另外，若插入的是**電子郵件**表單元件，當輸入非電子郵件格式時，會自動判斷格式錯誤。

5. 利用關鍵字搜尋資料庫之資料時，可以使用 SQL 的 **LIKE** 語法。LIKE 語法能進行 "像...樣子" 的比對，而 % 代表任意字串 (含空字串)。例如：在 WHERE 子句中，寫入 "name LIKE %abc%" 這樣的條件，就是在判斷 name 欄位中是否包含 abc 這段字串。

6. 要將表單資料插入到資料庫中時，要使用**插入記錄**伺服器行為。

## 實用的知識

### 1. 請問可以在表單欄位加入提示訪客的預設文字嗎？

當然可以，請插入表單元件後，在**屬性**面板的 **Place Holder** 欄位輸入文字：

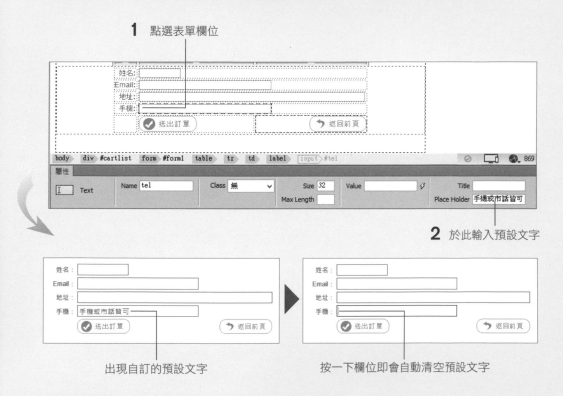

**1** 點選表單欄位

**2** 於此輸入預設文字

出現自訂的預設文字

按一下欄位即會自動清空預設文字

### 2. 伺服器變數和 URL 變數、表單變數有何不同？

**URL 變數**和**表單變數**的名稱都可以自訂，但是**伺服器變數**則不行。因為伺服器變數是內建變數，其中包含一些伺服器與其網路環境、使用者的軟硬體環境資料，並非可自由存入、改寫的資料，而是只供讀取、套用的。

每一種動態網頁技術 (ASP、PHP、JSP...等) 的伺服器變數名稱都不同，以本書所用的 PHP 來說，除了範例中提到的 REMOTE_ADDR (存有使用者端 IP 位址資料，在 PHP 中寫成 $_SERVER['REMOTE_ADDR'] ) 之外，還有其他如存有使用者瀏覽器版本資訊的 HTTP_USER_AGENT 伺服器變數，也是很常使用到的。

# MEMO